U0011400

探索極限世界

極快、極大、極重、極小、極熱、極冷

六極物理

嚴伯鈞

著

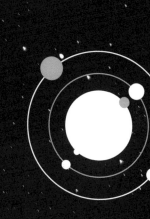

序言
什麼是「六極」？

我們中學學物理，如果進入大學讀理工科，還是要學物理。但其實不難發現，中學物理、大學物理，甚至到研究所的物理課，講述的知識範圍大致相似，都要學習力學、熱學、電學，當然對物理學專業的學生來說，進入大學後還要學量子力學（quantum mechanics）。

從中學到大學，要一遍遍地學習這些學科，有一個重要原因是數學愈來愈難。七年級學生只要解一元二次方程式就夠了，高中要會解析幾何，高三開始學微積分（calculus），進入大學要加上微分方程式、線性代數、抽象代數，甚至群論、拓撲學（topology）。

傳統物理學的學習順序之所以是先講力學，再講熱學、電學，再到量子物理，是因為伴隨著物理學的發展，數學工具也要發展以與之匹配。但我一直希望做到的，是不讓數學成為一個人理解深刻物理學思想的門檻。

我認為不用高深的數學，也能理解高深的物理，其實是源自我的一段經歷。

旅美深造期間，我曾受邀擔任一場中學生科學創新比賽的評委。我注意到一位美國參賽者的主題居然與理察・費曼（Richard Feynman）的路徑積分（path integral）有關，這讓當時的我大吃一驚。因為路徑積分可以說是物理學中非常專業、高階的一部分，即便是物理本科生都未必會去學習。當時的第一感覺是，這孩子真不知輕重，最後弄得一知半解，不夠扎實，對於以後的物理學專業學習沒有什麼好處。物理學習的過程應該按部就班，一步一腳印。但後來聽了他的演講，可以說顛覆我對物理學習的認知。他完全沒有進行任何數學計算，僅從邏輯推理的角度，結合生活經驗，就把路徑積分的核心思想解釋得清清楚楚。

這讓我意識到，高深的物理學知識經過拆解，其實可以不用數學，甚至就能講解得明明白白，因為大道，其實至簡。

所以就有了這本《六極物理》。

六極物理其實是依據人的感官，以人能感知的世界為線索，把現有的物理學重新拆解：生活環境中，所有物理參數對我們來說都是適中、溫和的，否則生命無法存續。用肉眼看不見宇宙的深處；我們的運動速度不會太快；地球的引力（gravity）不會太大；用肉眼看不見微觀世界，看不見分子、原子（atom），甚至細菌都看不見；地球上的氣溫不會太高，也不會太低，否則我們不被凍死也會被熱死。因此，如果要讓物理學的現象變得明顯，方法之一是把環境參數調到極限，才能看到其中的神奇表現。

於是，我把物理學分為六個「極」，分別是極快、極大、極重、極小、極熱、極冷。

極快篇：我將為你講述阿爾伯特・愛因斯坦（Albert Einstein）的狹義相對論（special relativity），就是當運動速度快到接近光速（speed of light）時，會看到什麼神奇現象。

極大篇：我將為你講述大尺度的物理學，從地球到太陽一億五千萬公里的距離，一直到全宇宙幾百億光年（light year，距離單位，代表光花費一年時間走過的距離，一光年約等於九・四六萬億公里）的大小。

極重篇：我將為你講述愛因斯坦的廣義相對論（general relativity），例如電影《星際效應》（Interstellar）中，男、女主角到黑洞邊上的行星（planet）考察三小時，回來後發現飛船上的同事居然等了二十年，我會告訴你這到底是為什麼。

極小篇：我將帶你進入原子的內部世界，看看這個世界到底是由什麼東西組成。

極熱篇：將把溫度升高到難以想像的程度，我會告訴你，當我們能操控攝氏（Celsius）一億度的高溫，也許就能一勞永逸地解決能源問題，以後可能再也不用石油做能源了。

極冷篇：我會把溫度降到接近絕對零度（absolute zero），物質將會出現各式各樣神奇的形態。例如超導體（superconductor）如果普及民用，以後就用不到交流電了。

什麼是科學？

正式開始聊物理前，可以先討論什麼是科學。

其實科學並非真理，只是代表可被驗證，或者用卡爾‧波普爾（Karl Popper）的話來說，科學只是「可證偽」，永遠有被推翻的可能。正是這種可證偽性，人類對世界的認知才能不斷提升，因為驗證什麼是錯的，才知道正確的方向在哪，認知水準才能提升。科學的發展與其說是一部人類對世界認知的進步史，不如說是人類認知的「打臉史」。科學的進展是不斷地推翻舊成果，或者說是在不斷地擴大研究邊界的過程中所獲得。可以說，科學傲人的成績背後，是比成果還要多的傷痕，完全是科學家們負重前行的結果。

物理學，做為科學中最重要的一分子，顧名思義，是研究萬事萬物運行規律的學科。它的目標說明人類從物質層面更好地認知這個世界。

物理學的研究方式

物理學的基本研究方式可以分為三個環節：歸納、演繹、驗證。歸納法就是透過現象總結規律，例如一個人見過歐洲範圍內的所有天鵝都是白色，於是他透過經驗總結規律得出結論：世界上的天鵝都是白天鵝，這是典型的歸納法，特點是只能證偽，不能證明。例如在澳洲看到一隻黑天鵝，世界上的天鵝都是白天鵝的結論就被證偽了。

演繹法則是以一條基本假設為前提，進行邏輯推演。例如凡是人都會死，蘇格拉底（Socrates）是人，所以他會死。這是典型的三段論演繹法。演繹法只能證明不能證偽，因為只要前提正確，必然會匯出後面的推論。就算結論錯誤，也是因為公理前提出了問題。例如就蘇格拉底會死的

論證，是基於凡是人都會死的公理給出的，但人真的都會死嗎？你不能保證以後生命科學發達後，不會出現永生的人。所以對物理學來說還要有關鍵的一環，就是驗證。

物理學是一門實證科學，所有結論都要得到實驗驗證，才能被認為是正確的，且這種正確只是在特定範圍內的正確性。任何一項物理學成果都不能說是海內皆準的，在地球上好用，在太陽系（solar system）不一定好用；在太陽系好用，未必在全宇宙都好用。

物理學的研究方法通常是實驗給出歸納性原理，再由理論給出演繹推導的結論，然後由實驗驗證透過演繹法推導出來的結論。例如電磁波（electromagnetic radiation）不是透過實驗先發現，而是被理論所預言。先是因為夏爾·庫侖（Charles-Augustin de Coulomb）、安德烈－馬里·安培（André-Marie Ampère）、麥可·法拉第（Michael Faraday）等物理學家透過實驗歸納、總結出許多關於電和磁的經驗性規律，再由詹姆士·克拉克·馬克士威（James Clerk Maxwell）經由強大的計算能力，在理論上推導出統合一切經典電磁現象的馬克士威方程組，其中直接預言電磁波的存在，且大膽預言光就是電磁波，而電磁波是在馬克士威方程組推導出來幾十年後才被物理學家海因里希·赫茲（Heinrich Hertz）用實驗驗證。

《六極物理》中，我的講述方式便是嚴格參照歸納、演繹和驗證的方式進行。

用不帶數學計算的方式，把核心的理論物理學知識，進行通俗易懂的講解是我的夙願，所以，今天你看到了這本《六極物理》。讓我們為思想插上理性的翅膀，在物理學的天空中盡情翱翔吧！

目錄

序言　什麼是「六極」？...... 002

極快篇

導讀　如果你以光速運動會看到什麼？...... 010

第一章　狹義相對論 013

第二章　狹義相對論中的悖論 037

第三章　人類提速之路 053

極大篇

導讀　宇宙的起源 068

第四章　宇宙的前世今生 070

第五章　宇宙裡有什麼？...... 087

第六章　萬有引力 105

極重篇

導讀　廣義相對論 122

第七章　廣義相對論的基本原理 125

第八章　廣義相對論的驗證及應用 140

第九章　廣義相對論的預言 —— 黑洞 154

導讀 奇妙的微觀世界 170

第十章 原子物理 173

第十一章 量子力學 190

第十二章 核子物理學 223

第十三章 粒子物理學 242

第十四章 標準模型 270

導讀 亂中有序的真實世界 298

第十五章 熱力學與統計力學 301

第十六章 高溫的世界 317

第十七章 複雜系統 335

導讀 冷即秩序 350

第十八章 材料科學 353

第十九章 固體物理學 371

第二十章 凝聚體物理學 388

結語 411

極快篇

The Fastest

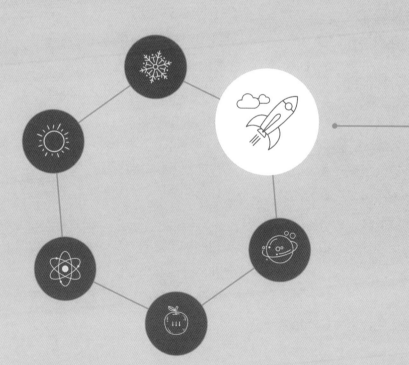

如果你以光速運動會看到什麼？

　　〈極快篇〉是討論當物體的運動速度快到極限、接近光速時，會發生哪些神奇的物理現象，內容主要是愛因斯坦的狹義相對論。

　　之所以叫**狹義相對論，是因為它研究的物件主要是做等速直線運動（uniform linear motion）的物體**，只考慮物體運動速度大小影響，不討論加速、減速的情況。除此之外，狹義相對論也不討論存在引力的情況，引力是廣義相對論的討論範疇。

　　狹義相對論是把物體的運動狀態和時間、空間的性質聯繫起來的理論。

　　對大多數人來說，愛因斯坦的相對論可能是最神奇的科學理論，但具體是什麼卻沒有多少人真的清楚，且愛因斯坦剛發表時，據說世界上只有不到三個人能看懂，因為太違反常識了。

　　日常生活中，我們根本無法感受相對論的神奇效果，為什麼呢？因為我們的運動速度實在太慢。確切地說，是和光速比起來太慢了。光的速度約每秒三十萬公里，一秒約可以繞地球七圈半，而**狹義相對論的效果要在運動速度接近光速時才會明顯表現出來**。

　　狹義相對論對物理學的發展非常重要，當研究尺度縮小到原子，甚至

是原子核（atomic nucleu）內部，存在運動速度極快的基本粒子時，就不得不考慮相對論效應，狹義相對論是我們認識極度微觀世界的必經之路。

當然，解決現實問題時，例如真的要研究宇宙天體的行為，廣義相對論才適用，而狹義相對論討論的只是理想情況。

如果人隨著一道光以光速運動會看到什麼景象？這應該是愛因斯坦最早思考關於相對論的問題，儘管當時他還遠遠沒有提出相對論。

不如思考這個問題，看看能夠得到哪些啟發。我們知道**光的傳播需要時間**，現在常說宇宙當中某天體距離我們○○光年。

例如現在正在觀察距離我們十光年遠的天體，眼睛所接收到來自它的光，實際上是它在十年前發出的，需要花十年才能來到地球上被我們看見。

假如現在瞬間移動到距離地球二千光年以外，拿著望遠鏡看到地球上發出的光，應該是二千年前發出的，就是我們將能夠看到漢朝發生的事情。現在設想一下，站在距離地球二千光年遠的地方，這時一邊用望遠鏡看著地球，一邊快速後退，後退的速度和光速一樣，眼前的光是不是似乎很難趕上你？

直覺上，即將進入你眼睛的、從地球傳來的光，一直無法傳到眼睛裡，因為你後退的速度和光一樣快，它追不上你。對你來說，看到的地球畫面應該是定格景象，因為一旦開始以光速後退，地球上新的景象就無法被你看到了。

是不是對你來說，一旦你以光速運動，時間就應該靜止呢？再極端一些，如果你後退的速度超過光速，是不是能趕上更早時間發出來的光呢？也就是屆時你再看地球，應該是倒放的景象，因為你的速度比光快，你在不斷地追趕之前的光，看到的地球景象應該如電影倒放一般。同理，只要我們的運動速度超過光速，是不是就能感受到時間倒流呢？先不說超光速是否可能實現，透過這個思想實驗（thought experiment），是不是能夠得到一點啟發，就是時間的流逝可能與物體的運動速度有關？當然，狹義相對論會告訴我們確實沒錯，觀察者感受到的某個被觀察物件的時間流逝速

度與該物件相對於觀察者的運動速度息息相關。

內容安排

　　第一章，介紹狹義相對論的兩條原理 —— 狹義相對性原理（principle of special relativity）和光速不變原理（principle of constant of light velocity）。在這兩條原理的基礎上，所有狹義相對論的效果都是邏輯上的必然匯出。

　　第二章，進入狹義相對論的深入討論。因為狹義相對論是在理想情況下的邏輯推演，很多實際情況不適用，難免會存在一些悖論。透過解決這些悖論，從中可以看出廣義相對論誕生的必要性。

　　第三章，著眼於現實，討論從低速到高速的發展過程中，人類科技會面臨哪些瓶頸？包含許多空氣動力學（aerodynamics）的知識。因為從靜止、加速到趨近光速，有巨大的技術鴻溝要去跨越，我們必須腳踏實地了解提速的困難在哪裡。

第一章

狹義相對論

[第一節] 光速不變原理

時間與空間是否獨立？

我們生活在四維時空（4-dimensional spacetime）中。

首先，空間有三個維度（dimension），例如任何物體都有長、寬、高。長度、寬度、高度都可以發生變化，時間也可以變化，如此便有時空的四維。當然，更準確地描述是，我們生活在三加一維的時空。換言之，**要描述宇宙中發生的任何事件，都需要至少四個座標（coordinate）。**

例如寄快遞給別人要寫對方的地址，其實就是一個三維的空間座標，肯定要具體寫哪條街、幾號，這裡的街和號代表兩個空間座標；還要寫住幾樓，就有了第三個空間座標，即便對方家是別墅也有樓層，入口的樓層通常是一樓。

不管怎麼樣，寫任何地址都會有等效的三個空間座標。除此以外，快遞員要把包裹親自交到對方手上，必須確認對方幾點在家，就是時間座標。所以完全定下一個事件需要四個座標，三個空間座標和一個時間座標。

這裡出現看似不是問題的問題：**時間座標和空間座標有關聯嗎？**或者說，時間的流逝速度和你的空間位置，甚至是運動速度，有沒有什麼聯繫？

別急著下定論，請先想像這個場景：我和你各佩戴一只手錶，先校準時間，你坐上太空船去太空遊玩一圈。假設兩只手錶都非常精準，請問：你去太空轉一圈回來後，手錶指示的時間還會一模一樣嗎？

這看似根本不是個問題，因為根據生活經驗，既然兩個人的錶都很

準，不管是誰坐太空船出去轉一圈，時間應該相同。

這個答案其實對應艾薩克・牛頓（Isaac Newton）的**絕對時空觀**（absolute time and space），這是什麼呢？就是牛頓，甚至愛因斯坦之前的所有學者都認為，**時間的流逝是絕對、獨立運行的，和空間沒什麼關係，全宇宙都可以使用同一個鐘來計時。**

當然，對牛頓來說，這個結論其實是經驗性（empirical）的，沒有實在的證據。只是因為在日常生活中，哪怕你是飛行員，天天開飛機，你的手錶和地面上的人的不會有什麼差別。

但就是這樣看似不是問題的問題，引起了愛因斯坦的注意。相對論的一個核心就是：**空間和時間不是割裂的，它們並非相互獨立，而是有非常緊密的內在聯繫。**

相對速度

不妨再來想像第二個場景：現在的機場都有水平傳送帶，讓旅客可以走得快一些。假如有一個傳送帶以 10 m/s 的速度運動，這時愛因斯坦站在傳送帶上，以相對於傳送帶 1 m/s 的速度，順著傳送帶的方向向前走，

圖 1-1　普朗克和愛因斯坦的相對速度

馬克斯・普朗克（Max Planck）則站在傳送帶外的地面上。

問題是：傳送帶上的愛因斯坦，相對於地面上站著不動的普朗克的運動速度是多少？

根據生活經驗，這個問題不難回答。很明顯就是傳送帶相對於地面的速度加上愛因斯坦相對於傳送帶的速度，就是 10＋1＝11，單位是 m/s，與生活經驗完全符合。而且即使真的去做這個實驗，測量後得到的一定是這個答案，沒有任何疑義。

像這樣的操作叫做**伽利略變換**（Galilean transformation）：愛因斯坦相對於普朗克的速度＝愛因斯坦相對於傳送帶的速度＋傳送帶相對於普朗克的速度。

稍微改變一下場景：愛因斯坦站在傳送帶上不動，手裡拿著手電筒，打開開關，一束光向前射出，我們知道光速約是每秒三十萬公里。

這時再問：對於普朗克來說，他看到的手電筒射出的光速是多少呢？

根據之前的經驗，這個問題同樣可以用伽利略變換來回答：對普朗克來說，他看到手電筒發出的光速，應該是每秒約三十萬公里，加上傳送帶的速度 10 m/s，就是普朗克看到的光速應該大於愛因斯坦看到的光速。

圖 1-2　光對普朗克的相對速度

先扣扳機還是子彈先飛出？

我們姑且假設伽利略變換是正確的，來看看第三個問題 —— 先扣扳機還是子彈先飛出？這個問題可以說是思想實驗。

想像普朗克拿著一把手槍，對著愛因斯坦開一槍。假設愛因斯坦反應極快，能看到子彈從槍膛裡射出。考慮整個射擊過程，其中的因果關係一定是普朗克先扣扳機，子彈才從槍膛射出。

愛因斯坦會看到兩個事件的發生：第一個是普朗克用手扣動扳機，第二個是子彈從槍膛飛出。之所以能看見，是因為普朗克扣動扳機的手上面的光射入他的眼睛，且子彈飛出時，上面的光也射入他的眼睛。

矛盾開始顯現了，先來想想第二個場景的結論，伽利略變換：扣動扳機的手上發出來的光，相對於愛因斯坦的速度，應該是手上的光相對於手的速度，加上手扣動扳機的速度；子彈飛出來時，子彈上的光相對於愛因斯坦的速度，應該是子彈上的光相對於子彈的速度，加上子彈相對於愛因斯坦的速度。

很顯然，子彈射出槍膛的速度比手扣動扳機的速度快得多。子彈的速度能達到 900 m/s，世界上出拳最快的拳擊手，出拳速度只有每秒幾十公尺。對愛因斯坦來說，子彈上射出的光的速度，比扣動扳機的手射出的光的速度快。

這裡出現一個巨大的矛盾，因為子彈射出的光更快，比扣動扳機那隻手的光先一步到達愛因斯坦的眼中。他會先看到子彈從槍膛射出，普朗克才扣動扳機。這樣對愛因斯坦來說，**整個事件的因果關係就顛倒了**。

問題出在哪呢？回想一下，之所以會得出這麼荒謬的結論，**是因為運用伽利略變換**。伽利略變換對於除了光以外的東西，似乎很好用，但一旦在光速上做文章就立刻破功。我們可以得出結論：至少在光速是多少的問題上，伽利略變換並不正確。

此處就引出相對論最核心的一條原理 —— 光速不變原理。

是什麼呢？簡單理解就是，**對任何觀察者，無論處在什麼運動狀態，**

不論他的速度是多少，探測到的光速永遠都是恆定的值。

有了光速不變原理，再來看上面兩個問題：傳送帶上的愛因斯坦打開手電筒，對他來說，光速是每秒約三十萬公里，而普朗克看到手電筒發出的光，也是每秒約三十萬公里；扣動扳機的手發出的光相對於愛因斯坦是每秒約三十萬公里，子彈上射出的光相對於愛因斯坦來說，也是每秒約三十萬公里。這樣一來就不會出現子彈上的光比手上的光快的情況，也就不存在先看到子彈飛出，手再扣動扳機的情況，因果關係就不會顛倒了。

光速不變原理可以說是狹義相對論最核心的一條原理，但除此之外，其實還有另外一條核心原理——狹義相對性原理。

狹義相對性原理比光速不變原理更基礎，甚至可以說光速不變原理是建立在狹義相對性原理基礎之上。或者說，有了狹義相對性原理，光速不變原理便是必然的。

狹義相對性原理說的事情其實非常簡單：不同慣性參考系（inertial frame of reference）中，所有物理定律都一樣。

這句話看似很簡單，但細細琢磨起來，內容卻很豐富。讓我們考慮一個場景：假設有兩艘太空船在宇宙中航行，都處在等速直線運動狀態，且它們之間有相對速度（relative velocity），這時遠處射來一束光，兩艘飛船都嘗試去測量這束光的速度，我們嘗試論證它們測出來的光速相同。

兩艘飛船都處在等速直線運動狀態，換句話說，都沒有加速度（acceleration）。它們其實無法判斷自己是不是在運動，因為不存在絕對的運動，也不存在絕對的靜止，運動和靜止都是相對的，能做出的判斷只是相對於對方來說自己在運動，或者可以說對方相對於自己是在運動，也就是這兩艘飛船所處的參考系完全等價。

既然是等價，根據狹義相對性原理，它們應當擁有一樣的物理定律。例如電磁學的物理定律，描述它的方程是馬克士威方程組。兩艘飛船各自參考系當中的馬克士威方程組必須擁有相同形式，否則就不滿足狹義相對性原理。然而透過簡單的計算就會發現，如果光速可變，不同參考系的馬

克士威方程組會有不同形式，因此為了保證狹義相對性原理成立，不同慣性參考系當中的光速必然是不變的，於是光速不變原理在馬克士威方程組的形式這個問題上，透過狹義相對性原理被推導出來了。

可以做一個類比，兩架飛機在空氣中做等速直線運動，它們有相對速度。這時從遠處傳來一道聲波（acoustic wave），兩架飛機裡的觀察者嘗試去測它的波速，會獲得不同波速，因為聲波的波速相對於空氣介質是恆定的，但兩架飛機相對於空氣介質的速度不同，因此會測到不同波速，不過類似的情況放在時空本身是不成立的。因為光的傳播不需要介質（medium），可以直接在時空中傳播，甚至可以粗略地認為，時空本身就是光傳播的介質。

如果一艘飛船只在太空中航行，周圍什麼東西都沒有，看不見任何天體，也看不見任何參照物，甚至不能說自己的運動速度是多少，因為空間當中每個位置都相同。任何參考系裡的觀察者都無法描述自己相對於時空的速度是多少，速度這個概念在觀察者與時空這二者之間是破潰的。既然不存在觀察者與時空這個介質之間的速度這種概念，但確實能夠測量出光速，那只存在一種合理的情況，就是不同觀察者，只要他們的參考系都是慣性參考系，不存在加速度，測量出的光速應當相同，否則就會使不同參考系相互之間不等價，不等價的參考系當中未必有相同的物理定律，這就與狹義相對性原理衝突，因此，從這個角度來看，光速不變原理確實是狹義相對性原理的顯性呈現。

[第二節]「乙太」不存在

狹義相對論的根基——光速不變原理，是說對任何觀察者，不管他的運動速度是多少，他去測量光速永遠都會得到不變的值。既然說到測量，科學家究竟是如何驗證光速真的是不變的呢？

這就要說到十九世紀末的著名實驗「邁克生－莫雷實驗」

（Michelson-Morley experiment），理解這個實驗需要建立三個
階段的認知。

波動如何傳播？

第一階段要理解：**機械波的傳播需要介質。**

光，其實就是電磁波。和日常生活中接觸到的聲波、水波一樣，電磁
波也是一種波動，它是電磁場（electromagnetic field）的波動。

水波和聲波很好理解，例如往水裡扔一塊石頭讓水泛起漣漪，會以石
頭為中心擴散出去；之所以能聽到聲音，是因為空氣的波動傳到人的耳
朵，刺激了聽覺神經。水波和聲波分別是水和空氣在做上、下、前、後起
伏的振動，而電磁波也是電場與磁場的強度（field strength）隨著時間的
推移和空間位置的變化而發生變化。

這裡就出現一個問題：機械波的傳播需要介質。聲音在空氣傳播，空
氣就是聲音傳播的介質。中學時做過一個實驗：把正在響的鬧鐘放在玻璃
罩子裡，如果將玻璃罩子裡的空氣不斷抽出，就會發現鬧鐘的聲音愈來愈
小，抽完後就聽不到聲音了。這就是因為做為傳播介質的空氣不存在了，
聲音就無法傳播。

但電磁波的傳播似乎不需要介質，太空船和地球通訊用的就是電磁
波。太空中沒有水，也沒有空氣，電磁波如何傳播呢？

早年的科學家們提出一種假想的介質，叫做乙太（ether），看不見、
摸不著，彌漫在整個宇宙空間當中。光，就是電磁波透過乙太進行傳播，
邁克生－莫雷實驗最初的目的就是尋找乙太這種介質。

波的干涉現象

第二階段的認知要理解一個物理現象：只要是波，不管是聲波還
是光波，甚至之後會介紹的物質波，都存在一個現象，叫做波的干涉
（interference）。

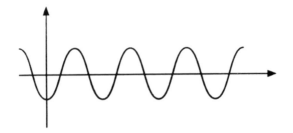

圖 1-3　餘弦波

　　一束波，準確地說是一束橫波，它的樣子大概是一條上下振動的曲線，中學學過正弦波（sine wave）和餘弦波（cosine wave），波有波峰和波谷。

　　想像一下你在衝浪，當一排海浪沖刷過來時，你會隨著海浪上下運動。當波峰經過你時，你處在最高點；波谷經過你時，你處在最低點。

　　再考慮如果有兩排振動情況相同的海浪同時向你沖過來，兩排浪都經過你時，你會怎麼振動？其實就是把兩排浪的運動直接相加：如果兩排浪都讓你往上運動，你的運動幅度就比一排浪時更大；如果一排浪讓你往上，另外一排浪讓你往下，你就會折衷一下，甚至乾脆不動，這就是波的疊加原理（superposition principle）。

　　只要是波，都滿足疊加原理。如果換成光波，假設有兩束光波的波峰同時經過，振動幅度更大，能量更強，就會顯得更明亮。如果是一個波峰和一個波谷經過，它們的振動相互抵銷，振幅小，能量弱，就會變暗。

　　當兩束光打到同一片區域發生干涉現象時，有的位置是波峰碰波峰，或是波谷碰波谷，有的位置是波峰碰波谷，**波峰、波谷相遇區域內就會形成明暗相間的條紋。**

邁克生－莫雷實驗的原理

　　第三階段來了解邁克生－莫雷實驗的原理，這是基於波的干涉現象所發明出來。

　　物理學家阿爾伯特・邁克生（Albert Abraham Michelson）和愛德華・

莫雷（Edward Morley）因為這個實驗獲得一九○七年的諾貝爾物理學獎，這個實驗是為了驗證乙太是否存在。

首先要明確一點，**波相對於它的介質的速度是恆定的。**

我們說聲速（speed of sound）約為 340 m/s，其實是指聲音相對於空氣的速度。空氣靜止時，聲速對人來說約為 340 m/s，但如果聲音是伴隨著一陣風迎面吹來，這時聲音相對於你的速度就不是 340 m/s。

乙太被假設為光的傳播介質，**所以光相對於乙太的速度是恆定的**，約每秒三十萬公里。

當時的科學家假設乙太彌漫在全宇宙空間，相對於太陽是靜止的。地球繞太陽公轉的速度約為 30 km/s，所以地球是在乙太中穿行。人站在地球上，實際上是時時刻刻都有一陣「乙太風」以 30 km/s 的速度吹來，因為乙太相對於太陽靜止，而地球相對於太陽公轉，所以地球相對於乙太是運動的。

邁克生和莫雷打造了一臺儀器，名稱叫邁克生干涉儀（Michelson interferometer）。首先左邊是一個光源，它會發出一束光，打到中間的分光鏡上；分光鏡會把這束光分為兩束，一束繼續向右，一束垂直於原方向向上射出；然後在右邊和上邊各放一面鏡子，鏡子會讓兩束光回彈；這兩束光在中間匯聚後，再被一個裝置匯聚到下方。這裡要知道的是，兩面反射鏡和中間分光鏡的距離，須調節至完全相等。

根據波的干涉原理，這兩束光匯聚後打到同一個地方，就會發生前面所說的干涉現象，產生一組明暗相間的條紋。

具體干涉的形態與什麼有關呢？和兩束光傳遞到干涉儀下方觀察處的時間差有關。不妨想像一下，假設兩束波的波長和傳遞速度完全相同，那麼兩束波的運動週期也相同。

假設波的週期是二秒，就是一個完整的波需要二秒才能傳遞完，如果兩束波到達的時間差是二秒的整數倍，這兩束波的步調就完全一致，波峰和波谷一定同時到達。但如果兩束波到達的時間差是一秒或奇數秒（三、

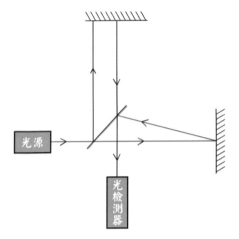

圖 1-4　邁克生干涉儀原理圖

五、七秒），就會出現波峰遇到波谷的情況。

　　現在調節一下整臺實驗儀器的方位，讓向右傳播光的方向，剛好逆著乙太風運行。相應的，向上傳播的光的方向就垂直於乙太風。

　　這種情況下，如果乙太存在，兩束波到達下方匯聚時，一定會存在一個時間差。道理很簡單，因為向右邊傳播的光到達右邊的鏡子再彈回來，去時是逆風，回來時是順風。所以對於這個放在地球上不動的干涉儀來說，光去時和回來時速度不同。且光一來一回走過的路程，就是右邊鏡子到分光鏡的距離，是可以量出來的，這樣就可以計算出一來一回的時間。

　　同理，向上射出的光雖然既不逆風也不順風，一來一回的時間也能計算出來。最後會發現兩個時間不一樣，所以兩束光匯聚後會形成特定的干涉條紋。

　　如果這時轉動干涉儀，例如讓它轉過四十五度。轉動的過程中，兩束光相對於乙太風的運動方式一直在改變，所以它們相對於實驗儀器的速度一直在變。可以想像，兩束光的時間差在轉動過程中一直改變，最後會影響到干涉條紋。如果乙太風存在，干涉條紋的形狀會發生變化。

　　然而這個實驗的結果令人大失所望：**不管如何轉動實驗儀器，干涉條紋都不發生一點變化**，實驗結果和乙太的基本假設完全不一致。

所以，邁克生－莫雷實驗的結果向我們證明了兩件事：

一、乙太不存在，光可以在真空中傳播，不需要任何介質；

二、光速與測量者的運動狀態沒有關係，在任何情況下都不變。很顯
　　然，地球的公轉完全沒有影響到我們測量的光速大小。

科學家充分發揮嚴謹的實證精神，在地球上的各種地方都做過這個實驗。甚至到了二十一世紀還有人去做這個實驗，實驗設備達到 $1/10^{16}$ 的精度，仍然沒有得到任何與最初實驗不同的結果。

這印證了序言介紹物理學研究的方法論：先歸納，基於波相對於介質速度不變這一點，假設光相對於乙太的速度也不變；再演繹，推導出如果乙太存在，會有干涉條紋的變化發生；最後驗證的結果與演繹不符，說明一開始的歸納錯了，乙太不存在。

到這裡，我們就透過實驗驗證了光速不變原理。如果你要繼續問為什麼光速不變？這個問題便無法回答，因此它是基本原理，最多可以說是因為狹義相對性原理，則光速必須不變。原理透過歸納法得來，是邏輯推理的源頭，無法用演繹法證明，也就不能問為什麼，只能說世界的規律本來如此，只能透過實驗驗證，只存在被證偽的可能，但無法透過邏輯演繹進行證明。我們只能把光速不變原理當成推理的原點，承認它的正確性，再由此出發，看看這個原理能推導出什麼結論。

[第三節] 時間膨脹

中國古代神話體系有「天上方一日，地上已千年」的說法，天上一天等於人間一千年。其實，如果考慮相對論效應，這完全是可能的，只要天上的神仙們運動得夠快就可以。運動速度愈快，時間流逝的速度愈慢，這種現象叫時間膨脹（time dilation），是狹義相對論的必然匯出。

速度愈快，時間愈慢

假設有一列火車正在行駛，愛因斯坦一動也不動地站在裡面。火車的地板上有一盞燈，他可以控制手裡的開關，讓地板上的燈向上打出一束光。火車頂上有一面反光鏡，剛好可以把光反射下來，被緊連著燈的檢測器接收。愛因斯坦手上還有一個計時器，當光射出時，他會按下計時器，等光反射回來被光檢測器收到時，他會再按一次計時器。這樣一來，計時器顯示的就是光從射出再被反彈回來，最後被光檢測器收到的時間。當然，這裡假設愛因斯坦的反應奇快，按錶沒有任何時間差。

與此同時，火車向前運行。地面上還有觀察者普朗克，站在地面上不動，他也要測量光從火車的地板上射出到被反射回地板，再被光檢測器收到所用的時間。

我們的目的是比較同一件事情，就是光從射出到被接收，在兩個不同的觀察者看來，所用的時間是否相同？

牛頓會告訴你兩個時間肯定一樣，但現在有了光速不變原理，**這兩個時間真的相同嗎？**

首先，對愛因斯坦來說問題很簡單，他測量到的時間等於車廂的高度乘以二再除以光速。因為一來一回，光走過的距離是車廂高度的兩倍。

其次，看看地面上的普朗克。由於在光傳播的過程中，火車已經往前

圖 1-5　普朗克和愛因斯坦的火車遊戲

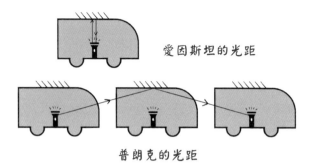

愛因斯坦的光距

普朗克的光距

圖 1-6　時間膨脹模擬

走，所以對於地面上的普朗克來說，車頂的反光鏡，已經前進一段距離，所以他看到的光走過的距離，是直角三角形斜邊的兩倍。很顯然，直角三角形的斜邊大於直角邊，就是車廂的高度。

雖然普朗克看到的光從發出到被接收的過程，和火車上的愛因斯坦看到的一樣，對應於同一個事件的開始和結束。但很明顯，對普朗克來說，他看到的光走過的路程比愛因斯坦看到的長。

而根據光速不變原理，普朗克看到的光速和愛因斯坦看到的相同，都是每秒約三十萬公里。時間等於路程除以速度，對於光從發出到被接收這件事，普朗克觀察到的時間比愛因斯坦觀察到的長。如果普朗克可以看到愛因斯坦的手錶，就會發現他的手錶比自己的慢，這就是時間膨脹。可以換一種說法：對地面上的人來說，火車上的人的時間膨脹了。可能火車上的人的一秒，等於地面上的人的兩秒，一秒當兩秒用，所以膨脹了。

「天上方一日，地上已千年」完全有可能，只要天上的神仙運動速度非常快，理論上確實可以做到這個效果。天上的神仙要運動多快呢？根據計算，運動速度必須達到光速的 99.9999999996247％，才能有這個效果。

自己不覺得慢，別人看你慢

初步了解後，我們來看看如何具體理解時間膨脹。有個關鍵點要牢記，時間膨脹是指當你處於高速運動的過程中，**別人看你的鐘走得慢，而不是你看自己的鐘也走得慢**。

圖 1-7　天上一日，
地上千年

　　例如你吃一頓飯約半個小時，這時你坐上一艘太空船，就算太空船運動的速度非常快，以接近光速運動，你在這艘太空船上吃一頓飯，對你而言，大約還是半個小時。不管你以什麼樣的速度運動，都不影響自身對時間流逝的感受。

　　只不過這時，如果地面上有人觀察你吃飯，對他來說，吃飯過程就像電影的慢鏡頭，動作變得非常緩慢。最終效果是，等你坐著太空船吃完一頓飯回來，地球上的親戚朋友可能已經老十歲了。

　　時間膨脹是指不同的參考系有相對運動時，它們對同一件事情時間流逝的快慢，感受不一樣。而對自己參考系裡發生的事件，時間快慢不會有任何變化，這才是對時間膨脹的正確理解。

時間膨脹的證據

　　時間膨脹聽上去非常神奇，但要明顯看到時間變慢的效果，運動速度需要非常接近光速。很顯然，現實世界中，宏觀物體根本無法加速到如此之快。但在微觀世界，時間膨脹已經得到證明。在粒子物理學（particle physics）領域，科學家們對宇宙射線（cosmic rays）的研究，已經充分地證明時間膨脹的存在。

宇宙射線中有各式各樣的粒子，這些射線射向地球的過程中，是以接近光速的速度運動。射線中的粒子進入大氣層後大多會衰變（decay）成其他粒子，根據計算，很多粒子的衰變週期，或者說它的壽命是非常短的。如果用壽命乘以它的運動速度，就能算出這種粒子在衰變前能夠走過的距離。結果發現，這個距離遠小於大氣層的厚度，也就是說，如果這些粒子的壽命真的這麼短，它們是無法到達地面，被人類的實驗儀器探測到的。

但事實並非如此，我們透過實驗手段，探測到很多宇宙射線中的粒子，這個事實就可以用來驗證時間膨脹。因為對地球上的觀察者來說，宇宙射線中粒子運動的速度非常快，所以它的時間會膨脹。可能原來一個粒子的壽命只有幾奈秒（nanosecond，$10^{-9}s$），但只要速度夠快，它的壽命在地球上的人和實驗儀器看來，可能有幾十奈秒、幾百奈秒。這樣的話，這些粒子就有充足的時間可以到達地球表面，時間膨脹就得到驗證。

運動起來的物體，它的時間流逝相對於其他觀察者會變慢，這是相對論效應的展現。道理十分簡單，完全是透過光速不變原理推導而來。理論上，飛機上的飛行員和空服員整天在空中飛，他們的時間流速會比地面上的人慢一些，也就是他們會比地面上的人年輕一些。只不過這種時間膨脹的效應微乎其微，可以完全忽略。

根據計算，假設一位空服員工作二十年，一天工作八小時，等他的整個飛行生涯完成後，算下來會比地面上的人年輕約〇·〇〇〇〇六秒。所以儘管相對論如此違反常識，但我們平時的運動速度都太慢，相對論的效果在日常生活中小到可以完全忽略。

[第四節] 長度收縮

繼續介紹相對論帶來的另外兩個神奇效果。

第一個叫做長度收縮（length contraction），顧名思義，就是一把相對地面在運動著的尺，長度會在尺運動的方向上縮短。這

裡的縮短要再強調一下，**是地面上，相對於地面靜止的觀察者測量到的尺的長度會變短。但如果尺上有另一個觀察者，他測量到的還是原來的長度，因為相對於尺上的觀察者來說，尺沒有運動。**

正常情況下的尺

長度收縮下觀察者看到的尺　　　　　圖 1-8　長度收縮

　　而且相對於地面上的靜止觀察者，尺只是在它運動的方向上縮短，垂直於運動方向的長度不會改變。如果正方形在沿著它的一條邊的方向運動，就會變成長方形；如果正方形沿著它的一條對角線運動，就會變成菱形。

如何定義長度？

　　仍然用思想實驗解決這個問題，既然要測量尺的長度，就要先定義尺的長度在不同的參考系中是怎麼量出來的。

　　假設這時愛因斯坦站在地面上不動，他可以這樣測量尺的長度：當尺的頂端經過愛因斯坦時，他記錄一個時間，與此同時，尺的頂端做一個記號；當尺的尾端經過他時，也記錄一個時間，並在尾端做一個記號。對愛因斯坦來說，量出來尺的長度，其實就是他記錄的兩個時間差，乘以尺的運動速度。

　　再來看看站在尺上的普朗克，他要如何測量尺的長度？剛才說了，地面上的愛因斯坦在尺的頂端和尾端都做記號，對尺上的普朗克來說，他只要記錄愛因斯坦做這兩個記號的時間差，再乘以愛因斯坦相對於他的速

圖 1-9　愛因斯坦和
普朗克的尺遊戲

度，其實就是這把尺的速度。最後再比較兩個時間差的關係，就可以得出
尺的長短到底變化多少。

長度收縮的推導

前面講時間膨脹的過程，直覺上能感覺到，這個時間差在普朗克和愛
因斯坦看來，肯定不一樣。類比時間膨脹的結論，對愛因斯坦來說，他為
尺的頂端和尾端做記號這兩件事，發生在同一個地方，因為他的位置沒有
變。但對尺上的普朗克來說，愛因斯坦在頂端和尾端做記號這兩件事，不
是在同一個地方發生。

是不是很像時間膨脹的思想實驗？時間膨脹裡，光從地板上射出，再
回到探測器這兩件事，對愛因斯坦來說是發生在同一個地方。但由於火車
在移動，對普朗克來說，這兩件事不在同一個地方發生。所以前後發生的
兩件事，如果對觀察者來說是在同一個地方發生，測量出來的時間，一定
比另一個看這兩件事不在同一個地方發生的觀察者測量出來的短。

同理，對測量尺長度的實驗，愛因斯坦所用的時間肯定沒有尺上普朗
克用的長。因為替尺頂端和尾端做記號這兩件事，對愛因斯坦來說是發生
在一個地方，而對普朗克來說不是。

有了愛因斯坦做記號的時間差比普朗克看到記號的時間差短的這個結

論，我們就知道：愛因斯坦測量到尺的長度，一定比普朗克測量的更短。因為愛因斯坦的時間差更短，而尺的長度被定義為尺運動的速度乘以兩個記號的時間差。這就是長度收縮，對觀察者來說，任何運動的物體，在它運動方向上的長度會縮短。

當然，如果純粹從狹義相對論的理論性推導，應當用勞侖茲變換（Lorentz transformation）對長度收縮進行推導，還必須強調尺長度的定義，必須是同時性地獲得尺兩端在兩個不同參考系中的座標，座標之間的距離才能被定義為尺的長度。所以嚴格來說，前面的定性推導方法不完全正確，不過結論與透過勞侖茲變換進行的理論性數學推導的結論一致。

前面講到，地球上能接收到很多宇宙射線中壽命很短的粒子。根據時間膨脹，因為粒子運動速度快，所以對地球上的觀察者來說，粒子的壽命變長，足夠支撐它們穿越大氣層來到地球表面。

現在變換到粒子的參考系，看看這件事情該怎麼解釋。

假設你現在是宇宙射線中一個壽命很短的粒子，你在自己的參考系裡看壽命還是很短，但你又能穿越大氣層到達地球表面，恰好是因為長度收縮。由於你的速度相對於地球很快，大氣層到地球表面的這段距離，對你來說大大縮短了，你在衰變前還是可以到達地球表面。

再看相對速度

再來看關於狹義相對論的神奇效果，就是前文提到有關相對速度的例子。回顧一下，愛因斯坦在機場傳送帶上走路，傳送帶的速度是 10 m/s，愛因斯坦相對於傳送帶的速度是 1 m/s；普朗克站在傳送帶外的地面上，請問普朗克看愛因斯坦的速度是多少？伽利略變換給出的答案很簡單，就是兩個速度相加，10 + 1 = 11，單位是 m/s。但現在已經學過時間膨脹和長度收縮，這個答案就不那麼顯而易見。

如果愛因斯坦在傳送帶上走一秒的時間，他就走了一公尺的距離。然而由於長度收縮和時間膨脹，這個一公尺在普朗克看來不到一公尺，一秒

在他看來也不只一秒。速度等於距離除以時間，現在分子比一公尺小，分母比一秒大，所以可以很快得出結論：普朗克看愛因斯坦相對於傳送帶的速度肯定不到 1 m/s，普朗克看愛因斯坦的總速度肯定也不到 11 m/s。

還有更神奇的，回顧愛因斯坦打開手電筒的思想實驗。手電筒的光相對於愛因斯坦的速度是光速，如果按照伽利略變換，普朗克會發現他測量到的光速比愛因斯坦測量到的大。但如果按照相對論速度疊加的方法計算，會發現普朗克測量到的光速，和傳送帶上愛因斯坦測量到的光速完全一樣，剛好符合光速不變的基本假設，狹義相對論就完美地自圓其說了。

[第五節] 為何無法超越光速？

全世界最廣為人知的物理學方程式 —— 質能守恆（mass-energy equivalence），$E = mc^2$，就是能量等於質量乘以光速的平方。這個方程式到底在說什麼？怎麼來的？為什麼無法超越光速？

理解質能守恆前，先介紹相對論中另外一個特殊效果，就是一個運動的物體相對於地面上的觀察者來說，它的質量會變大。這一相對論效應的證明過程比較複雜，但還是可以嘗試理解。

動量守恆定律

首先要介紹物理學中的重要概念 —— 動量（momentum），簡單來說，**一個物體的質量乘以它的速度，就是這個物體的動量**。可以粗略地認為，物體動量的大小，正比於要讓這個運動物體停下來的難易程度。很顯然，物體的速度愈快，愈難讓它停下來，例如超速的汽車不容易煞車。而速度一樣的情況下，質量愈大，愈難停下來，時速一百公里的大貨車肯定比時速一百公里的小轎車更不容易停下來。所以動量的公式就是質量乘以速度，表徵了一個物體運動的「量」是多少。

關於動量有一條鐵律叫動量守恆定律（conservation of momentum），

是指一個物理系統，在沒有外力的作用下，不管系統內部發生怎樣的相互作用，不論是碰撞、摩擦、融合，整個系統的動量從頭到尾不會發生任何變化。

例如一顆小球，質量是 m，運動的速度是 v，它撞向質量是 M 的大球，大球的速度是 V。

第一種情況，兩顆球都很光滑，撞完後各自分開，獲得兩個不同速度，小球的速度從 v 變成 v_1，大球速度從 V 變成 V_1。動量守恆定律告訴我們，不管 v_1 和 V_1 具體是多少，碰撞後的總動量 $mv_1 + MV_1$ 一定等於碰撞前的總動量 mv + MV。

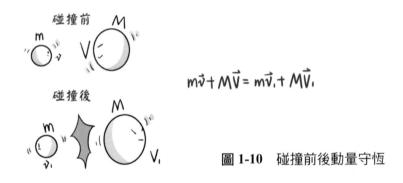

$$m\vec{v} + M\vec{V} = m\vec{v_1} + M\vec{V_1}$$

圖 1-10　碰撞前後動量守恆

同樣的，假設兩顆球之間黏了口香糖，碰撞後不再分開，獲得共同的速度 V_2，碰撞後的總動量 $mV_2 + MV_2$ 也一定等於 mv + MV。因為如果把這兩顆球當成一個整體，這個整體在碰撞前後不受外力作用，動量一定守恆。

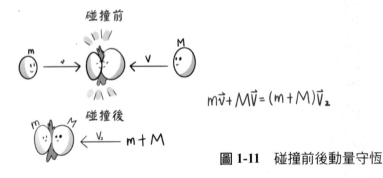

$$m\vec{v} + M\vec{V} = (m + M)\vec{v_2}$$

圖 1-11　碰撞前後動量守恆

其實與這兩顆球黏在一起相反的過程，動量也是守恆。例如一顆大球 M 以速度 V 運動，裡面裝了炸藥，爆炸後，M 分裂成兩顆小球，質量與速度分別是 m_1 和 m_2、v_1 和 v_2。這種情況下，不管數值具體是多少，一定滿足 $MV = m_1v_1 + m_2v_2$。因為大球爆炸前後，系統的整體不受外力作用。

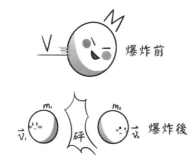

圖 **1-12**　爆炸前後動量守恆

速度愈快，質量愈大

有了動量守恆的知識後，就可以解釋為什麼運動的物體質量會增加。

想像一個物理過程：假設有一顆大球 M，正以速度 v 相對於地面的觀察者普朗克運動。大球上有一個觀察者愛因斯坦，他相對於大球 M 是不動的。這時愛因斯坦在大球上放了炸彈，操控它突然爆炸，大球被炸成大小相同的兩顆小球向兩邊飛出。它們飛出去時，相對於愛因斯坦的速度都是 v，愛因斯坦相對於普朗克的速度保持不變，還是原來的 v。

對地面上的普朗克來說，左邊這顆小球由於爆炸後獲得向左的速度 v，剛好抵銷原來做為大球的一部分向右運動的速度 v。所以對普朗克來說，這顆小球就停下來了，速度為零。再看向右運動的小球，相對於愛因斯坦來說有一個向右的運動速度 v，但這時普朗克看這顆小球的速度就不是 2v 了。參考前面介紹的考慮相對論效應後的速度疊加，與之前講過的傳送帶的問題相同。所以大球爆炸後，向右運動的小球相對於普朗克的速度小於 2v。

到這裡就可以用動量守恆定律，由於整個系統沒有受到外力作用，爆

圖 1-13　速度愈快，質量愈大

炸前和爆炸後相對於普朗克的動量應該不變。爆炸前的動量是大球的質量乘以大球的速度，等於 Mv。爆炸後，左邊的小球停了下來，速度是零，所以對動量沒有貢獻。但右邊那顆小球，假設質量是 m，速度比 2v 小，如果動量要守恆，可以得出一個結論：m 的質量大於 M 的一半。

　　而在不考慮相對論效應的情況下，M 炸成兩顆質量相等的小球，每顆小球的質量應該精確地等於 M 的一半，但事實是根據動量守恆和相對論效應，小球的質量必須大於 M 的一半，所以運動的物體質量會增大的結論就這樣得出來了。

$E = mc^2$

　　既然已經知道運動物體的質量會增大，就能推導出愛因斯坦著名的質能守恆 $E = mc^2$。

　　中學時學過動能（kinetic energy）這個概念，牛頓體系中，用力對物體做功（work），推著它走一段距離，物體的動能就會增加。有了對於動能的定義後，結合牛頓第二運動定律，再加上簡單的微積分，就可以推導出動能的運算式：動能等於質量乘以速度的平方再除以二。古典力學中，物體的動能就是這個形式。

　　古典力學裡，質量不變。上面已經證明，隨著物體的速度加快，質量

就會變大。如果真要完整地表達物體的能量，必須把質量的增加計算進去。如果把質量隨著速度的變化代入動能的公式，再進行相對複雜的微積分操作，很容易得出物體的總能量 $E = mc^2$，這裡的 m 是考慮相對論效應後的質量。

質能守恆告訴我們一件很重要的事：**能量即質量，質量即能量，它們是同一事物的兩種表現形式**，且可以互相轉化。把質量轉化成能量的過程，釋放出的能量極其巨大。

簡單計算就知道，光速是非常大的數字，3×10^8 m/s，平方後就是 9×10^{16} m^2/s^2。即便只有一公斤的質量，全部轉化成能量可以釋放出九千萬億焦耳，足夠燒開二百億噸水。值得一提的是，原子彈和氫彈爆炸之所以威力如此巨大，正是透過核反應（nuclear reaction）把質量轉化成能量。

光速無法超越

掌握質能守恆後，來看一個重要推論：**光速是不可超越的**。

當我們為一個粒子加速時，隨著速度愈來愈快，質量也愈來愈大。現在不妨把質量隨著速度增加而增加的公式寫出來，不難發現，當速度與光速相比很小時，質量的變化幾乎可以忽略。但當速度愈來愈接近光速，分母的數值就愈來愈接近零，總質量（m，動質量）就會愈來愈接近無限大（infinity）。

$$m = \frac{m_0}{\sqrt{1 - \frac{v^2}{c^2}}}$$

當物體的速度無限接近光速時，總質量就會趨近無限大。但顯然的，宇宙中未必有無限大的能量，因此永遠不可能讓靜止時質量不為零的物體加速到光速。

這樣就回答最開頭的問題，如果以光速運動時，你的時間會靜止嗎？答案是要看從什麼角度來面對這個問題。根據時間膨脹，當你相對於某觀察者的運動速度接近光速時，你的時間流逝速度在該觀察者看來非常緩

慢，也許你拿的錶只經過一分鐘，該觀察者的時間可能已經過了好幾年；當你愈接近光速時，這種效果更加明顯；當你真的達到光速時，你的一秒鐘就等於該觀察者的無限久，也就是說，假設宇宙的壽命有限，對達到光速運動的你來說，你的轉瞬之間，全宇宙就終結了。從這個意義上來說，你的時間確實趨近於靜止，因為在宇宙存在的整個時間段中，你看自己的時間，幾乎沒有任何流逝，宇宙就終結了，雖然你感受到時間流速是正常的。

超越光速運動會回到過去嗎？質能守恆說了，有質量的物體根本達不到光速，更別說超越光速。除非你的靜止質量（rest mass）是零，在分子、分母都為零的情況下，整個運算式有可能給出有限的值。這就是光本身可以達到光速的原因，因為光子（photon）沒有靜止質量，運動起來的速度必須是光速。

由光速不變原理，我們推論出很多神奇的效應。例如時間膨脹：運動愈快，時間流逝的速度愈慢；長度收縮：運動愈快，長度愈短；還有運動愈快，質量愈大。透過這些結論，可以直接推導出愛因斯坦的質能守恆 $E = mc^2$。它告訴我們，**能量和質量是一回事，是同一事物的兩面**，且任何物體的運動速度都無法超越光速。

相對論還告訴我們，**時間和空間不是相互獨立，而是相互關聯**，運動狀態決定時間流逝的狀態。相對論揭示在我們的宇宙中，一切物理觀測結果都要指明是相對於哪個觀察者而言的。

第二章

狹義相對論中的悖論

　　狹義相對論從發表開始就受到學術界的諸多拷問，因為它的結論對當時的物理學界來說過於違反常識，物理學家針對它提出許多問題，其中有幾個特別著名的悖論，指出狹義相對論中不完備的地方，由此發現，相對論終將被擴展為廣義相對論。

[第一節] 梯子悖論：相對論會顛倒因果嗎？

　　梯子悖論（ladder paradox）揭示相對論如何看待**同時性**（**simultaneity**）和**因果律**（**law of causation**）的問題。

什麼是梯子悖論？

　　原版的梯子悖論是用一架梯子和一棟房子舉例，為了便於理解，我們還是用愛因斯坦、普朗克和一列火車來說明。

　　假設有一列火車以接近光速的速度運動，正準備穿越一條隧道。火車上坐著愛因斯坦，隧道附近有相對於地面靜止的觀察者普朗克，我們替梯子悖論改名叫「火車悖論」。

　　火車靜止時，長度比隧道略長。火車運動後，由於運動速度很快，地面上的普朗克看火車就會出現長度收縮，假設火車的運動速度，剛好使普朗克看到的火車縮短後的長度精準地等於隧道的長度。

　　隧道的出入口有兩扇可開關的門，用電子開關控制，掌握在普朗克手裡。當火車進入隧道，運動到車頭與隧道的出口對齊，且車尾與隧道的入

圖 2-1　愛因斯坦和
普朗克的隧道遊戲

口對齊時，普朗克會按下開關，讓兩扇門**同時**關上。但為了不讓火車撞到門，他關門後馬上再打開，讓火車順利通過。

　　對普朗克來說有一個瞬間，整列火車都被裝在隧道裡，但當切換到愛因斯坦的視角來看這個問題時就出現了矛盾。

　　對愛因斯坦來說，火車是不動的，反而是隧道相對於自己迎面而來，所以在他看來，隧道的長度會縮短，比火車的長度還短。也就是根本不可能出現普朗克按下開關後，整列火車被裝在隧道裡的情況。因為隧道比火車短，一個短的隧道不可能裝住一列長的火車。

　　但火車究竟有沒有被隧道裝在裡面，這是一個客觀事實。怎麼會出現兩個不同的觀察者對同一個客觀事件有不同答案呢？這就引出相對論如何看待同時性的問題。

什麼是「同時」？

　　要如何解釋前述的悖論呢？火車到底有沒有被裝在隧道裡呢？

　　其實這取決於怎樣定義一個事件，首先來檢驗對火車被裝在隧道裡這個狀態的描述。火車有沒有被裝在隧道裡？其實是指有沒有那麼一瞬間，整列火車全部進入隧道，且隧道的出口和入口同時處於關閉狀態。

　　這裡的關鍵字是「同時」，整件事情的本質在於兩扇門是不是同時處

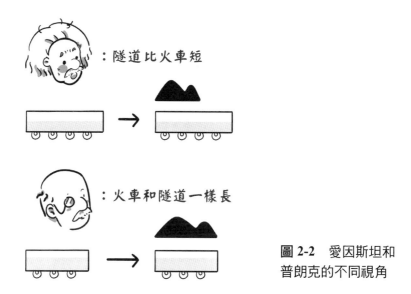

:隧道比火車短

:火車和隧道一樣長

圖 2-2　愛因斯坦和普朗克的不同視角

於關閉狀態。對普朗克來說，只要有一瞬間，整列火車全部進入隧道，且隧道的出口和入口同時處於關閉狀態，火車被裝在道裡的事實就成立了。

但對愛因斯坦來說，火車全部進入隧道的情況不會發生，因為隧道的長度比火車短。

如果普朗克真的讓兩扇門都關閉，愛因斯坦會看到什麼呢？他會看到隧道的前門先關閉，然後馬上打開，車頭順利通過隧道出口。等車尾通過隧道入口時，入口處的門才關閉。也就是說普朗克看來兩件同時發生的事，在愛因斯坦看來不是同時發生。所以，只要把對事件的定義拆解清楚，就不會發生具體事實的矛盾。

火車有沒有被裝在隧道裡，這是人為定義的概念，不是物理語言，所以要把這個定義拆解成物理的語言後才能分析。

如何顛倒因果？

從上面的分析可以看出，普朗克看來同時發生的事，愛因斯坦看來不是。也就是說，相對論裡事件發生的先後順序，在不同的參考系裡可能

不同。

不妨在此基礎上大膽猜測：一個參考系看來有先後順序的兩件事，在另外一個參考系裡，它們的發生順序有可能顛倒。

用火車穿過隧道的例子就可以證明這一點，這一次，我們讓愛因斯坦的火車再運動快一點，快到長度收縮下的火車長度比隧道還短一些。由於隧道兩個口的門，關閉的規律是入口處的感應器檢測到車尾通過就關門，出口處的感應器則是檢測到車頭通過就立刻關閉，這樣一來，在普朗克看來，車頭還沒有到隧道出口時，車尾就已經進入隧道入口。隧道入口的門先關閉，出口的門後關閉。

但愛因斯坦看來，車速更快的話，說明隧道經歷長度收縮，比火車短更多，一定是隧道出口的門先關閉，入口的門後關閉，否則就會出現火車被隧道入口的門攔腰截斷的情況，因為在他看來，隧道比火車還短，車頭到出口時，車尾還沒有進入隧道。

對於哪扇門先關閉這件事，普朗克和愛因斯坦看到的結果必然不同。這就證明在相對論中，事件發生的先後順序可以顛倒。

同時性的相對性（relativity of simultaneity）自然而然會引出最基本的問題：**相對論裡，因果律可以顛倒嗎？**

第一章提到手槍和子彈的思想實驗，從邏輯上說，開槍這件事必定是手先扣動扳機，子彈才能從槍口飛出，因果律必須要成立。

但從火車穿越隧道這個思想實驗來看，似乎事件的先後順序可以顛倒，要如何解釋呢？這裡就引出相對論裡因果關係是否可以顛倒的問題。或者說，判斷兩件事是否可能存在因果關係的依據是什麼？

在某一參考系看來，兩個事件的發生必定對應兩組四維的時空座標，包括一個時間座標和三個空間座標。這兩個事件發生的空間座標的差異，就是它們之間的距離，除以它們在這個參考系中發生的時間差，會得出一個速度。

判斷因果關係的依據是這樣的：某個參考系中，如果這個速度大於光

速，另一個參考系看來，這兩件事發生的先後順序就可能顛倒。換句話說，它們之間沒有因果關係。

要如何理解兩個事件之間的因果關係呢？就是一件事的發生是由另一件事所導致。

想像一下這個過程：第一個事件發生，會導致第二個事件的發生。第二個事件發生前，一定要「知道」第一件事發生了，知道的過程就需要資訊傳遞。

然而資訊傳遞速度最快就是光速，也就是說，第二個事件得知第一個事件發生有一個時間差，最快就是兩個事件發生的空間距離除以光速，因為充當資訊傳遞最快的角色是光或電磁波。

如果發現兩件事情發生的時間差乘以光速得到的距離，小於它們之間的空間距離，就可以斷定這兩件事情沒有因果關係。因為它們的時空間隔過大，導致第一個事件的發生不可能被第二個事件知曉，這兩件事一定是相互獨立。

例如在未來世界，人類文明已經擴展到全宇宙。某個星球上發生一樁命案，宇宙偵探查案時要先調查死亡時間，知道命案是什麼時候發生。接著用現在的時間和死亡時間的間隔乘以光速，得出一個距離。

最後可以將命案發生的地點為球心，以剛才算出的距離為半徑在空間中畫一顆球，凡是現在在這顆球以外的人都不可能是凶手。因為在這個範圍外的事件，都與命案沒有因果關係。

這就是相對論告訴我們如何判斷因果，反過來說，**任何兩件有因果關係的事，它們發生的空間距離除以時間差得到的速度，必定要小於或等於光速**，這樣才有存在因果關係的可能。

而這樣的兩件事在任何參考系看來，它們發生的順序都不可能顛倒。所以在相對論中，既定的因果關係不會被打破。

[第二節] 剛體悖論：狹義相對論對材料性質的影響

自從光速不可被超越的結論被提出後，科學家設計很多思想
實驗，試圖證明光速存在被超越的可能。

超光速思想實驗

假設孫悟空站在地面上，命令金箍棒伸得非常長，一直捅到月球上，
且事先和月球上的嫦娥約定好：看到金箍棒動了就放一束煙火。之後孫悟
空在地球向上推動金箍棒，如果金箍棒是絕對堅硬的物體，另一端的嫦娥
會立刻看到金箍棒動了一下。這樣一來，孫悟空就以超過光速的速度傳遞
資訊給嫦娥。

月球到地球距離三十八萬公里，光訊號發過去需要超過一秒的時間，
而孫悟空用金箍棒卻能完成訊號的瞬間傳遞。

孫悟空利用金箍棒還有很多方法可以做到超光速，例如命令金箍棒伸
長到銀河系中心，然後用力地揮動。金箍棒的尖端就以孫悟空為圓心，
以自身的長度為半徑在宇宙中做圓周運動，速度等於半徑乘以角速度，因
此只要金箍棒夠長，孫悟空不需要揮舞得很快，尖端的速度可以輕鬆超過
光速。

以上兩個案例，錯就錯在都假設金箍棒是剛體（rigid body）。

剛體就是完全沒有彈性的物體，現實世界中，不管物體多硬，只要施
加外力都會發生形變。只不過硬度大的物體，受到相同大小的外力情況
下，形變會比硬度小的物體小。

彈性力學中，對物體施加的單位面積的外力叫應力（stress），單位
體積物體大小的變化相對於沒有外力時的大小比例叫應變（strain）。應
力除以應變叫楊氏模量（Young's modulus），楊氏模量愈大，物體的硬度
愈大，所以剛體就是楊氏模量無限大的物體。

然而剛體是不存在的，因為萬事萬物都由原子構成，施加外力在物體

時，其實是第一排原子先發生運動，再推動下一排原子運動。而這兩排原子之間是有距離的，第一排原子把運動傳遞給下一排就需要一定的時間。

即便第一排原子被推動得再快，這種運動資訊傳播的速度也不會超光速。孫悟空在地球上推動金箍棒，它的反應是先被壓縮，然後再把這種壓縮的趨勢傳遞到月球上。這個傳遞速度不是光速，而是等於金箍棒內的聲速，因為金箍棒被推動本質上是一種機械運動，機械運動在固體中的傳播速度就是聲速。

再看梯子悖論

了解什麼是剛體，再來看看火車悖論（梯子悖論）還能產生哪些有趣現象。

假設愛因斯坦坐著高速運動的火車進入隧道，普朗克操控隧道前後兩扇門關閉。這次普朗克不打開門，真的把這列火車裝在隧道裡。那麼下一秒，火車就會撞到隧道出口的門。

假設門堅硬無比，火車衝不出去，這樣一來就會被迫停下來。普朗克看來，停下來的火車就被限制在隧道裡。但由於火車停止，長度收縮就沒有了，火車要恢復原來的長度。而這時隧道的前後門已經關閉，所以火車必須要經歷被壓縮的過程。

但愛因斯坦會看到更奇特的現象。

首先他肯定會看到火車撞到前門的事件，但根據同時性的相對性，這時後門還沒有關閉。按理說，火車被迫停下來，長度收縮也會跟著消失。而火車本來就比隧道長，所以不會發生被隧道裝住的情況。

但火車進入隧道被裝住是客觀事實，普朗克明明做到了，還讓火車受到非常嚴重的擠壓，這是怎麼回事呢？

答案如下：當火車頭和前門相撞時，車頭感受到衝擊力而停下來。但這時車尾不會立刻停下來，因為車頭已經停止這件事的資訊，至少要以光速傳遞給車尾才行。所以車頭剛經歷撞擊時，車尾還沒有反應過來，而是

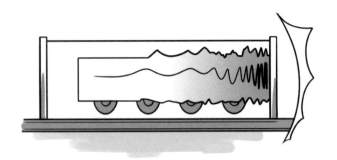

圖 2-3　機械波在火車內傳播

在慣性作用下繼續向前運動。

　　按照物體的材料屬性，車頭已經停下來這個資訊什麼時候能夠傳遞到車尾，應該是由材料的彈性決定。經歷形變的資訊在材料內的傳播，叫做材料內的機械波，此資訊傳遞速度應當是材料內的聲速。

　　通常楊氏模量愈大的物體，傳遞機械波的速度也更高，例如一根緊致的彈簧振動，就比一根相同大小的鬆彈簧頻率更高。所以車頭停下來的資訊傳遞到車尾的速度，是由火車的材料屬性決定。基本上火車的材料愈硬，就會愈快停下來。

　　但從另一個角度來看，情況就不是這樣了。對地面上的普朗克來說，火車什麼時候完整地進入隧道是確定的，前門和後門關閉的時間是同時的，透過狹義相對論中的「勞侖茲變換」，可以精確地知道切換到愛因斯坦的視角，前門和後門關閉的時間差是唯一確定的。

　　也就是說，無論火車是用什麼材料製成，它必須在確定的時間進入隧道。這樣一來，火車的彈性似乎和材料沒有什麼必然關聯。

　　這裡又出現矛盾，真實世界裡，物體的彈性不可能與材料無關。我們可以用不同的材料製造這列火車，例如用鋼鐵和棉花糖，看到的效果肯定不同。

　　然而根據狹義相對論的計算，無論怎麼改變火車的材料，似乎都不影

響它的彈性。要如何解決這個悖論呢？

　　學習狹義相對論時，不得不時刻強調它的使用邊界。**狹義相對論研究的對象太過理想，只適用於等速直線運動的物體**。一旦涉及加速、減速的問題，例如愛因斯坦乘坐的火車突然停下來，就已經不在狹義相對論的討論範圍內。因為有了加速度，上面分析的悖論就成為一個狹義相對論解決不了的問題。

[第三節] 埃倫費斯特悖論：時空的扭曲

　　埃倫費斯特悖論（Ehrenfest paradox）是保羅・埃倫費斯特（Paul Ehrenfest）針對狹義相對論提出的思想實驗。為了解決悖論，會發現狹義相對論真的不夠用，必須引入廣義相對論的基本假設才能解釋。

　　這個悖論大大啟發愛因斯坦去思考廣義相對論的問題。

埃倫費斯特悖論

　　先複習最基本的幾何知識，中學學過如何計算圓的周長，圓的半徑乘以 2π，其中 π 是圓周率，是個無理數（irrational number），約等於 3.1415926。

　　假設有一個圓盤，半徑用字母 r 表示。首先讓圓盤高速旋轉，速度快到什麼程度呢？快到邊緣的旋轉速度非常接近光速。

　　這時，假設愛因斯坦站在圓盤中心，因為中心沒有旋轉，所以他處於靜止。現在他要去觀察兩個物理量：一個是愛因斯坦正前方看到的圓盤邊緣的一小段圓弧的長度，另一個是連接愛因斯坦和這一小段圓弧的半徑。

　　根據之前介紹過的長度收縮，由於這一小段圓弧的長度與圓盤邊緣的旋轉方向一致，愛因斯坦看到圓弧的長度會縮短。但這條半徑與圓盤邊緣轉動的方向垂直，所以長度收縮不會作用在半徑上，半徑的長度不會縮短。

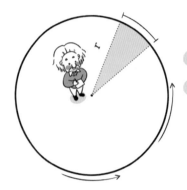

圓弧與運動方向平行，長度縮短

半徑與運動方向垂直，長度不變

圖 2-4　愛因斯坦觀測圓弧長度和圓盤半徑

　　要知道，圓的周長是由一段段圓弧組成，如果每一小段圓弧的長度都縮短，整體的周長會跟著縮短。問題來了，圓的周長是 2π 乘以半徑，換句話說，周長和半徑成正比。但很明顯，這種情況下，圓的半徑沒有變，周長卻變短了，於是就出現矛盾。

　　圓盤的周長到底變還是不變？這就是埃倫費斯特悖論的核心。

歐幾里得幾何的破潰

　　這個悖論要如何解釋呢？與上一節的結論類似：這個悖論的情況下，狹義相對論不適用。

　　一定要反覆強調，狹義相對論的適用情況是等速直線運動，是沒有加速度的情況。但這個悖論裡的圓周運動不是等速直線運動，圓盤轉圈時有向心加速度（centripetal acceleration）。

　　如果看圓盤邊緣的每一個點，它們確實以固定的速率繞圓心轉動。但轉動的過程中，雖然速度大小不變，方向卻一直改變，所以圓盤上的點不是做等速直線運動。

　　既然狹義相對論不適用在這個悖論裡，就要用廣義相對論來解決問題。廣義相對論的一個重要觀點是：**時空可以發生扭曲**。

先來說說什麼叫平直時空（flat spacetime），中學學過歐幾里德幾何（Euclidean geometry）。其中有一個基本假設，或者說公理，就是兩條平行線永不相交，或者說兩條平行線只在無窮遠處相交。然而這個公理只在平坦的平面上才成立；如果是在不平坦的平面，或者說曲面上，它就不成立了。

舉個簡單的例子，在平坦的紙上畫正方形或長方形，四個角都是直角，且兩組對邊分別平行。也就是說在一個平面上，如果用一條線把兩條線連起來，且這條線與兩條線的交角都是直角，就能判斷出這兩條線是平行線，永遠不相交。

但這個判斷標準在曲面上不成立，例如地球的表面。地球上任意兩條經線在南極和北極會匯聚到一點，但在地球上的其他地方都不會相交。如果在兩條經線中間找到一條緯線，這條緯線與這兩條經線的交角一定都是九十度。因此在一個球面上，只看局部關係，可以說這兩條經線平行，但顯然不是永遠不相交，而是會在南北兩極匯聚。

研究曲面的幾何就不是歐幾里得幾何，而是黎曼幾何（Riemannian geometry）。伯恩哈德·黎曼（Bernhard Riemann）是十九世紀最偉大的數學家之一，廣義相對論就是建立在黎曼幾何的基礎上。

不過要知道，圓的周長等於 2π 乘以半徑的結論，是在歐幾里得幾何裡才成立。空間不平坦的情況下，歐幾里得幾何不成立。

這樣就知道如何粗略地解釋這個悖論：首先由於整個圓盤不是做等速直線運動，所以狹義相對論不適用，要用到廣義相對論；廣義相對論的核心概念是扭曲的時空，**時空扭曲（distortion of spacetime）後，就不能用歐幾里得幾何的結論去算圓的周長。**

因此，這個悖論的設置中，圓的周長確實縮短了，但圓周的半徑沒有變化，這不構成矛盾，只因為周長等於 2π 乘以半徑是在歐幾里得平坦空間的情況才成立，如果是滿足非歐幾里得幾何的空間，沒有必要滿足這個簡單的幾何關係。

[第四節] 孿生子悖論：狹義相對論崩潰了嗎？

哥哥和弟弟誰更年輕？

狹義相對論中最著名的悖論，要屬孿生子悖論（twin paradox），也叫雙生子佯謬，同樣是思想實驗。

假如有一對雙胞胎兄弟，哥哥搭乘一艘太空船，以接近光速的速度去太空轉一圈後回到地球上，而弟弟一直待在地球。請問：飛船回來後，誰的年紀更大一些？

根據時間膨脹，由於哥哥的運動速度非常快，所以在弟弟看來，哥哥的時間流逝速度非常慢。等哥哥回來後，弟弟經歷的時間更長，所以哥哥反而比弟弟年輕，哥哥就變成弟弟，弟弟變成哥哥。

這種推論看似沒有問題，但其中隱含著嚴重的邏輯矛盾。

雖然是哥哥搭乘太空船去太空轉了一圈，但在哥哥看來，何嘗不是弟弟在地球上，地球相對於哥哥坐的太空船，也以接近光速的速度轉了一圈。因為運動完全相對，無論是哥哥還是弟弟，都覺得自己不動，是對方在運動。

對哥哥來說，應該是弟弟的時間流逝速度更慢。當自己回到地球後，哥哥應該更加年老，哥哥還是哥哥，弟弟還是弟弟。

相信你一定坐過高鐵，不知道有沒有過這種感受：坐在高鐵上，車還沒有開動，你搭乘的車旁有另一列高鐵。如果望向窗外，發現對面的車開動了，這時你很有可能會產生錯覺，無法判斷到底是對面的車開動了，還是自己坐的車開動了。

因為運動是相對的，只能判斷對面的車相對於你運動了。至於到底是你所乘坐的車動了，還是對面的車動了，你無法判斷，因為高鐵實在太平穩了，這時幾乎無法透過觸覺判斷自己的列車是否啟動。

同理，太空船的思想實驗中，如果哥哥和弟弟不知道自己具體是在地球上還是在太空船上，只能看到對方的相對運動，就會產生時間膨脹的悖

論。也就是對哥哥來說，弟弟更年輕；對弟弟來說，哥哥更年輕。究竟是誰更年輕呢？

很顯然，一件事不會有兩個結果。真要做實驗的話，最終要嘛是哥哥更年輕，要嘛是弟弟更年輕。如果折衷，兩個人的時間流逝速度仍然相同，時間膨脹的推論不就破功了嗎？

考慮加速過程

與前文的結論類似，狹義相對論的研究對象只能是做等速直線運動的物體，不考慮有加速度的情況。加速度屬於廣義相對論的討論範疇（現代關於廣義相對論與狹義相對論的界限問題，不同學術流派有不同觀點。例如有些流派認為可以把加速的情況吸收進入狹義相對論的理論體系中，而廣義相對論只處理存在引力的情況，這種做法從計算上來說確實存在先進之處，但兩種方法沒有對錯之分）。

如果真的分析這個思想實驗就會發現，邏輯上有一個巨大的跳環。一開始哥哥和弟弟都在地球上，兩個人相對靜止。之後哥哥坐上太空船，太空船一路加速到接近光速，哥哥實實在在地經歷過加速過程。

但之前說過，狹義相對論只討論等速直線運動，不考慮加速情況，因此分析這個問題時，不能只在狹義相對論的框架下討論，必須借助廣義相對論。

其實仔細想一下就會發現，孿生子悖論會遇到困難，是因為哥哥最終要回到地球和弟弟見面，此時就會有誰更年輕的問題。如果哥哥飛出去後一直不回地球，即便在哥哥看來，弟弟流逝的時間更慢，在弟弟看來，哥哥流逝的時間更慢，這本身沒有矛盾。

只要不存在最後哥哥回到地球與弟弟見面的環節，他們各自的時間在自己看來都正常。而對對方來說，只要沒有驗證的環節，狹義相對論就不會崩潰。

來看一個具體的例子，假設哥哥的飛行速度快到剛好使弟弟看哥哥時

間流逝的速度是自己的十分之一，這個速度非常接近光速，約為光速的九九·五％。由於運動是相對的，哥哥看弟弟的時間流逝速度應該是自己的十分之一。

假設哥哥出發時，兩人都是二十歲。當弟弟看自己的時間過了一年，發送訊息給哥哥說：「哥哥，這裡已經過了一年，我現在二十一歲了。」然而在哥哥看來，由於弟弟的時間過得非常慢，弟弟發出訊息時，哥哥已經過了十年。且對哥哥來說，這十年間自己是以接近光速的速度在飛行，所以弟弟發訊息時，哥哥與地球的距離約十光年。而這條訊息從發出到被哥哥接收到，又要花上十年左右。因為根據光速不變原理，這條訊息要以光速跨越十光年的空間距離追上自己。所以當哥哥收到訊息時，相較於從地球出發時已經過了二十年。

哥哥收到後馬上回訊息給弟弟說：「弟弟，我已經四十歲了。」其實這時哥哥可以推算出，弟弟應該是二十二歲。但在弟弟看來，整個過程並非如此。由於弟弟發送訊息時只過一年，所以哥哥離自己只有約一光年遠，訊息只需要追一光年的距離。

圖 2-5　哥哥比弟弟年輕？

但在訊息追趕哥哥的過程中，哥哥還在繼續以略低於光速的速度遠離。所以弟弟發出的訊息雖然是光速，但要追上哥哥，需要非常久的時間，因為哥哥的飛行速度是光速的九九‧五％，所以訊息追上哥哥的相對速度只有〇‧五％的光速，這個相對速度要跨越一光年的相對距離，要花二百年時間。等哥哥收到這條訊息時，弟弟這裡已經過了二百年的時間，與哥哥之間的距離遠遠超過二百光年。

根據光速不變原理，哥哥的回訊在弟弟看來要以光速跨越這段距離，還需要經過很長時間，大約又是二百年才能傳到弟弟手中，而哥哥在回覆的訊息中聲稱自己只有四十歲，但弟弟接到哥哥訊息時已約四百二十歲。

這樣一來就沒有矛盾了，無論是哥哥還是弟弟，收到對方的訊息後再和自己當時的時間進行比較都會發現，從資訊上來看，對方比自己年輕，狹義相對論的時間膨脹對雙方來說都成立。

到底誰更年輕？

以上的分析仍是在狹義相對論的範圍內討論，如果運用廣義相對論，真的讓哥哥返回地球和弟弟見面，到底誰會更年輕呢？答案是哥哥，因為他會經歷速度改變的過程。

廣義相對論中，經歷加速或減速的過程會使時間的流逝速度變慢。哥哥想完成星際旅行，必須先加速，運動到最遠處減速停下來，然後返航時再經歷一次先加速、後減速的過程。

根據廣義相對論，哥哥完成這一系列動作，時間流逝更慢。關於應用廣義相對論如何完滿地解決孿生子悖論問題，我將在〈極重篇〉提供具體解釋。

透過本章中關於狹義相對論的若干悖論，我們可以看出狹義相對論其實重新定義許多傳統觀念中不清晰的概念，很多悖論可以透過對概念的清晰界定解決。但更多的是，我們從這些悖論中了解到狹義相對論的局限性，畢竟它只討論等速直線運動的情況，更廣泛的情況自然要用到廣義相對論才能解決。

狹義相對論對孿生子悖論的解釋

孿生子悖論實際是個非常著名的問題，關於它的解釋一直到二十世紀五〇年代，就是狹義相對論已經被研究得非常清晰的時代，還被再次熱烈地討論過。愛因斯坦最早對孿生子悖論的解釋，就是前文提到的討論加速過程且運用廣義相對論等效重力的解釋，但其實即便不考慮加速過程，孿生子悖論依然可以得到解釋。

可以透過設計思想實驗進行論述，想像觀察者 A 始終在地球上，觀察者 B 乘坐太空船在地球上進行加速，等加速度到一定程度飛出地球，飛出的一剎那，B 與 A 把手錶對準時間。對準後，B 以等速飛往外星，在外星上有觀察者 C，C 不斷加速，等 B 到達外星時，C 以和 B 相同速度飛向地球，且在 C 飛出去的瞬間，C 會和 B 對時間，把自己的手錶調成與 B 相遇的時間，這樣一來，當 C 到達地球的瞬間（C 沒有減速，而是保持與 B 相同的速度掠過地球），C 手錶上的時間就應該是排除加速過程，從地球到外星之間往返的時間，這樣就得到不考慮加速過程的孿生子悖論的設置。

這種設置能很好地解釋孿生子悖論，根本矛盾在於，哥哥的參考系和弟弟的參考系應當完全對稱，雙方看對方都是相對於自己運動，這樣的話，雙方看對方都更年輕，最後不應該出現兩個人年齡不同的「非對稱」結果。但從上面的設置可以看出來，離開地球和返回地球，根本是兩個完全不同的參考系，雖然這兩個參考系速度相同，但方向完全相反，因此地球上觀察者 A 的參考系，與 B、C 二者的參考系並非對稱，最終結果是非對稱的完全合理。如果真的代入數字，透過勞侖茲變換進行計算就會發現，確實是出去飛一趟的人，時間流逝速度更慢。透過參考系的非對稱，解釋了孿生子悖論。

第三章

人類提速之路

　　本章從相對論的虛無縹緲中抽離出來，因為相對論效應要求的速度太高，可以說生活在宏觀世界的我們根本無法達到，人類目前最快的飛行器只有 200 km/s 的速度。所以這裡就腳踏實地地討論現實世界中，人類的交通工具要提速所面臨的一些問題。

[第一節] 空氣動力學

　　人類要提速，第一道要越過的屏障是空氣阻力（air resistance）。空氣阻力大大限制人類交通工具的速度，日常民用的交通工具，**本質上都是在與空氣進行抗爭。**

空氣阻力

　　對地面交通工具來說，要克服的阻力有兩個，分別是地面的摩擦力（friction force）和空氣阻力。飛機比汽車快很多，正是因為飛機起飛後就沒有地面的摩擦力。但原則上，地面摩擦力可以透過磁浮（magnetic levitation）的技術解決，空氣阻力才是真正難以克服的。

　　根據人的直觀感受，肯定是運動速度愈快，受到的空氣阻力愈大。

　　這很好理解，因為當你運動時，空氣相對於你就像一陣風迎面吹來。運動速度愈快，你感受到的風速愈快，風作用在你身上的力愈大。風級就是根據風速快慢劃分，級數愈高，風速愈快，破壞力也愈大。

　　但有一個問題：空氣阻力和速度具體是什麼關係呢？答案是：空氣阻

力和空氣相對於交通工具的**速度的平方**成正比。也就是說，當運動速度提升到原來的二倍時，受到的空氣阻力是原來的四倍。

這種平方關係導致交通工具的提速異常困難，因為提速的同時伴隨著巨大的能量消耗。例如中國的高鐵從時速三百公里提升到「復興號」的三百五十公里，其實用了比較久的時間。除了有安全性考量，成本和能量消耗也是重要因素。

超跑界最快的跑車之一叫布加迪威龍（Bugatti Veyron），從時速零加速到二百公里相當輕鬆，但從時速二百公里加速到四百公里就要費很大功夫，消耗的能量多五倍都不夠。

空氣阻力與速度的關係

為什麼空氣阻力和速度是平方關係呢？用第一章學習的動量知識就可以解答。

物體運動的量的大小叫做動量，等於質量乘以速度。動量可以理解為讓物體停下來的難易程度，很顯然，物體的質量愈大、速度愈快，讓它停下來的難度愈大。

空氣阻力其實就是一個個空氣分子打在交通工具上，當交通工具運行時，這些空氣分子相對於交通工具的表面有一個速度。整個過程可以理解為交通工具讓這些空氣分子相對於自己停了下來，所以要給空氣分子一個相應的作用力。

而牛頓第三運動定律（Newton's third law）告訴我們，**施力者作用任何力在受力者上，都會獲得一個大小相等、方向相反且作用在同一點的反作用力**，所以交通工具同樣會受到空氣分子給的反作用力，就是空氣阻力。

空氣阻力要如何計算呢？前面說過，空氣阻力等效於讓空氣分子相對於交通工具停下來的衝擊力。也就是說，**空氣阻力正比於單位時間內打到交通工具表面空氣動量的改變量**。

假設單位時間內，有一定量的空氣打到交通工具的表面，這些空氣的

質量等於體積乘以密度。空氣密度通常為恆定，而單位時間內流過的空氣體積，其實正比於空氣的速度。很明顯，單位時間內會有多少空氣撞到交通工具的表面，就是看交通工具的速度快慢。速度愈快，單位時間內就會行駛愈長距離，就會有愈多空氣撞上來。

單位時間內的空氣阻力正比於空氣的動量，動量等於質量乘以速度，質量又正比於空氣的速度，所以總體空氣阻力就與速度的平方成正比。到這裡就十分清楚了，為什麼飛機要飛得高，速度才能快。因為海拔高的地方空氣稀薄，這樣才能大大減少空氣阻力，在節約燃料的前提下保證飛行速度。

飛機升力的來源

空氣雖然阻礙交通工具的前進，但飛機能飛上天，部分靠的其實是空氣阻力。首先可以做個簡單實驗，將兩張紙並排放置，然後在兩張紙之間吹一口氣。

直覺告訴我們這口氣會把兩張紙往兩邊推開，但結果恰恰相反，這兩張紙是傾向於往中間靠攏。這個實驗的結果相當違反常識，為什麼呢？這個物理實驗揭示的規律是：**速度愈快，氣壓（air pressure）愈小**。因為你吹了一口氣，紙張中間的空氣速度加快，氣壓就減小。此時紙張外面的氣

圖 3-1　吹氣實驗

壓較大，兩張紙就被壓向中間。

其中的原理應該如何理解？為什麼流速快的空氣氣壓會變小？首先要理解空氣的氣壓是怎麼來的。想像用一個盒子把空氣包住，由於空氣分子有微觀的運動，會不斷擊打盒子的內壁，這種擊打的作用力就表現為氣壓。根據上面的阻力知識可以知道，氣壓的大小應該和空氣的密度有關，密度愈大，氣壓愈大。

這與生活經驗相符，例如幫自行車輪胎打氣，肯定是氣愈滿愈難打進去，本質就是空氣多了，但體積沒變，氣壓就隨著空氣密度的增大而增大。

為什麼空氣流速愈快，氣壓愈小？因為吹氣時，一口氣的總量恆定，但速度愈快，它在空中劃過的距離愈長，對應於這些空氣的體積就愈大。體積愈大，密度愈小，氣壓就愈小。

飛機可以升空，靠的是空氣流速快氣壓會降低的原理。飛機機翼的橫截面上表面會做成弧形，下表面做成平面或弧度相對較小的曲面。

當飛機運動時，機翼前方的空氣會被它切成兩份，從機翼的上、下兩側分別流動到機翼的後方。但很明顯，由於機翼上方的弧度大，上方空氣走到後方所經歷的路程比下方空氣的路程長。由於空氣處處連通，很難出現暫態的真空狀況，所以為了保證處處有空氣，上方空氣必須以更快的速

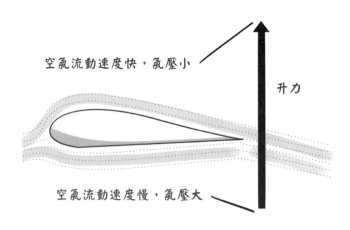

空氣流動速度快，氣壓小

升力

空氣流動速度慢，氣壓大

圖 3-2　飛機升力的來源之一

度流動到後方。這導致上方空氣的氣壓一定比下方空氣的氣壓小，機翼就受到一個向上的壓力差。這就是飛機升力的來源之一，且當飛機的運行速度愈快，壓力差就愈大。

當然，飛機的起飛除了白努利定律（Bernoulli's principle）以外，還有一個來源就是飛機會把機翼後方的擋板放下來，當空氣流過時，自然會產生一個向上的力，這完全是作用力和反作用力的效果。當飛機在高空巡航時，擋板收起來，這時飛機的升力主要靠的就是白努利定律。

目前民航客機的速度可以達到約每小時一千公里，但再往上就無法繼續線性增長，會遇到下一個瓶頸，就是音速。飛機如果要超音速（supersonic speed），需要克服來自聲音的阻力。

[第二節] 超音速

隨著飛行高度上升，飛機周圍空氣的密度會逐漸變小，可以在很大程度上減少空氣阻力。如果要飛得更快，是不是只要不斷往高處飛就可以了呢？

事情沒有那麼簡單，因為當速度接近音速時，新的阻力來源就出現了。這就是為什麼對於飛機，尤其是戰鬥機來說，超音速是重要的節點，就是因為這件事情非常困難，要突破音障（sonic barrier）的掣肘。

超音速

首先要理解什麼是超音速，僅把超音速理解為運行速度超過音速是不完整的。音速約 342 m/s，這個速度是指聲音在一個標準大氣壓和室溫條件下，相對於空氣介質的傳播速度。

而我們說的超音速，實際上是指飛機相對於空氣介質的速度要超音速，而不是相對於地面。二者有什麼區別呢？因為空氣會流動，飛機在飛

圖 3-3　飛機速度超過音速

行時會帶動周圍的空氣向前運動。飛機必須相對於周圍的空氣運動速度超過音速，才叫超音速。

　　由於高空空氣稀薄、氣壓低，聲音在這種情況下的傳播速度還不到342 m/s。綜合計算下來，飛機真的要超音速，相對於地面的速度約要接近 400 m/s，才算真正意義上的超音速。

音障

　　飛機速度接近音速時，會出現新的阻力來源，就是音障。顧名思義就是聲音產生的障礙，要如何理解音障呢？空氣中傳播的聲音其實是空氣介質所傳遞的機械波，既然是波，就攜帶能量。

　　飛機飛行時，有非常多聲音發出。例如與空氣的摩擦、發動機的雜訊，這些都是聲波能量的發射源。當飛機速度沒有達到音速時，這些雜訊都以音速相對於飛機周圍的空氣向四面八方發射出去。

　　但飛機的速度一旦超過音速，就會迎面撞上自己剛發射出去的機械波的能量塊。這種撞擊就是音障，音障的產生會讓飛機承受比在音速以下飛行時高三～四倍的阻力。

　　因此，超音速不是一件容易的事情，當交通工具的運行速度接近音速時，它的加速就變得異常困難。

[第三節] 宇宙速度：飛出太陽系

　　人類如果要探索宇宙，需要逐步達成三個目標，分別是飛離地面、飛出地球和飛出太陽系。對應的物理上的要求是我們要分別達到第一、第二和第三宇宙速度。

第一宇宙速度

　　飛出地球前要先解決一個問題，就是如何一直待在天上不掉下來。這個問題其實牛頓早在十七世紀就已經思考過，例如撿起一塊石頭扔出去，根據生活經驗肯定是用的力愈大，石頭扔得愈遠。這裡的關鍵不是扔石頭用的力氣多大，而是飛出去時的速度有多快。速度愈快，石頭最終落地的距離愈遠。

　　這時牛頓發揮極限思維，是什麼呢？就是把條件參數推到極限，看看會出現什麼情況。在牛頓時代，地球是球體已經是被大家廣泛接受的常識。如果石頭被扔出去的速度快到極限，會不會繞地球轉一圈，最後回到出發點，砸中你的後腦勺呢？

　　牛頓認為只要石頭的速度夠快，就不會再掉落到地上，而是一直繞著地球的表面飛行。

　　在這個基礎上，如果石頭的速度再快一點，就有可能永遠飛出地球，再也回不來了。後來我們知道，根據牛頓萬有引力定律（Newton's law of universal gravitation），這個問題的答案和牛頓的猜想完全一致。

　　任何一個物體，例如人造衛星或飛行器，如果繞著地球飛行再也不掉下來，需要達到臨界速度，這個速度就叫第一宇宙速度（first cosmic velocity）。

　　當然，這裡必須說明，這樣的飛行一定是在大氣層之外進行。如果是在大氣層裡面，空氣摩擦會減小飛行器速度，最終還是會掉下來。飛行器達到第一宇宙速度後，進入地球軌道。這時可以關掉引擎，不需要額外的動力就可以一直繞著地球旋轉。

圖 3-4　牛頓的思考

　　第一宇宙速度多大呢？其實用向心力（centripetal force）就可以簡單地計算出來。例如用繩子綁住重物旋轉，你會發現重物轉得愈快，繩子的張力愈大。繩子的張力提供重物旋轉的向心力，向心力愈大，對應的圓周運動速度愈快。對在地球表面飛行的物體來說，受到的向心力就是地球對它的引力。這個引力大小在地球表面基本上固定，因為只與飛行器離地球球心的距離和地球的質量有關。

　　根據前面的分析，萬有引力的大小確定向心力的大小，向心力的大小就決定飛行器繞地球運動的速度。類比繩子轉重物的情況，再利用萬有引力等於向心力的條件，就能計算出第一宇宙速度的大小，結果約為7.9 km/s。這個速度可不慢，是音速的二十多倍，普通的飛機、超音速飛機都達不到這個速度。所以，想發射人造衛星必須要利用火箭。

能量守恆定律

　　既然人類的飛行器已經能做到一直在天上飛不掉落，下一步自然要問，如何脫離地球引力的束縛飛向太空呢？直覺告訴我們需要更快的速度，但這個不太好理解。

　　道理很簡單，萬有引力影響的距離非常遠，就算離地球幾十億光年，到了宇宙的邊緣，還是可以感受到，只不過這個引力已經非常小。但小歸

小，還是存在。一旦你在遠處停下來，它還是可以把你拽回去，所以看起來好像永遠無法擺脫地球的束縛。其實要擺脫，還要學習物理學中一個最基本的定律，叫做能量守恆定律（law of conservation of energy）。

能量守恆定律是指，**能量既不會憑空出現，也不會憑空消失，一個封閉系統的總能量一定保持不變。**

封閉系統就是與外界完全沒有能量交換的系統，內部的能量不會跑出去，外界的能量不會輸入系統。但系統內部的能量可以在不同的形式之間相互轉化。例如汽車一開始速度很快，接著把發動機（引擎）熄火，踩煞車讓它停下來。這時，汽車的動能就減小了。

其實汽車的能量沒有消失，而是轉化成輪胎和路面、輪胎和煞車皮，以及汽車和空氣摩擦產生的熱能。這些能量加起來一定等於汽車損失的動能，這就是能量守恆定律。

能量守恆定律也是一條原理性定律，承受無數實驗的檢驗。我們無法用演繹法推導，只能說世界的規律本來如此。

第二宇宙速度和第三宇宙速度

有了能量守恆定律，就可以解決如何擺脫地球束縛的問題，首先要清楚什麼叫做擺脫地球的束縛？

地球引力的作用永遠無法擺脫，你飛得再遠，地球也有引力作用在你身上，但會愈來愈小。這樣就可以把擺脫地球的束縛定義為：**無論飛到什麼地方，距離地球多遠，即便是宇宙邊緣，飛行器總有足夠的動能可以繼續飛得更遠**，這本質上就已經是擺脫地球的束縛。其實有一個思維的轉變，就是把擺脫地球的束縛定義成動態過程，從能量的角度來看這個問題。

重新認識擺脫地球束縛的概念後，再結合能量守恆定律，第二宇宙速度（second cosmic velocity）就可以計算出來。飛行器飛離地球到宇宙中運動時，它的總能量其實是由兩部分組成。一部分是它的動能，一部分是地球對它的引力產生的重力位能，也叫引力位能。重力位能很好理解，地

球表面上物體的海拔愈高，重力位能愈大。因為它從高處落下時，肯定是高度愈高，落地的速度愈快。

飛行器在地球表面剛發射時，發動機加速讓它獲得動能，但它同時還具有與地球之間的重力位能。這裡可以假設它是直接從太空起飛，沒有空氣摩擦的問題。根據能量守恆定律，不管飛到什麼地方，它的總能量不變，就是等飛出去後，重力位能增加，動能減少，且重力位能的增加量一定等於動能的減少量，因為總能量必須守恆。

把擺脫地球的束縛轉化成物理語言，就是當飛行器飛到無窮遠處時，它的動能依然不為零。此外，我們可以把飛行器飛到無窮遠處的重力位能算出來（無窮遠處重力位能為零）。

以下能量守恆定律就派上用場，我們讓飛船在地球上發射時的動能加上重力位能，等於它在無窮遠處的動能加上重力位能，且令太空船在無窮遠處的重力位能還要大於零，就可以倒推回在地球起飛時的速度至少要多大，就得到第二宇宙速度。

透過計算得到地球的第二宇宙速度約為 11.2 km/s，和第一宇宙速度 7.9 km/s 相比又大了不少。

然而，實際情況沒有那麼簡單。一旦真的達到第二宇宙速度後，還有太陽引力在等著你。為了擺脫太陽的束縛，還需要達到第三宇宙速度

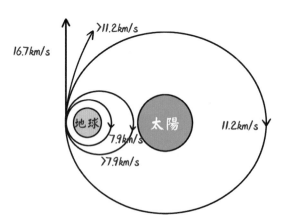

圖 3-5　三種宇宙速度

（third cosmic velocity）。

第三宇宙速度的計算方法與第二宇宙速度類似，只要計算飛行器發射時的動能加上相對於太陽的重力位能，讓這個總能量在到達無窮遠處時，仍然可以令飛行器的動能大於零，這就叫完全脫離太陽的束縛。

第三宇宙速度算出來更大一些，約為 16.7 km/s。其實真的飛出太陽系，還有銀河系，出了銀河系還有銀河外星系等，所以光有第三宇宙速度依然不夠。由此可見，人類的提速之路異常艱辛。

但情況沒有那麼糟糕，因為一旦進入太空，給飛行器加速的能量未必需要自己生產。我們可以有效地利用其他天體，從它們身上「偷」能量。

[第四節] 彈弓效應：星際航行的「神」操作

真正飛出大氣層進入太空後，為了更高效地飛行，就需要充分利用各大天體的引力來替飛行器加速，因為飛行器攜帶的燃料有限。這裡就要用到太空航行裡非常重要的物理現象，叫做彈弓效應（slingshot effect，又稱重力助推）。

生活經驗

踢足球的人會有這種經驗，踢向你迎面滾過來的球，比踢放在地上不動的球更高、更遠，這種物理原理究竟是什麼呢？

其實用到一個力學概念叫彈性碰撞（elastic collision），特點是兩個物體碰撞前和碰撞後，相對速度的大小不變。

皮球具有彈性，腳踢球很接近彈性碰撞。當球向你滾過來時，腳和球接觸的瞬間，它們之間的相對速度比球不動時更快。

所以足球被踢出去離開腳時，相對於腳的速度，是和被踢出去前相對於腳的速度差不多。踢完球，腳還是往前，所以這時皮球相對於腳的速度不變，而它相對於地面的速度，還要加上腳向前運動的速度，這個速度當

然比踢靜止的球更大。彈弓效應的原理，和踢滾過來的足球更高、更遠的原理相同。

彈弓效應的基本原理

《絕地救援》有一個情節是，人類派往火星的探測小分隊在從火星返航的途中，發現在火星上遭遇風暴的男主角還活著，且在火星上利用科學知識生存下來。

隊員們當然決定到火星接他，但他們的做法不是讓太空船停下來，再掉頭返回火星，而是讓飛船繼續朝地球加速飛行，在地球邊緣打轉，最後才飛回火星。

為什麼要這樣做呢？因為太空船的速度非常快，把太空船停下來再反向加速，要耗費非常多能量，有限的燃料可能無法支援太空船達到理想中的速度。而加速飛往地球，繞地球半圈反而可以獲得更大的速度，這就是彈弓效應。顧名思義，就是讓地球充當彈弓，太空船在地球這個「彈弓」的作用下被「彈射」出去。

從宏觀的效果來看，整個過程和地球踢了一艘朝它滾過來的太空船一樣。要知道，地球圍繞太陽公轉有一個不小的速度，約為 30 km/s，而一般太空船的速度只有約 10 km/s。如果太空船沿著地球空間軌道的切線飛向地球，太空船和地球之間的相對速度就是 30 + 10 = 40 km/s。

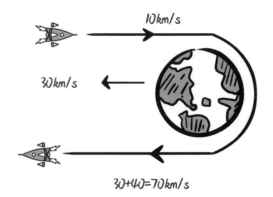

圖 3-6　彈弓效應

之後太空船被地球從反方向「踢」回去，根據剛剛介紹的彈性碰撞原理，太空船相對於地球的速度也是 40 km/s。但別忘了，地球把太空船踢出去的同時，自己還在繞著太陽公轉，所以這時太空船相對於太陽的速度就是 30 + 40 = 70 km/s。

彈弓效應的加速機制

地球具體怎麼替太空船加速呢？其實很簡單，太空船接近地球時，會進入地球的外部軌道，暫時成為一顆繞地球運動的衛星。

地球不光有月亮這顆衛星，其實地球上空還飄浮著成千上萬顆人造衛星，這麼多衛星堆在天上不會相撞，主因就是每顆衛星都有自己既定的運行路線，我們稱之為軌道。就像鐵軌一樣，雖然可能有上千趟列車，無數條軌道，運行起來錯綜複雜，但只要軌道相互不交叉，就不會發生相撞事故。

整個彈弓效應的加速過程就是太空船快速從地球的一側飛入地球的軌道，這時在地球上的人看來，太空船只是開始繞地球轉動而已。

由於地球有引力，進入地球軌道的太空船，可以說是被地球「俘獲」，開始繞地球轉圈。而轉圈的速度是太空船和地球的相對速度，就是前面說的 10 + 30 = 40 km/s。

太空船以 40 km/s 的速度繞地球轉半圈後，再開動發動機把自己推出地球的軌道。太空船離開地球的相對速度還是 40 km/s，但這時相對於太陽來說，它已經加上地球公轉的速度，就是 40 + 30 = 70 km/s。

當然在利用彈弓效應的實際操作過程中，太空船無法獲得如此大的加速，此處只是代入數字讓你感受加速的過程。70 km/s 這個速度已經遠超過地球的第二宇宙速度，這樣的高速是無法讓太空船自然地圍繞地球轉動半圈再加速飛出的。

現實中，太空船也是這樣運行。讓地球上發射的太空船飛出太陽系需要 16.7 km/s 的第三宇宙速度，單靠火箭加速很難達到。必須事先算準行

星的運行軌道，例如火星的運行軌道，算準火星的運行方向，在適當的時機讓火星充當太空船的彈弓，才能讓太空船獲得很大的速度，因此軌道的計算極其重要。

極大篇

The Largest

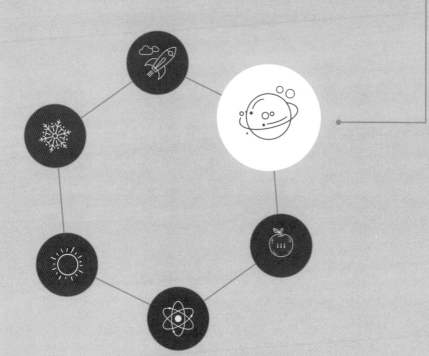

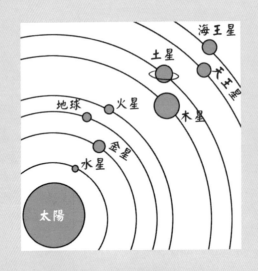

[導讀]

宇宙的起源

說到大,你會想到什麼?根據生活經驗,最容易聯想到的是空間尺度的大。可以大到什麼程度呢?自然是大到全宇宙的範圍。

除此之外,還有時間尺度的大,它體現為時間的長久。時間可以久到什麼程度?久到從宇宙的誕生到死亡,當然前提是宇宙如果有滅亡的終點。

〈極大篇〉要說明你認識尺度極大的存在,**除了空間的大,還有時間的長。**

內容安排

第四章先把宇宙當成一個整體,了解宇宙的誕生、成長和未來;我們會在本章討論,為什麼**宇宙的大小必須有限**,以及為什麼宇宙必須有一定年齡,宇宙大爆炸理論(the big bang theory)很好地描述宇宙如何誕生。

第五章,再來看看宇宙有些什麼東西,其實就是各式各樣的天體。

從質量小的到大的，它們長什麼樣，以及各自有什麼性質；雖然宇宙中天體的種類多如牛毛，有恆星、行星、衛星、彗星（comet）、中子星（neutron star）、白矮星（white dwarf）、紅矮星（red dwarf）、黑矮星（black dwarf）、紅巨星（red giant）、超新星（supernova）……多不勝數，但總體來說，如果把天體做為單體物件研究，**天體的質量等級最具有決定性意義**，質量的大小直接決定天體的演化路徑。

第六章，了解宇宙當中萬物的聯繫，讓看似不相干的天體互動起來。這裡涉及既熟悉又陌生的概念——萬有引力；萬有引力是由牛頓率先提出，他有一句名言，大意是：「我之所以有這樣的成就，是因為我站在巨人們的肩膀上。」此話並非過謙，而是所言非虛，第六章要研究清楚牛頓是如何站在約翰尼斯‧克卜勒（Johannes Kepler）和伽利略‧伽利萊（Galileo Galilei）兩位巨人的肩膀上建立萬有引力理論。

閱讀完〈極大篇〉，你將會對人類目前關於宇宙的探索有一個相對全面的認知。

第四章

宇宙的前世今生

[第一節] 宇宙的現狀

宇宙的誕生、成長和未來有著時間極長的過程，但我們先不講誕生，而是先講成長。

為什麼呢？因為物理學的基本研究方法，是從**現有的、可以觀測到的資訊**入手。宇宙目前處在成長期；宇宙的誕生發生在很久之前，我們沒看到；而宇宙的未來，我們還看不到。所以只能從宇宙當下的成長入手，先研究宇宙的性質，再透過演繹法，反推回宇宙誕生時是什麼樣子，並預言宇宙的未來。

核心問題：多大？多久？

上千年之前，哲學家、科學家們就在思考兩個終極問題。

一、宇宙是有限大，還是無限大？換句話說，宇宙有沒有邊界？

二、宇宙是存在有限久，還是無限久？宇宙是不是像人類一樣，有誕生、消亡的過程？

關於這些問題，牛頓給出看似無可辯駁的答案：宇宙當然是無限大的。

理由很簡單，因為那時牛頓已經發現萬有引力定律，就是任何有質量的物體之間都存在相互吸引的作用力。如果萬有引力正確，宇宙中所有天體之間都應該相互吸引。但很明顯，現在觀察到的天體、星系之間都保持著一定距離，而且距離還很大，動輒幾光年、幾十光年。

但萬物沒有因為萬有引力的存在而相互靠近，是萬有引力失效了嗎？

是什麼樣的力量阻止宇宙中的物質擠成一團？似乎只有當宇宙是無限大時，才能解釋這個現象。

牛頓的論證很簡單，假設單看宇宙中天體 A 受到天體 B 的吸引，根據萬有引力，就有向天體 B 運動的趨勢。由於宇宙是無限大，**一定可以在天體 A 的另外一側尋找到天體 C，它對天體 A 產生一個與天體 A 和天體 B 之間方向相反、大小相同的吸引力**。如此，天體的受力便平衡了，不會發生與其他天體擠成一團的情況。其中的核心推論是，「無限大」意味著只要找就一定能找到，無限大包含一切可能性。當然，與其說是物理學推論，實際則更具哲學意味，其實無法用實驗的方式驗證。

總體來說，恰好因為宇宙是無限大，所以宇宙中的每個點都是中心點。處在中心點的天體，一定可以在它周圍找到夠多的物質，使自己受到的引力平衡，宇宙就不會收縮成一團。反之，如果宇宙是有限大，必然會在萬有引力的作用下收縮到一個中心點。

其實現在看來，牛頓的論證過於理想化，因為無限大只是數學概念，從生活經驗來說，人無法感知無限大。但宇宙沒有因為萬有引力的作用而收縮，我們還好好地活著，這又讓牛頓的論證看似無懈可擊。

先假設牛頓是對的，再來看看下一個問題：宇宙有沒有年齡？它是存在有限久，還是無限久？

地球約是四十六億年前誕生，太陽約是五十億年前誕生。宇宙是不是有年齡呢？對於這個問題，十九世紀的德國哲學家海因里希・歐伯斯

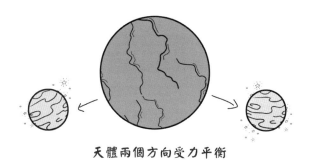

天體兩個方向受力平衡

圖 4-1　宇宙中的
天體受力平衡

（Heinrich Wilhelm Olbers）給出回答：根據牛頓宇宙無限大的論證，**宇宙必然已經存在有限久的時間**。如果宇宙存在無限久，現在不可能看到白天、黑夜交替，應該**一整天都是白天**。

歐伯斯的論證非常通俗易懂，既然宇宙是無限大，宇宙中就應該有無限多正在發光的星星。如果仰望星空，不管朝哪個方向看過去，該方向上一定會有正在發光且已經存在無限久的星星，因為「無限」的意思就是只要找就一定會有。在歐伯斯的時代，人們已經知道**光的傳播需要時間**。如果宇宙存在無限久，所有星星發出的光，必然都已經傳到地球上且被我們觀察到。因此不管我們朝哪個方向望過去，都能看到有星星在發光。這樣一來，整個天空應該被星光填滿，地球上應該永遠是白天。

然而現在的情況是白天和黑夜交替變換，所以只要宇宙是無限大，宇宙的年齡就一定是有限的。

牛頓與歐伯斯的自相矛盾

如此看來，宇宙是否無限大，以及存在是否無限久這兩個問題，似乎已經被輕鬆回答了。但如果把這兩個答案放在一起，就有破潰的危險。

為什麼呢？因為這兩個答案自相矛盾。

根據歐伯斯的論證，宇宙存在有限久。現在知道宇宙的年齡約一百三十八億歲，就是說一百三十八億年前，宇宙不存在，它有一個誕生的過程。就好像蓋房子，我們用有限的時間，只能蓋出一棟有限大的房子。宇宙是怎麼變成無限大的呢？也就是說，無限大的宇宙卻有一個有限大的年齡這個結論，存在根本的邏輯矛盾。除非宇宙從誕生開始，就是無限大的。這倒比較符合神話故事中的「創世」思想，但對物理學家們來說，這個「創生」的過程無法用物理學理解。

問題的問題

這種矛盾要怎麼解決呢？有時候一個問題找不出正確答案，可能不是

解法有問題，**而是問題本身問錯了**。例如你問我一顆蘋果的心率是多少？蘋果沒有心臟，哪來的心跳？這就是典型問錯的問題。

宇宙是否無限大？存在是否無限久？這兩個問題一旦問出來，其實已經假定宇宙目前的狀態固定不變。完全忽視另一種可能性──宇宙有可能時刻在變化。宇宙難道不會是一棟蓋到一半的房子嗎？針對這個問題，直到一九二九年，美國天文學家愛德溫・哈伯（Edwin Hubble）才給出令人信服的答案。

[第二節] 哈伯定律：宇宙在膨脹

哈伯定律

哈伯提出一生中最重要的關於宇宙的定律──哈伯定律（Hubble's law），指出**宇宙正在加速膨脹**。

膨脹比較好理解，就是宇宙在愈變愈大，宇宙中的任意兩點都在相互遠離。而加速的意思是說，如果宇宙中兩個點的距離愈遠，相互遠離的速度愈快。可以用吹氣球形容這個過程，宇宙就像正在被吹大的氣球表面，宇宙中的天體、星系就像氣球上的不同點。氣球被吹大的過程，氣球上任意兩個點的距離愈來愈遠。

哈伯是怎麼發現宇宙正在膨脹的呢？源於他用天文望遠鏡對宇宙中二十多個星系進行的觀測。他發現所有星系都在遠離我們，且距離愈遠的星系，遠離的速度愈快，於是就得出宇宙在膨脹的結論。哈伯還總結出一個經驗公式，就是著名的哈伯定律：

$$v = HD$$

v 是星系遠離的速度，D 是星系之間的距離，H 是哈伯常數（Hubble constant），約 70 km/(s・Mpc)。秒差距（pc）是距離單位，約三・二六光年。就是一個與我們相距約三・二六光年的星系，遠離我們的速度約每秒七公分。

問題來了，宇宙為什麼在膨脹，而且還是加速膨脹呢？

用吹氣球的例子類比，氣球會膨脹是因為有人在吹它，就是需要給氣球一個初始推動力，現在科學家普遍認為這個初始推動力是由宇宙大爆炸（the big bang）所產生。

大爆炸理論可以解釋為什麼宇宙在膨脹，但不太能解釋為什麼會加速膨脹。吹氣球時，會覺得氣球吹到後面愈費勁。而宇宙這個大氣球，吹到後面還愈有勁，好像連著一臺鼓風機。

使宇宙加速膨脹的能量從哪裡來呢？

宇宙膨脹的能源：暗能量

目前的物理學理論還無法解釋宇宙加速膨脹的問題，於是科學家們提出一個概念，叫做暗能量（dark energy）。

什麼是暗能量呢？就是支撐宇宙加速膨脹的能量。之所以叫暗能量，是因為它看不見、摸不著，連儀器都無法探測，現代的實驗對它幾乎一無所知。

暗能量只是科學家為了解釋宇宙膨脹現象強行「發明」出來的概念，如果真的存在，根據計算，它占全宇宙能量與物質總量的六八％左右。暗能量的概念可以解釋一些宇宙學（cosmology）的問題，但除了宇宙膨脹現象之外，我們幾乎看不出其他效果。

回到基本問題

再回到宇宙是有限大還是無限大的問題，**目前的答案是：宇宙是有限大，且在不斷膨脹**。既然宇宙有限大，就會碰到牛頓最早提出的問題：宇宙中的天體為什麼沒有在萬有引力的作用下擠成一團呢？

有了哈伯定律，這個問題就簡單了。儘管萬有引力有令萬物聚合的趨勢，但宇宙的膨脹超越萬有引力的效果，甚至使天體間的距離愈來愈遠。

再來看看宇宙是不是存在無限久這個問題，歐伯斯關於宇宙存在有限

久的結論，是從牛頓宇宙無限大的觀點推導出來。現在牛頓的觀點錯了，這個問題就需要重新考慮。

現代物理學中，我們對宇宙的年齡有一個確定的答案：宇宙約在一百三十八億年前誕生，這個結論從哪來的呢？

答案是透過哈伯望遠鏡觀測得來（哈伯望遠鏡是透過火箭升上太空，且在地球軌道中運行的一臺反射天文望遠鏡，與天文學家哈伯沒有直接關係，只是以哈伯的名字命名，用以紀念他對天文學做出的卓越貢獻）。因為太空裡沒有大氣層干擾，哈伯望遠鏡可以蒐集到更多宇宙中的光和其他資訊。

科學家得出宇宙年齡約一百三十八億歲的依據是，**哈伯望遠鏡能看到最遠的地方，差不多是一百三十八億光年遠**，再遠就看不到了，這個解釋其實和歐伯斯的論證有異曲同工之處。光用來走到地球的時間，最多就是一百三十八億年左右。

比一百三十八億光年還要遠的星球的光，還沒有足夠的時間可以傳到地球。所以光可以用的時間，就是宇宙存在的時間。

至此，開篇提出的兩個終極問題都得到回答：宇宙是有限大，且還在加速變大；宇宙存在有限久，年齡是一百三十八億年左右。

宇宙既然是有限大，它的大小是多少呢？答案是直徑九百四十多億光

圖 4-2　哈伯望遠鏡

年，這是透過哈伯定律計算得出的結果。雖然我們只能看到一百三十八億光年遠，但不代表宇宙的半徑就是一百三十八億光年。

因為我們看到宇宙最遠處發出的光，經過一百三十八億年的時間才到地球。但這段時間裡，當初發光的點還在不斷遠離我們，所以宇宙的半徑肯定不只一百三十八億光年。如果把宇宙看成一顆球體，根據科學家的計算，宇宙的直徑約為九百四十多億光年。

有了這兩個答案，我們還要繼續追問宇宙是怎麼來的？剛誕生時是什麼樣子？這個問題直接導向了宇宙大爆炸理論。

[第三節] 光譜與都卜勒效應：宇宙膨脹的證據

討論宇宙大爆炸理論前，我們要對哈伯做的工作有更多了解。他是透過觀察星系的運動情況，從而得出所有星系正在遠離我們的結論，且星系離我們的距離愈遠，遠離我們的速度愈快。

如何知道天體離我們多遠？

用天文望遠鏡觀察宇宙時，能看到的只是發光的天體。怎麼知道某個天體離我們多遠呢？怎麼知道它在遠離我們呢？難道是哈伯用的望遠鏡特別高級嗎？

這裡的關鍵技巧有兩個，分別是光譜（spectrum）和都卜勒效應（Doppler effect）。

光譜：物質的指紋

元素週期表上已知有九十二種天然元素（不包含同位素）。

我們周圍的物質都是由原子組成，每種原子的內部結構不同，擁有不同的物理、化學性質。總體來說，原子的內部結構可以分為原子核和電子（electron）。原子核帶正電荷，電子帶負電荷，電荷之間同性相斥、異

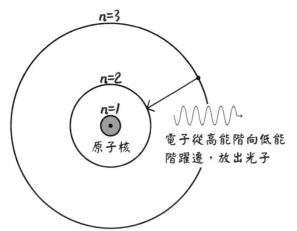

図中文字：
$n=3$
$n=2$
$n=1$
原子核
電子從高能階向低能階躍遷，放出光子

圖 4-3　電子躍遷

性相吸，靜電荷之間的作用力叫庫侖力（Coulomb's force），電子在原子核庫侖力的吸引下圍繞原子核運動。

　　原子有不同的能量等級，叫做能階（energy level），表現為電子在圍繞原子核運動時所處的不同狀態。量子力學神奇的地方在於，原子內的能階不是任意的，而是只能取某些特定的值。物理定義：電子的能量是量子化的（quantized）。量子化的意思是電子的能量可上可下，但上下的規律就像爬樓梯，只能取一些特定的值，能階之間有能量間隔，不像滑梯一樣每個值都能取到。

　　物理學還有一個重要原理，叫做能量守恆定律：能量不能憑空出現，也不能憑空消失。封閉系統裡，能量的總量保持不變。

　　當處在高能階的電子跳到低能階時，能量減小了。但根據能量守恆定律，這部分能量不會憑空消失，跑到哪裡了呢？答案是變成一個光子，從原子裡射出。光子攜帶的能量，恰好就是電子從高能階運動到低能階所損失的能量，這種原子釋放出光子的行為就是熱輻射（thermal radiation）的成因。

　　因為電子的能量是量子化的，只能取特定的值，所以當電子在能階中躍遷時，發出的光子能量，只能取某些特定的值。

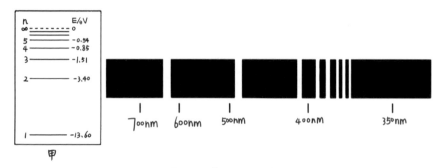

圖 4-4　氫原子光譜

　　然而光子的能量只與它的頻率（frequency）有關，因此特定的原子產生的熱輻射，發出的光就只能是某幾種特定的頻率。

　　如果是可見光，不同頻率就對應於不同顏色。例如太陽光可以分為紅、橙、黃、綠、藍、靛、紫，從紅光到紫光頻率逐漸變高。研究某種原子的熱輻射現象時，把它發出的所有可能的光記錄下來，就得到它的光譜，例如氫原子的光譜對應的波長如圖 4-4。

　　每一種原子都有唯一的光譜，各不相同。也就是說，原子的光譜相當於它的「指紋」，看到光譜就知道是哪種原子在發光，且根據光譜中不同頻率的光的強度，還能推測出發光的物質處在什麼溫度。

都卜勒效應：天體的測速器

　　都卜勒效應在生活中很常見，一輛汽車按著喇叭呼嘯而來，你聽到的聲音先高後低，其實就是都卜勒效應。

　　都卜勒效應是說當聲源和接收者存在相對運動時，接收者收到的聲音頻率與聲源發出的頻率不同。具體的規律是，當兩者相互靠近時，聲音頻率會變高，反之則降低。都卜勒效應的物理過程可以這麼理解，我們聽到聲音時，聽到的其實是音波。音波就是空氣的週期性振動，一次完整的振動可以被描述為一個「波包」（wave packet），從波頭開始到波尾結束，前面一個波包的波尾就是後面一個波包的波頭。你聽到的聲音變高，本質

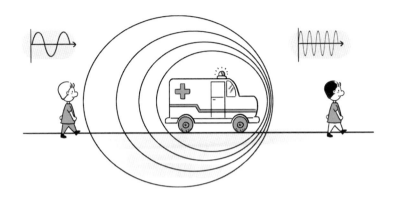

圖 4-5　聲波的不同接收

是因為耳朵在單位時間內接收到更多數量的波包。

　　一輛汽車按著喇叭呼嘯而來，喇叭發出一個波頭後，還要繼續發出波尾。但真的發出波尾時，這一段振動週期裡，相對於接收者來說，聲源已經往前運動一段距離。也就是說，當波尾傳到接收者耳朵時，要跨越的距離比波頭跨越的距離短。波尾到達耳朵的時間，花費時間比汽車不動的情況下短。因此，接收者接收到的一個完整波包所用的時間，相較於汽車靜止的情況下縮短了，單位時間裡，接收者接收到更多的波包，聲音的頻率就變高了。

　　當汽車遠離的情況下，波尾發出時，汽車相對於接收者已經遠離一段距離。波尾比波頭花更長的時間才能傳到人的耳朵，因此在單位時間裡，接收者接收到的波包減少，對他來說，聲音的頻率就變低了。

　　都卜勒效應不僅適用於音波，對一切波都有用。光，就是電磁波，電場和磁場在傳播過程中進行交替振動，也存在都卜勒效應。

　　同理可證，當光源向接收者靠近時，接收者接收到的光的頻率比光源發出的原頻率高，天文學上稱為藍移（blueshift）；當光源遠離接收者時，接收者接收到的光的頻率比原頻率低，稱為紅移（redshift）。因為在光譜上，頻率變低是往紅光的方向運動，頻率變高則是往藍光的方向運動。

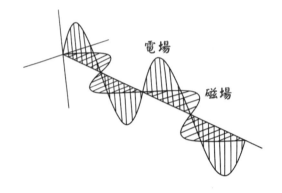

圖 4-6　電磁波

　　有了光譜和都卜勒效應這兩個工具，就能透過天文觀測，算出天體離我們多遠，以及它們是正在遠離、靠近，還是不動。

[第四節] 宇宙膨脹的證據

如何測出天體遠離我們的速度？

　　首先，可以測量出遠處的天體遠離我們的速度。方法很簡單，用測量到天體發出的光的頻率，與天體原本發出的光的頻率進行比對，再透過都卜勒效應進行計算。

　　哈伯測量到的結果是天體發出的光的頻率都降低了，也就是說它們都發生紅移。因此，哈伯得出結論，這些天體都在遠離我們。但問題來了，我們怎麼知道某個天體原來的頻率是多少呢？答案是借助光譜。可以透過天體的光譜反向推算它原有的頻率應該是多少，光譜相當於發光天體的指紋，只要能分析出天體的光譜，就大概知道這個天體發光的原頻率。

　　但還是老問題，我們接收到的是已經經歷過紅移後的光譜，要怎麼知道它原來的光譜是什麼樣呢？其實在光譜中，除了光的頻率之外，還有一個更重要的資訊，就是不同光的組合。例如一種物質的光譜有橙光、綠光和紫光，它們的強度比例可能是 1：2：3。

　　即使經歷過紅移，三種光的頻率比和所占整體強度的百分比固定，依

然可以根據成分和比例關係判斷出它們對應的是哪一種或哪幾種物質的光譜。這樣，我們就可以用紅移後的頻率和原頻率做比對，從而算出天體遠離我們的速度。

如何測出天體離我們多遠？

除了速度，還可以算出天體與我們的距離，具體做法是依靠天體的亮度（luminosity）進行判斷。

生活經驗告訴我們，發光物體距離觀察者愈遠，觀察者感受到的亮度愈弱。只要能夠把探測到的天體亮度，再與天體原本的亮度進行比較，就能算出天體離我們多遠。

但還是那個問題，怎麼知道原本的亮度是多少呢？答案依然是借助光譜。光譜不但能告訴我們發光的物質是什麼，還能告訴我們發光物質的溫度是多少。而在天體物理學中，只要知道天體的溫度，就能算出質量多大。算出質量後，就能用數學模型推算出原本亮度是多少，再與接收到的亮度進行比對，就能知道天體離我們多遠了。

[第五節] 宇宙的誕生

宇宙大爆炸理論

哈伯定律指出，隨著時間推進，宇宙一直在膨脹。我們利用逆向思維讓時間倒流，倒推出來，宇宙一開始應該非常小，這就是宇宙大爆炸理論的基本思想。

宇宙大爆炸是現在被人們廣為接受的關於宇宙起源的理論，是指宇宙起初是一個沒有體積、密度無限大的奇異點，隨後發生大爆炸，時間和空間被創造出來。

宇宙一開始是炎熱的，充滿能量，溫度極高。但隨著宇宙膨脹，慢慢冷卻下來，各種粒子開始形成。在萬有引力的作用下，物質聚合在一起，

形成天體和星系。經過一百三十八億年，逐漸發展成今天的模樣。

　　宇宙大爆炸理論最早是在一九二七年，由比利時宇宙學家喬治‧勒梅特（Georges Lemaître）提出，他解出愛因斯坦重力場方程式的一個嚴格解，提出宇宙最早始於一個「太初原子」（primordial atom）的爆炸，這就是最早的宇宙大爆炸理論。以當時的眼光看，大爆炸理論只能被當作一種理論，幾乎沒有任何堅實的實驗證據。

　　宇宙大爆炸理論的流行，要歸功於兩位美國科學家阿諾‧彭齊亞斯（Arno Penzias）和羅伯特‧威爾遜（Robert Wilson），他們於一九六五年發現宇宙微波背景輻射（cosmic microwave background radiation），為宇宙大爆炸理論提供強有力的證據。

宇宙微波背景輻射

　　二十世紀六〇年代，電波望遠鏡已經發明出來。傳統望遠鏡是由透鏡組成，有兩塊大玻璃就能觀察星空。但電波望遠鏡不是玻璃製成，從形狀上來看，和衛星電視的接收天線相同。電波望遠鏡的優勢在於，它可以接收傳統望遠鏡收不到的訊號。

　　傳統的天文望遠鏡主要用來接收可見光，而電波望遠鏡是用來接收比紅外線（infrared）波長還要長的電磁波訊號，因此就做成天線的形狀。

圖 4-7　電波望遠鏡

波長在紅外線以上的電磁波不會因為大氣層的散射而過多地衰減，只要把電波望遠鏡的口徑做得夠大，就能探測到更多電磁波訊號。當時彭齊亞斯和威爾遜沒有明確的目的，只是單純想用電波望遠鏡看看宇宙有哪些電磁波訊號。為了排除一切可能的訊號干擾，他們挑選遠離城市的僻靜之地進行觀測。

　　神奇的是，不論望遠鏡指向什麼方向，總有一個頻段處在微波範圍內的微弱訊號存在，和平時用的微波爐的波長類似。

　　現實世界中的儀器總有誤差，一般人可能會把這個訊號理解為背景雜訊。但兩位科學家發揮鑽牛角尖的極致精神，排除一切可能性，最後得出結論：這個訊號只會從宇宙的最深處傳來。

　　為什麼會得出這種結論呢？因為如果訊號是從宇宙中某個特定位置傳來，它的**強弱一定與方向有關**，望遠鏡瞄準這個方向會收到最強的訊號。然而兩位科學家觀測到的微波訊號卻與觀測的方位關係不大，所以訊號源一定不是某個具體的星體，而是遍布在宇宙空間當中。

　　一個合理的解釋就是，該訊號做為一種「背景訊號」，是從宇宙深處傳來，且是宇宙各個方向的最深處，因此才是「背景」，所以被命名為宇宙微波背景輻射。其實宇宙微波背景輻射很容易觀察到，當沒有訊號輸入時，老式電視機螢幕上會出現雪花，這些雪花有很大一部分就是宇宙微波背景輻射的訊號。

圖 4-8　宇宙微波背景
輻射強度分布圖

宇宙微波背景輻射如何佐證宇宙大爆炸理論？

宇宙微波背景輻射的存在很好地佐證宇宙大爆炸理論的正確性。

根據都卜勒效應，凡是從宇宙深處傳來的電磁波，都經過充分的紅移。也就是說，訊號發出前，它的頻率應該比微波高不少。如果宇宙大爆炸理論正確，宇宙早期剛發生爆炸時，由於能量和溫度極高，應該處於「一鍋熱湯」的狀態。

宇宙微波背景輻射是從宇宙深處傳來，倒推回一百三十八億年前，它應當恰好記錄宇宙誕生之初的狀態。根據計算，把微波背景輻射的頻率用紅移反推回去，就會發現這些微波從宇宙深處傳來之初，確實是處於熾熱的狀態。微波背景輻射做為宇宙誕生之初的印記，提升宇宙大爆炸理論的可信度。

[第六節] 宇宙會死亡嗎？

宇宙的未來

根據已有的物理學知識，我們知道宇宙不僅有限大，還在不斷地加速變大，宇宙的年齡約一百三十八億歲，且誕生於一場大爆炸。也就是說，我們知道宇宙的起點和現狀。如果把時間箭頭推向極早的過去和極遠的未來，不禁要問兩個終極問題：宇宙誕生前是什麼？宇宙的未來會如何？會一直膨脹嗎？還是宇宙會來到一個終點，經歷某種死亡呢？

關於這兩個問題，物理學還沒有給出確切的答案。人類到現在還沒有離開過太陽系，物理學不過存在幾百年時間，要如何討論一百三十八億年以前和幾百億年以後的事情呢？

但史蒂芬・霍金（Stephen Hawking）給了一個頗具哲學感的答案，有少許物理理論支撐，就是著名的無邊界宇宙模型（Hartle-Hawking state）。

宇宙大爆炸之前是什麼？

無邊界宇宙模型首先回答第一個問題，就是宇宙大爆炸之前是什麼。

霍金的答案是這個問題問得不對，因為從大爆炸開始，時間和空間才誕生。既然要問之前和之後，就已經假設時間存在。**如果大爆炸之前時間還不存在，就根本不存在「之前」的問題。**

無邊界宇宙模型給出一個對宇宙時空的描述，可以把時空想像成一個球體的表面，例如地球表面。問大爆炸之前是什麼，就好像問地球上比北極更北的地方是哪裡？這個問題不成立，因為北極已經是地球上最北的地方。站在北極往任何一個方向走，都是向南移動。

宇宙大爆炸開始，時間和空間才誕生，宇宙開始膨脹，就好像從北極點開始向南走。沿著時間的箭頭，宇宙一路膨脹下去。

無邊界宇宙模型：宇宙不會無限膨脹

之後來到第二個問題：宇宙的未來是什麼樣？會無限膨脹嗎？

無邊界宇宙模型認為，隨著時間推移，宇宙會膨脹到一個極限。到了極限後，時間開始倒流，宇宙開始收縮，再回到大爆炸時的狀態，變為一個奇異點。接著開始一次新的大爆炸，如此迴圈反覆。

就像一個人從北極出發，一路向南走，走到南極就不能再往南了。南極就對應於宇宙膨脹所能達到的極點。到了南極後再往下走，任何一個方向都是往北，對應著宇宙膨脹到極點後開始收縮，時間開始倒流。

這就是無邊界宇宙模型對宇宙前世今生的描述，由此看來，我們的宇宙被牢牢地約束在時空的範圍之內，**因為沒有時空，就不存在萬物**。從哲學角度看，這大概涉及人類的精神是如何認識世界的。我們的精神是建構在時空基礎之上，如果不談時空，便不在認知範圍內，對我們來說就是不可知的。

既然不可知，強行討論時空框架以外的東西，就沒有任何意義。

關於時間倒流的問題，無邊界宇宙模型沒有給出清晰的定義。因為人

類的認知模式讓人類無法用感官理解所謂的時間倒流，人類的精神只能感知時間的單向流動。

時間是什麼？

亞里斯多德（Aristotle）認為：所謂時間，不過是人類的記憶。正因為我們有記憶，才能感受到時間的存在。

如果拋開人類對時間的感知，甚至可以說時間沒有正向、逆向之分。所有時間點和所有空間位置都在那裡，只是人的意識只能以時間正向流淌的方式來感知世界。人類會覺得時間和空間是完全不同的東西，因為空間可以用感官去感受，而時間的流逝只能體現為人的記憶。

從物理學的角度來看，一個電子在時間正向流動的情況下，從 A 運動到 B，這個過程可以理解為在時間倒流的情況下，一個帶正電的正電子（positron，即電子的反粒子 antiparticle）從 B 運動到 A，這兩個物理過程完全等價。時間的流動方式對一個電子來說，無所謂正向還是逆向。

物理學的框架中，尤其是微觀世界，時間和空間其實是等價的。時間和空間一樣，都可以用座標標記位置，時間只不過是微觀粒子的第四個座標。既然時空等價，為什麼物理學還要把它們區分開呢？這就回到序言裡講過的，先歸納、再演繹、後驗證的認知過程。

物理學的原理必須從觀察和歸納中得來，但在更高級的科學領域，例如相對論和量子場論，甚至最尖端的弦理論、量子引力力學，時間和空間已經不做明顯區分，時間座標和空間座標一樣，只以座標的形式體現。

第五章

宇宙裡有什麼？

[第一節] 宇宙裡有什麼？

　　宇宙中有各式各樣的天體，有像太陽一樣能自己發光的，有像月亮一樣無法自己發光，但可以反射太陽光的，也有像黑洞（black hole）一樣完全不發光的，種類繁多。

　　單看發光這一個特性，就可以分為很多方面。例如天體自身能不能發光？發什麼顏色的光？是不是可見光？到底是什麼決定天體多種多樣的性質呢？其實歸根結柢，天體之間最大的差別，或者說對性質具有最大影響的參數，就是天體的**質量（mass）**。

質量的劃分

　　按照質量由小到大來劃分，宇宙中的天體大致可以分為三個層級。

　　以太陽質量（solar mass）做為參照物，質量小於〇·〇七倍太陽質量的可以分為一類。這一類天體無法靠自身發出耀眼的光芒，例如太陽系的八大行星，再例如月亮、木衛等衛星，還有更小的彗星，以及其他的小行星（asteroid）、矮行星（dwarf planet）等。

　　這些不發光的天體之所以有不同名稱，質量不是唯一的決定因素，主要是因為它們運行軌道的特點各不相同。例如行星是圍繞著恆星運行，且必須是自己軌道附近質量最大的天體；小行星和矮行星雖然圍繞著太陽公轉，但不是圍繞著自己軌道裡質量最大的天體；而衛星則是圍繞著行星運行的天體。初始質量達到〇·〇七倍太陽質量的初期天體，就可以成為一

顆恆星，開始發光。

　　但等天體自身的能量消耗殆盡，由於質量不同，它們將去往不同終點。此處我們對天體的質量劃分，統一用它們恆星時期的質量，由於恆星在核融合（nuclear fusion）釋放能量的過程中，質量不斷減小（核融合的反應本質是將質量轉化成能量以輻射的形式釋放出去），因此我們需要明確此處的質量是天體恆星階段的質量，而非反應後進入老年時期的質量。質量特別大的天體，最終就有機會成為一個黑洞。要想成為黑洞，一般需要天體在恆星階段時的質量達到太陽質量的二十九倍以上。因此我們可以把質量是太陽質量二十九倍以上的天體劃分為一類，它們是有希望最終成為黑洞的天體。

　　當然，二十九倍不是一個確切的數值，因為理論上**黑洞的形成不需要臨界質量（critical mass）**，只要表面引力達到足夠的強度就可以。只是根據科學家們的計算，恆星成為黑洞前，通常都具有太陽質量二十九倍以上質量的初始質量。質量在〇・〇七～二十九倍太陽質量之間的天體，是我們重點研究的對象。這個區間的天體早年都是恆星，不斷向外發光發熱。等到有一天能量消耗殆盡，它們會根據自身質量的不同，從恆星演變為不同天體。中間還有一個關鍵點，就是一〇・五倍左右的太陽質量。一〇・五倍左右太陽質量的恆星，結束核反應後，剩下的質量約等於一・四四倍太陽質量，一・四四倍太陽質量這個節點稱為錢德拉塞卡極限（Chandrasekhar limit）。反應後質量在一・四四倍太陽質量以下的恆星，最終將變成白矮星；而一・四四倍太陽質量以上的，最終可能會變成一顆中子星或脈衝星（pulsar）。中子星和脈衝星的質量都有上限，稱為歐本海默極限（TOV limit），約三倍太陽質量，對應於反應前恆星狀態的質量約是二十倍太陽質量。而脈衝星由於高速旋轉的離心力可以抵銷部分引力，它的歐本海默極限會更高一些。

　　用天體核反應前的初始質量劃分天體幾個重要的層級，分別是〇・〇七倍太陽質量、一〇・五倍太陽質量、二十九倍太陽質量。但如果以核反

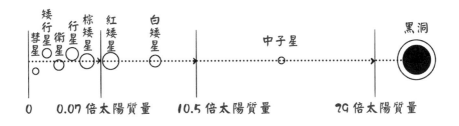

圖 5-1　不同質量的天體劃分

應後的最終質量劃分，則是〇·〇七倍太陽質量（天體核反應速度極慢，壽命甚至比目前宇宙一百三十八億年的年齡要長得多，達到萬億年的數量級）、一·四四倍太陽質量和三倍太陽質量。

大質量天體的共同特點

性質最有趣多變的是質量在恆星這個層級，就是〇·〇七倍太陽質量以上，二十九倍太陽質量以下的天體。

質量在〇·〇七倍太陽質量以下的天體雖然種類繁多，性質各異，但對於它們的研究反而更像是天體物理、地球物理、地質學，甚至化學的一些分支學科。我們此處更關心天體的宏觀性質，談到宏觀性質，大質量天體有一個共同特點，就是都為球形。

為什麼天體大多是球形？

為什麼大質量天體的形狀都是球形？背後的原因其實也是質量。

質量夠大導致天體作用在自己身上的萬有引力充足，也就是說，任何在這個星球表面的物體，它們感受到的重力都比較大。引力是一個各向同性的力，一個質點（只有質量大小，沒有體積的理想模型）在空間中某點受到的引力大小，只與該點遠離該質點的距離有關，與該點相對於質點的具體方向無關，因此一個球形天體的引力分布在三維空間裡會形成一個球對稱（spherical symmetric）的形狀。

圖5-2 哈里發塔：世界上最高的建築物（八百二十八公尺）

　　久而久之，天體就傾向成為一顆球。質量愈大的天體，表面質量光滑，質量接近完美的球形。這是為什麼呢？假設在地球上蓋一棟摩天大樓，很顯然，蓋得質量高，樓的重量就質量重，但任何建築材料能承載的壓力都有極限。

　　壓力大到一定程度，材料就無法保證原來的形狀而發生變形，甚至使建築物倒塌。也就是說，你不可能蓋一棟無限高的大樓。

　　同理，當一個天體的質量大到一定程度時，上面的物質不可能保持很高的高度，如果無法保持，就一定會垮塌。因此，質量愈大的天體，它的表面就應該愈平坦，形狀愈趨近於精確的球面。太陽系裡，火星和金星的重力都比地球小，這兩個行星上的最高峰都比地球的聖母峰高，火星的重力大約是地球的三分之一，最高峰奧林帕斯山的高度是聖母峰的三倍之多。

　　這就是為什麼大部分天體總體的外形都是球形，雖然天體的表面會有一定的起伏，但這些起伏的高度和天體的半徑比起來都很小。而宇宙當中那些質量比較小的天體，就不一定是球形，例如很多小行星、隕石和彗星。因為它們的質量太小，引力無法把它們的表面「吸」成球形。

[第二節] **為什麼恆星會發光?**

核融合

　　首先要回答一個很重要的問題:為什麼恆星會發光?答案:核融合。

　　根據愛因斯坦的質能守恆,能量等於質量乘以光速的平方。做一個簡單的計算就可以知道,這種能量的釋放極其巨大。核融合就是這樣的反應:比較輕的原子相互碰撞,結合成比較重的原子。結合的過程中會虧損一部分質量,以能量的形式釋放出來。

　　雖然虧損的質量很小,但由於 $E = mc^2$,所以轉化後的能量仍十分巨大。什麼情況下才能發生核融合呢?答案是:溫度夠高。

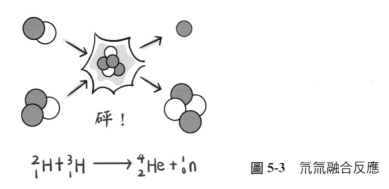

$$^2_1H + ^3_1H \longrightarrow ^4_2He + ^1_0n$$

圖 5-3　氘氚融合反應

　　兩個比較輕的原子核要融合在一起,前提是這兩個原子核要以非常高的速度相互撞擊。原子核的結構非常穩固,要讓它們結合在一起,一個原子核要打破另一個原子核的結構,就好像要穿透一層厚厚的裝甲,需要用速度極快的炮彈去轟擊一樣。

　　所以,想發生核融合,需要使融合的原子核運動速度非常快,就是動能要非常大。

恆星發光的物理過程

　　為什麼恆星能夠發生核融合呢?關鍵原因還是質量要夠大。因為只有

質量夠大，才能為原子帶來足夠的動能。

　　質量愈大的天體，自身的引力愈大。天體內部愈深的位置，物質要承受它上方所有其他物質的重力愈大，該點的壓力就愈大。壓力和溫度正相關，就是在一定的體積內，壓力愈大，溫度愈高。這種生活經驗大家都有，例如替自行車輪胎打氣，氣打得愈足，打氣筒愈熱，所以愈大的壓力對應愈高的溫度。

　　溫度又是什麼呢？中學課本有一個定義：溫度是物體的冷熱程度。但這種說法沒有觸及溫度的本質。冷或熱都是人體的主觀感受，不是物理學上的精確定義。熱力學（thermodynamics）中，溫度正比於微觀粒子平均動能的高低，微觀粒子的運動速度愈快，表現的溫度愈高。

　　根據上面的推理，當天體的質量愈大，則內部壓力愈大，溫度愈高，造成微觀粒子運動速度愈快。當恆星中微觀粒子的運動速度快到一定程度，達到可以讓核融合發生的極限，恆星就被「點燃」，開啟發光、發熱的過程。

　　發生核融合後，釋放的熱量會進一步提升恆星的溫度，可以讓核融合持續進行下去。新產生的能量會被釋放到天體表面，最終達到一種**動態平衡**，恆星會保持相對穩定的溫度。

　　所以天體要成為恆星，必然是有一個最小的臨界值量。高於這個質量的天體才會成為一顆恆星。這個質量是多少呢？約是太陽質量的七％，低於這個質量就無法成為發光、發熱的恆星。當然，光有質量還不夠，這顆恆星上的物質必須能夠發生核融合反應。例如太陽主要由氫元素（hydrogen）和它的同位素（isotope）構成，這些都是核融合反應的原料。但恆星的能量不是無限的，總會有消耗殆盡的一天。恆星燃燒完後會變成什麼呢？恆星的「生命」有沒有終點呢？

[第三節] **恆星的第一種結局：白矮星**

如果把一顆恆星從誕生到死亡比作一個人的一生，發光的階段就是恆星的青年、壯年時期。但等恆星「老去」，它的老年，甚至死亡，會是什麼樣子呢？

為什麼天體有大小？

首先來看一個與恆星的演化沒有直接相關的問題，就是天體為什麼會有大小？天體之所以能夠形成，是因為物質在萬有引力的作用下融合在一起。也就是說，萬有引力永遠提供一個向內收攏的趨勢。

天體形成後，這個引力仍然存在，天體上的每一寸土地都受到萬有引力的作用。既然它能形成固定大小，就必須有一個向外的力和引力平衡，否則天體一定會繼續收縮。

究竟是什麼力和恆星引力平衡呢？答案是恆星內部的核融合所釋放出巨大能量的後座力。

核融合放出光和熱與氫彈爆炸一樣，是以爆破的形式向外輻射。這股向外的趨勢會平衡恆星的引力，讓恆星達到一個穩定的大小。

恆星燃料耗盡了怎麼辦？ —— 紅巨星與超新星

當恆星用來融合的燃料耗盡時，例如氫元素融合後形成氦元素（helium），用來平衡引力的力就沒有了，恆星會繼續收縮變小。

但恆星的收縮不是一蹴而就，原本穩定的狀態突然失穩，會有一個劇烈變化的中間態，視乎恆星質量的大小，這個狀態或紅巨星，又或是藍巨星（blue giant），甚至是不同類型的超新星。所以紅巨星、藍巨星和各種類型的超新星不是穩定的天體，而是恆星衰老過程中的一個階段。

對於中等質量的恆星，例如太陽能量消耗殆盡後會轉變為一顆紅巨星，紅巨星狀態存在的時間大約是幾十萬到上百萬年。雖然這段時間在我

們看來非常長，但相對於恆星幾十億，甚至上百億年的壽命來說，其實非常短。紅巨星極其巨大，直徑可以大到恆星的幾百倍。如果太陽變成紅巨星，體積一定會大到吞噬地球，屆時地球上的生命就會滅絕。

為什麼紅巨星反而會愈變愈大呢？因為當氫原子做為核融合反應的燃料消耗殆盡時，生成的氦原子在一定情況下，還可以繼續進行核融合。氦的核融合比氫的核融合難度更高，在太陽中心，氫的核融合在攝氏一千多萬度就可以發生，但氦的核融合要達到一、兩億度才行。

氫的核融合完結後，恆星就開始收縮成體積更小的狀態。而更小的體積對應更大的密度，意味著更大的內部壓力。這種強大的壓力可以把恆星內部加熱到攝氏一、兩億度，從而激發新的核反應。

氦原子在核融合的作用下會結合形成碳原子，進一步發出能量，這種物理現象叫做氦閃（helium flash）。氦閃的過程是恆星核心收縮到一定程度後發生的，一旦發生就有一股巨大的能量向外噴出。這股能量的瞬間爆發，就提供紅巨星向外膨脹的力量，所以理解氦閃，就理解為什麼會有紅巨星的產生了。當然，並非所有恆星在核融合結束後都會發生氦閃，質量小於約〇・八倍太陽質量的恆星，引力就不足以提供發生氦閃所需要的溫度。

藍巨星其實就是能量等級更高的紅巨星的前置狀態，因為能量高，所以輻射的電磁波頻率比紅光要高，光的顏色往藍光方向偏重，因此呈現藍色，但隨著能量消耗，藍巨星會逐漸變成紅巨星。

超新星總體來說分為兩大類，對於大質量恆星，如八～二十倍太陽質量的恆星在能量消耗殆盡後，會形成 II 型超新星。超新星釋放的能量巨大，噴射物的速度能達到光速的十分之一，它的亮度可以與整個銀河系的亮度相當。另一種特殊的超新星叫做 Ia 型超新星，它的形成機理相對複雜，需要一個聯星（binary star）系統，就是兩個相互圍繞對方旋轉的天體系統，其中一個天體已經變成白矮星的狀態，不斷從伴星吸收質量。當白矮星不斷吸收質量且達到一・四四倍太陽質量的錢德拉塞卡極限時，

內部的簡併壓（degenerate pressure）無法抵抗強大的引力，就會再次發生大規模爆發。由於一‧四四倍太陽質量的錢德拉塞卡極限比較精確，因此這種 Ia 型超新星爆發時的亮度也是一個恆定的值，透過觀察 Ia 型超新星的亮度且與其固有亮度進行比較，就能清楚地算出這顆超新星與我們的距離，且可以透過對其光線紅移分析出它遠離我們的速度。

白矮星

如果氦核融合結束了，甚至質量極大的恆星在氦核融合後，還可以開啟碳、氧的核融合，生成鈉和鎂。如果所有核融合都結束了，會發生什麼呢？

無論發生什麼，我們都說這顆恆星徹底進入老年階段。這就來到了恆星最主要的宿命之一──白矮星。

白矮星就是一顆恆星，所有能夠發生的核融合反應都已經結束，不再有爆炸性核反應能量釋放，但它的質量還在，內部壓力還在，所以溫度還在。白矮星會發出白色的光芒。這種白光不是因為核融合而產生，只是單純的熱輻射而已。

當然，依據初始質量的不同，最終白矮星的成分也是各異，質量大的恆星，例如八～一〇‧五倍太陽質量的恆星，在最終變成白矮星之前可以發生氧和氖的核融合，生成鎂。

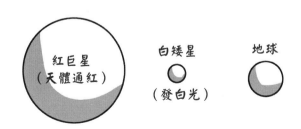

圖 5-4　紅巨星、白矮星、地球的類比
（白矮星的質量與太陽相當時，大小與地球相當）

熱輻射

總體來說，任何有溫度的物體都會向外輻射電磁波，且溫度愈高，電磁波輻射的能量愈高。這就和把一塊鐵加熱到溫度很高時，就會發紅的道理相同。

日常生活中的物體不是不發光，而是溫度不夠高，一般都是發出紅外線，戴上夜視儀就可以在黑暗當中看到物體輻射出的紅外線。

白矮星之所以會發出白光，是因為它的表面溫度仍然很高，有攝氏七、八千度，在這個溫度下，物質會發出白光。和恆星一樣，白矮星的能量不是無限的，總有一天會由於熱輻射消失殆盡，最終白矮星會變成一顆黑矮星。只不過熱輻射釋放能量的效率很低，無法和核融合相提並論，所以恆星變成白矮星後，要經過很長時間才會變成最終模樣 —— 黑矮星。顧名思義就徹底不發出可見光了，只輻射極少的電磁波，它的溫度與太空的背景溫度相同。

但白矮星階段時間太長，理論上白矮星的壽命比宇宙存在的時間還長，所以現在的宇宙中還不可能出現黑矮星。

根據科學家們的計算，只有質量介於〇‧〇七～一〇‧五倍太陽質量的恆星最終才會成為白矮星。質量大於一〇‧五倍太陽質量的恆星，最終的宿命就不是白矮星了。

[第四節] 恆星的第二種結局：中子星

當一顆恆星完成所有核反應後的質量超過錢德拉塞卡極限，就是一‧四四倍太陽質量，它的最終宿命不會變成白矮星，其中一種可能會變成一顆中子星。

了解什麼是中子星前，先來簡單介紹一個量子力學的知識，叫做包立不相容原理（Pauli exclusion principle）。

包立不相容原理

　　包立不相容原理是說，**不可能有兩個費米子（fermion）處在完全相同的狀態**。而費米子的概念比較複雜，此處簡單理解，後文再做詳述，電子是費米子。根據包立不相容原理，一個系統中，沒有兩個電子可以處在完全相同的量子狀態。

　　有了這個知識，就可以問一個與「恆星大小為何恆定」類似的問題。當一顆恆星變成白矮星時，還是有固定大小，又是什麼力和白矮星自身的引力平衡呢？

　　這個力在物理學上叫簡併壓，就是由包立不相容原理產生的。

　　想理解白矮星的物質構成，要先考察原子的結構。簡單來說，原子的基本結構是帶負電的電子，繞著帶正電的原子核運動。每個繞核運動的電子都占據一個特定的軌道，在軌道裡，電子擁有恆定的能量。既然電子的軌道和能量都已經知道，它的狀態就被唯一確定了。這時，如果另一個電子要進入該軌道，根據包立不相容原理，它必須和這個已經占據軌道的電子狀態不同。

　　電子還有另一個性質叫做自旋（spin），可以理解為每個電子就像小磁鐵，有南極和北極。電子的自旋有兩個狀態，南極向上或北極向上。

　　因此原子核以外的每一個軌道，至多可以容納自旋相反的兩個電子，其中一個電子北極朝上，另一個南極朝上，再多就不行了。這兩個在同一軌道內、自旋方向相反、能量大小相同的電子，就處在簡併態（degenerate state）。

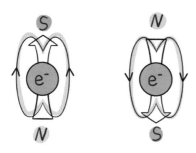

圖 5-5　電子的自旋

這就形成原子的結構：原子核居於中心，外面圍繞著很多電子，能量高低各不相同；電子排布的規律是每個軌道至多可以容納自旋相反的兩個電子，多餘的電子只能繼續排布在外面能量更高的軌道。

如此一來，原子就變成有限大小的東西。原子的內部其實非常空，原子的絕大部分質量集中在原子核，占了原子質量的九九‧九六％。而且原子核的體積非常小，大概只有整個原子體積的幾千億分之一。

白矮星之所以不能再收縮，就是因為包立不相容原理。引力收縮的趨勢要把外面的電子往裡面的軌道上壓，但為了保證每個軌道至多兩個電子，萬有引力就與包立不相容原理產生矛盾，最終與簡併壓達到平衡。

白矮星的形態可以認為是原子和原子之間沒有空隙，全都在引力的作用下被擠壓在一起，但原子內部的空間還是很大。這種情況下，白矮星的密度其實就是單個原子的密度。這個密度非常大，一立方公分的體積內大概有十噸的質量。一個杯子大小的白矮星，相當於一艘萬噸巨輪。

圖 5-6　白矮星密度極大

中子星

如果恆星的質量繼續增大，超過錢德拉塞卡極限，使引力大到超過簡併壓，會產生什麼現象呢？很顯然，這樣一來，簡併壓就扛不住了，原子的結構會被壓垮，恆星繼續坍縮，最終走向另一個宿命 —— 中子星。中子星是由中子（neutron）構成的天體。原子的中心是原子核，原子核當中有帶正電的質子（proton）和不帶電的中子。

原子核為什麼要有中子呢？因為質子都是帶正電荷，而電荷的性質是異性相吸、同性相斥。大部分原子核都有很多個質子，又是什麼力能夠克

服質子間相互排斥的庫侖力，讓質子老老實實待在原子核呢？答案就是中子。中子充當質子之間的「黏著劑」，能提供強交互作用力（後文詳述），把質子「綁」在一起。

如果天體的質量超過一‧四四倍太陽質量，簡併壓就無法繼續和引力抗衡，電子就會被壓到原子核。由於電子帶負電，會和帶正電的質子結合成中子，於是整個天體的主要物質都變成中子，形成中子星。

但在中子星內部，中子的狀態不穩定，會再次經歷 β 衰變，成為質子、電子和一個反微中子（antineutrino），從而達到一種動態平衡的狀態。

這樣一來，就可以估算中子星的密度。因為原子結構不復存在，原子裡原本很大的空間就被壓縮掉，所以中子星的密度與原子核的密度應該差不多。有多大呢？差不多是每立方公分幾百萬億噸，一勺子中子星上的物質差不多就能頂上整座喜馬拉雅山的質量。並且，由於原子裡的大部分體積都已經被壓縮，中子星的體積非常小，半徑只有十公里左右。相比之下，一個太陽質量的恆星，如果變成白矮星，它的大小與地球相當。

脈衝星

中子雖然是中性，但由於不穩定，會衰變成帶電的質子和電子。因此從宏觀上看，中子星帶有大量的電荷。這些電荷旋轉起來，會產生非常強勁的電磁脈衝（electromagnetic pulse），就是脈衝星。脈衝星在二十世紀六〇年代才被天文學家發現，由於脈衝星發出的電磁脈衝訊號十分強烈，且很有規律，最開始被誤以為是外星文明發出的訊號。

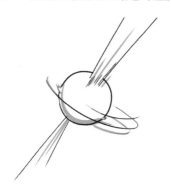

圖 5-7　脈衝星

很多天體都自轉，例如地球和太陽，這種自轉在天體坍縮、變小的過程中一直存在，且隨著天體體積的變小，旋轉會愈來愈快。

當中的物理規律叫角動量守恆（conservation of angular momentum），簡單來說，當一個物體圍繞某個軸轉動時，它相對於轉軸的角動量，正比於它的質量乘以轉動速度，再乘以轉動半徑。

當沒有外部的力作用於這個物體上時，整個旋轉過程中，角動量不變。如果物體的旋轉半徑變小，為了保持角動量守恆，旋轉速度就必須變大。

其實，角動量守恆在日常生活中很常見，例如花式滑冰。花式滑冰運動員有一個常見的動作，就是一開始蹲著，然後手腳撐開，開始旋轉，轉動過程中逐漸站立起來，手腳往回縮。手腳撐開時可以理解為轉動的半徑很大，一旦運動員站起來，半徑就變小了。為了滿足角動量守恆，他的旋轉速度就必須變快。

中子星形成後，體積非常小，直徑只有幾十公里。處於恆星階段時，原本有著上百萬公里的直徑，因此縮小後，根據角動量守恆，轉速必定會加快。旋轉速度快的脈衝星，表面轉速甚至可以達到光速的十分之一。如果恆星的質量再大下去，連中子星都抵擋不住引力收縮的趨勢，會怎麼樣呢？這樣的恆星最終很有可能會成為黑洞。

[第五節] 經典黑洞

了解白矮星和中子星後，先從經典物理的層面搞清楚：黑洞有哪些性質，為什麼是「黑」的，以及為什麼是一個「洞」。當然，經典意義上的黑洞還不是真正的黑洞，只是一種理論的假想和推論，並非真實存在。真實的黑洞來自廣義相對論的推論，但認識經典意義上的黑洞對初步了解黑洞是有幫助的。

用一句話概括黑洞就是：**一個引力大到連光都無法從上面逃脫的天體。**

逃逸速度與質量的關係

〈極快篇〉第三章講過一個概念，叫做第二宇宙速度。

第二宇宙速度是說，如果要徹底擺脫地球引力的束縛，就必須達到一個臨界速度，大約是 11.2 km/s，也叫逃逸速度（escape velocity）。

逃逸速度不僅限於地球，任何一個天體都有它對應的逃逸速度。因為要逃出某個天體，就要克服它的萬有引力。總體來說，**一個天體的質量愈大，半徑愈小，逃逸速度就愈大**。而天體表面萬有引力的大小，和天體的質量成正比，和天體半徑的平方成反比。

圖 5-8　光無法逃出黑洞

逃逸速度大到光速會怎麼樣？

如果有一個天體，質量大到一定程度，半徑小到一定程度，以至於它的逃逸速度超過光速，會出現什麼情況呢？

很顯然，這種情況下，連光都無法從這個天體上逃離，這種天體就是經典意義上的黑洞。

根據愛因斯坦的相對論，任何有質量的物體，如果速度達到光速，意味著它有無限大的能量，這在現實中是不可能的，所以任何有質量的物體的運動速度都無法超越光速，自然不可能從黑洞逃逸出去（包括光）。

黑洞的性質

這就解釋了為什麼從經典物理的意義上講黑洞是「黑」的，你能看到物體有顏色，是因為物體反射的光傳到眼睛。但黑洞的引力太大，沒有任何光可以從中逃逸出來，自然就無法進入眼睛，你看上去就是黑色的。

為什麼黑洞是一個「洞」，而不是一顆球呢？因為它強大的「吸收」能力。任何東西只要進入黑洞的範圍就無法逃出來，就和無底洞一樣，只進不出，所以叫黑洞。

黑洞的形成，總體來說要讓天體表面的引力夠大，要嘛質量非常大，要嘛半徑非常小。在中子星半徑很小的基礎上，如果再加質量，就有可能達到黑洞的引力要求。

[第六節] 宇宙裡還有什麼？

放眼望去，你能在宇宙中看到各種天體，其中發光的主要是恆星。但宇宙裡的主要物質恰好是肉眼不可見的，甚至目前連實驗儀器都探測不到，這就是暗物質（dark matter）。

簡單來說，暗物質就是在宇宙中廣泛存在，但只提供萬有引力，不參與其他任何相互作用的物質。再加上其萬有引力非常弱，所以要在地球範圍內探測到暗物質十分困難。既然探測不到，暗物質的概念是怎麼來的呢？

銀河系轉得太快

暗物質的假設來自對銀河系轉速的觀測，銀河系內有很多天體，外觀看上去像個大圓盤，圍繞著銀河系的中心轉動。

既然是轉動，就需要向心力。什麼是向心力呢？例如一根繩子上綁著一個重物，你揮舞著繩子讓重物轉動起來。轉速愈快，你會感覺手裡繩子的張力愈來愈大，這個力就提供重物持續轉動的向心力。

銀河系既然在旋轉，就需要向心力，其實就是銀河系裡的天體提供的萬有引力。銀河系裡的可見天體有多少，我們可以透過天文觀測估算出來。有了這個數值，就能估算出這些天體能為銀河系的旋轉提供多少萬有引力。

計算後會發現，以目前銀河系的轉速，現有銀河系裡的可見天體無法提供那麼大的萬有引力。換句話說，銀河系轉得太快了。如果光靠銀河系現有的可見天體來提供萬有引力，銀河系早就解體了。

要如何解決這個矛盾呢？科學家們引入暗物質的概念。

想像中的暗物質

暗物質是科學家們**假想的一種物質**，幾乎只提供萬有引力。所以現實中還沒有用任何可靠的實驗探測到，起初只是為了解釋銀河系轉速過快的問題。

暗物質不產生任何其他效果，和電磁場沒有任何交互作用。為什麼和電磁場的交互作用那麼重要呢？因為在實驗室裡，要研究一種物質或基本粒子，通常是用電磁交互作用來探測。如果暗物質不和電磁場有交互作用，就等於我們用常規手段探測不到它。

除了沒有電磁交互作用外，暗物質幾乎不參與強力和弱力的交互作用。這樣一來，我們無法用粒子物理的方法探測它。也就是說，如果暗物質存在，它在現實世界中碰到其他物體，都不會感受到任何障礙，暗物質可以「穿透」一切物質。

這就是為什麼到目前為止，暗物質的概念已經提出幾十年〔十九世紀末，著名物理學家克耳文勳爵（William Thomson, 1st Baron Kelvin）透過計算銀河系的轉速就已經有「暗體」（dark body）的概念〕，但科學家們除了觀察到它的引力效果外，完全沒有任何相關的實驗資訊。且由於其萬有引力非常弱，所以在地球範圍內做實驗，暗物質的引力效果幾乎觀察不出來，只有大到銀河系的尺度，才能顯著感受到它的存在。

有科學家提出，如果能在對撞機（collider）裡製造出暗物質，由於除了引力它不參與其他交互作用，可以穿透一切的暗物質應當會在被製造出來後自發地逃出對撞機，這樣會造成對撞機內物質的能量和動量不守恆，這種不守恆應該可以被探測到。

雖然這個理論頗有道理，但目前沒有實驗上的顯著進展。

關於暗物質的猜想

假設暗物質真的存在，我們可以根據天文觀測估算它在宇宙中的含量有多少。根據計算，暗物質占宇宙中質能總量的二〇％以上，這是一個巨大的數字。要知道，宇宙中普通物質（ordinary matter）的質量只有五％左右。

再加上之前介紹過主導宇宙膨脹的暗能量，和暗物質加起來，總共占據全宇宙能量的九五％以上。所以宇宙裡的物質，可以說絕大部分都隱藏著，是我們感知不到的，更增加宇宙的神祕感。

當然，也存在另一種可能，就是我們目前的理論還不夠完善。宇宙的尺度非常大，但從實驗探測的角度來說，人類至今還沒飛出太陽系。雖然我們的科學理論在太陽系尺度內來看很準確，但緊靠對於太陽系以外宇宙的觀測，不能百分之百保證，像廣義相對論這樣描述大尺度宇宙行為的理論，放在銀河系，甚至全宇宙仍然正確。

所以，**暗物質的概念未必正確，暗物質也未必真的存在**，只是我們以往的理論還不夠完善，不足以解釋銀河系轉速過快的問題。可見人類在探索宇宙這條路上，還有很長的路要走。

第六章

萬有引力

[第一節] 天體運動的第一因：萬有引力

　　真實的宇宙是所有天體在同一個時空背景下進行交互作用，例如地球繞著太陽轉，月亮繞著地球轉。天體間最主要的交互作用就是萬有引力，與哪些因素相關？以及在萬有引力的作用下，天體的運動會呈現什麼規律呢？

為什麼月亮不會落地？

　　萬有引力的發現者是牛頓〔另一說是英國科學家羅伯特・虎克（Robert Hooke）〕。牛頓是英國人，活躍在十七世紀後半葉，可以說他是所有物理學家的鼻祖。民間廣為流傳一個故事，就是牛頓是被熟透的蘋果砸到頭才靈機一動想到萬有引力的存在。

　　相信被蘋果砸到頭的不只牛頓一人，為什麼只有他提出萬有引力定律呢？這要追溯到著名的牛頓運動定律（Newton's law of motion）。牛頓第一運動定律是說，一個物體在沒有外力作用下，要嘛保持靜止，要嘛保持等速直線運動。簡單來說，**就是一個物體的運動狀態如果發生改變，一定是有力作用在上面。**

　　在空中放開任何重物都會落到地面上，它從靜止到下落，運動狀態發生改變。根據牛頓第一運動定律，一定是有力作用在蘋果上，且這個力指向地面。

　　既然蘋果會受到地球的引力作用下落，掛在天上的月球應該也受到地

圖6-1 牛頓與蘋果的邂逅（此故事是否真實目前無法確定，且有資料表明很有可能是牛頓與虎克爭搶發現萬有引力定律榮譽時，編造出少年時期就受到啟發的故事）

球的引力才對，為什麼月球不會落到地面上呢？答案是月球圍繞著地球轉動，之所以會圍繞地球轉動，恰好是因為地球對月球有吸引力，否則早就飛離地球。

例如用一根繩子綁住一個重物，拉著繩子讓重物轉起來，轉得愈快，繩子被拽得愈緊。繩子的張力就像地球對月球的引力，維持著重物的圓周運動；如果繩子斷掉，這股力就不存在了，重物就會飛出去。

牛頓由此推斷，地球和月球之間一定存在萬有引力，否則月球不會圍繞地球轉圈。牛頓的下一個任務就是去尋找萬物間引力的數學變化形式，它與什麼因素有關，是什麼決定引力的大小和方向。

如何得出萬有引力定律？

之前說過牛頓至少站在兩位巨人的肩膀上，一位是伽利略，另一位則是與伽利略同時代的天文學家克卜勒。

早在牛頓之前，克卜勒繼承老師第谷・布拉赫（Tycho Brahe）的天文觀測工作。師徒倆加起來堅持近三十年，得到上萬組天體運動的資料。

沒有任何理論指導的情況下，克卜勒單純依靠觀測結果，發現天體運動的軌道是橢圓形，總結出克卜勒定律（Kepler's laws of planetary motion）：

一、橢圓定律（克卜勒第一定律）：所有行星圍繞太陽運動的軌道都是橢圓，太陽在橢圓的一個焦點上；

二、面積定律（克卜勒第二定律）：行星和太陽的連線在相等的時間間隔內掃過的面積相等；

三、週期定律（克卜勒第三定律）：所有行星繞太陽一周週期的平方與它們軌道半長軸的立方成正比。

正是這三條定律，讓牛頓寫出著名的萬有引力公式：

$$F = G\frac{Mm}{r^2}$$

這個公式是說，任何兩個物體之間的引力，正比於二者的質量，反比於二者之間距離的平方。也就是說，如果兩個物體之間的距離擴大一倍，它們之間的引力會變為原來的四分之一。

除此之外，萬有引力的方向是徑向的（radial），沒有切向力（tangential force）。徑向就是二者位置連線的方向，切向則是和二者連線垂直的方向。例如地球圍繞太陽運動時，太陽對地球的引力只指向太陽，不會指向其他方向。

牛頓如何總結出上面這些規律呢？其實那時他已經隱約感覺到兩個物體之間的引力大小，應該是與距離的平方成反比關係。

圖 6-2　克卜勒（西元一五七一年～一六三○年）

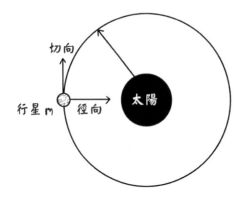

圖 6-3 萬有引力的徑向力

透過計算，牛頓了解一個事實：地球表面物體受到的重力加速度，是月亮圍繞地球旋轉的向心加速度的三千六百倍。而那時人們已經知道地球和月球的距離約是地球半徑的六十倍。六十的平方剛好是三千六百，所以一個距離平方反比關係就浮現出來。牛頓後來將平方反比的規律代入萬有引力的公式，經過計算，發現確實能推導出一個橢圓軌道。

萬有引力與質量的關係，則是他透過牛頓第三運動定律，結合當時廣為人知、伽利略關於兩個不同重量的球同時落地的結論而推導出來的。

[第二節] 站在伽利略肩膀上的牛頓：引力公式

引力和距離的平方成反比

克卜勒第一定律是說，所有行星繞太陽運動的軌道都是橢圓形，且太陽剛好處於橢圓的一個焦點上。而行星會繞太陽運動，是因為太陽和行星之間的萬有引力。很自然會引出一個問題：什麼樣的萬有引力會產生橢圓軌道呢？離得愈遠，引力愈大，還是離得愈遠，引力愈小？或者引力是一個恆定不變的值，和距離無關？

根據計算，兩種形式的力會產生橢圓軌道。一種是我們熟知的平方反比關係，另一種則是當引力和距離成正比時，也會產生橢圓軌跡。但不要忘記，克卜勒第一定律還有後半句：太陽處在橢圓的一個焦點上，這就把

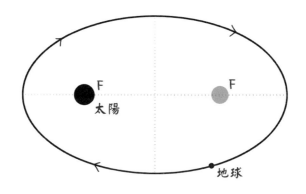

圖 6-4　太陽位於橢圓的一個焦點

第二種引力大小正比於距離的可能性排除了。因為剛才第二種引力形式，雖然軌道仍然是橢圓，但太陽必須處在橢圓的中心，而不是焦點。

牛頓之後，有人系統地總結引力與距離的關係。如果引力不是上述兩種形式，會產生奇形怪狀的運動軌跡，很多軌跡甚至不是封閉的。

如果把科學精神發揮到極致，我們可以鑽牛角尖般地想一下：為什麼萬有引力剛好正比於距離的平方？為什麼不能是 2.000000001 ？為什麼不會離二有一個極小的偏差呢？

由於這個偏差非常小，似乎不會影響上面得出的結論，也不會影響橢圓軌道的近似閉合。憑什麼這個數值要精確地等於二？宇宙的規律就這麼完美嗎？這個問題從實驗測量的角度無法回答，因為一切測量都有誤差。設計得再精巧的實驗都無法給出十足的證據，說這個值一定是二。

但我們可以從幾何學的視角來看這個問題，之所以距離上面的指數精確地等於二，恰好是因為我們的空間是三維的。首先思考一個問題：地球如何感受到太陽的引力？假設地球能感受到太陽的引力，是因為太陽向地球發出「引力線」。

然後可以引入一個概念，叫引力線密度，就是單位面積內引力線的條數。引力線密度代表引力強度，引力線愈密集，引力愈強。假定太陽發射的引力線數量固定，可以想像離太陽愈遠，引力線愈稀疏。因為引力線是

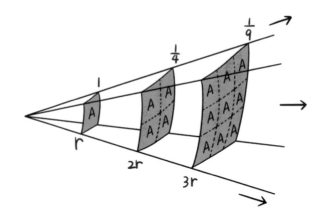

圖 6-5 引力線密度與面積成反比

以太陽為中心，輻射狀發射出去。

　　現在數一數太陽一共發出多少條引力線，怎麼辦呢？可以從離太陽任意遠的位置開始畫一個大球面，把太陽包住，數這個球面上一共有多少條引力線射出。很顯然，無論離太陽多遠畫一個球面，都能把所有的引力線包住，因為引力線總體數量不變。就好像開著水龍頭，拿杯子接水。不管貼著水龍頭接，還是在水龍頭下面遠一點的地方接，單位時間內接到水的量都一樣。

　　根據簡單的幾何學知識，一個圓球的表面積是 $4\pi r^2$。而引力線的總量＝某個球面的表面積 × 該球面位置引力線的密度，就是引力的強度。

　　為了保證引力線的總量不變，就是表面積乘以引力線密度後得到的結果和半徑無關，引力線的強度只能是平方反比，否則引力線的總量就不守恆了。因此從幾何學的角度來看，引力和距離確實應該是精確的平方反比關係。

　　而得出這些結果的前提，恰好是我們的空間是三維的，因為只有在三維空間，球的表面積才和半徑的平方成正比。可以想像，如果我們的空間不是三維，而是二維，萬有引力應該是與距離成反比；如果空間是四維，引力則應該與距離的三次方成反比。

引力只能是徑向的

知道引力的大小，還要回答一個問題：為什麼引力只能沿著物體連線的方向？為什麼不能有切向力的存在？也就是說，為什麼兩個物體間的萬有引力只會讓它們前後運動，而不會左右運動？

一個明顯的證據就是，在地面上方靜止釋放一個物體，它會掉到自己的正下方，不會擁有水平方向的運動速度，所以在離地面比較近的地方，引力的方向看上去是指向地球球心。

但嚴格來說，這個推理有問題。因為地球有自轉，地球表面的物體會受到地轉偏向力的影響，颱風和氣旋就是這樣產生的，所以即便不考慮被風吹的情況，一個物體也不會掉到正下方。光從地球表面釋放重物的結果來看，不能嚴格說明引力一定是徑向的。

必須把尺度放大到行星的運行軌道，才能知道萬有引力到底有沒有切向力。

克卜勒第二定律

要回答萬有引力是否有切向力這個問題，必須借助克卜勒第二定律：太陽和行星的連線在單位時間內掃過的面積是一定的。

如果畫一條線把太陽和行星連起來，隨著行星的運行，這條線會在空間中掃過一定面積。行星轉一圈，就剛好掃過一個橢圓面積。也就是說，當行星離太陽遠時，它的運動速度會變慢；當它離太陽近時，它的運動速度又會變快。

有了這條定律，就會發現引力只能是徑向的。

因為如果存在切向力，行星要嘛一直加速，要嘛一直減速，就好像有一個力一直牽引它，或者阻礙它前進一樣。如果是這樣，就不會出現**面積速度恆定**的現象。因為一旦有一個切向力一直拽著行星加速，它的切向速度會隨著遠離太陽而愈來愈快，單位時間內掃過的面積就會愈來愈大。減速情況下得出的結論剛好相反。所以無論是哪一種情況，克卜勒第二定律

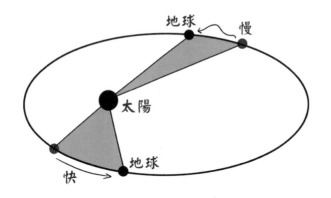

圖 6-6　克卜勒第二定律中的面積速度

都不會成立，引力的方向不可能是切向的。

　　牛頓力學體系裡，克卜勒第二定律後來被總結為天體系統的「角動量守恆」。意思是對於天體系統，每個天體的質量乘以速度再乘以運動的暫態半徑，是一個守恆量。通常行星的質量不變，而速度乘以運動的暫態半徑，剛好就是克卜勒第二定律說的面積速度。

引力與質量的關係

　　萬有引力不僅與距離有關，還與引力雙方的質量成正比。要了解萬有引力與質量的關係，就需要借助伽利略的研究成果。

　　伽利略曾經做過物體的自由落體實驗：他站在比薩斜塔上，同時釋放鐵球和木球，結果兩球同時落地，這個實驗證明**物體的下落速度與質量無關**。

　　既然整個下落過程中速度與質量無關，就不難推導出加速度也與質量無關，萬有引力與質量的關係就近在眼前了。

　　　提到加速度，就要說到**牛頓第二運動定律：一個物體的加速度乘以物體的質量，就等於這個物體所受的合外力，即 $F = ma$。**

加速度 a 就是物體在單位時間內速度的變化，例如一輛車在一秒之內，速度從 10 m/s 加速到 11 m/s，加速度就是 1 m/s 除以一秒，就是 1 m/s^2。

引力與質量成正比

物體下落時所受的力只有萬有引力，如果下落的加速度與質量無關，說明**物體受到的引力除以它的質量是一個定值**。

因為 $F = ma$ 意味著 $a = F/m$，a 與 m 沒有關係，說明在萬有引力的形式中，引力的大小 F 必然與物體的質量成正比。然而，根據牛頓第三運動定律，萬有引力的作用是相互的。當太陽的引力作用在地球上時，太陽會受到地球給予一個大小相同、方向相反的吸引力。

根據同樣的推理，既然地球受到太陽的引力正比於地球的質量，反過來，太陽受到地球的引力必然正比於太陽的質量，且二者大小相等、方向相反。

於是就可以得出結論：兩個物體之間的引力同時正比於兩個物體的質量。最後再把萬有引力與距離之間的關係融合進去，就可以得出完整的**萬有引力公式：萬有引力正比於二者質量的乘積，反比於二者距離的平方，且力的方向沿著二者連線的方向**。

[第三節] 克卜勒告訴牛頓：萬有引力常數的測量

萬有引力有多弱？

總結出萬有引力的數學規律後，還有最後一個問題：萬有引力常數 G 是多少？因為 G 的大小直接決定萬有引力的強弱。其實 G 是一個非常小的數字，約等於 6.67×10^{-11} N・m^2/kg^2。

萬有引力非常弱這一點，從生活當中就不難看出。假設有一根鐵螺絲釘掉在地上，是因為受到地球引力的作用。這時你用一塊非常小的磁鐵就

圖6-7 卡文迪許（西元一七三一年～一八一〇年）

可以輕鬆地把它從地上吸起來，也就是說，一塊非常小的磁鐵產生的磁力，就能輕鬆打敗偌大一個地球產生的引力。所以可以粗略地認為，地球比一塊小磁鐵大多少倍，引力就比磁力小多少倍，這樣就表明萬有引力常數 G 是一個很小的數字。

這麼小的萬有引力常數值是怎麼測量的呢？其實如此精密的測量，不需要現代科技的誕生。早在十八世紀末，英國科學家亨利・卡文迪許（Henry Cavendish）就設計出測量萬有引力常數的實驗——卡文迪許扭秤實驗。

這個功勞屬不屬於卡文迪許其實還有爭議，因為他沒有直接測量萬有引力常數，他測量的是地球的密度（其實只要測出地球密度，就能推算出萬有引力常數的大小）。

卡文迪許扭秤實驗

這個實驗具體是怎麼做的呢？卡文迪許用到一個工具，叫做扭秤（torsion balance），這是由地理學家約翰・米歇爾（John Michell）發明的。扭秤旋轉時會產生彈性，可以認為它是一個旋轉的彈簧。

當施加力矩（torque）給扭秤時，扭秤會發生偏轉。透過讀出扭秤偏轉的角度，就能知道有多大的力矩施加在扭秤上。力矩等於力乘以力臂，所以只要算出力矩，再除以力臂的長度，就可以知道施加的外力是多少。

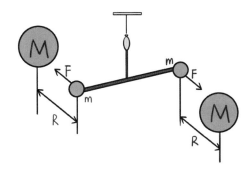

圖 6-8　卡文迪許扭秤實驗原理

如果要在地球上測量引力的微弱效果，就要讓引力盡可能大一些。卡文迪許的做法是選兩個直徑三十公分、重一百五十八公斤的鉛球做為引力的發生源；再用兩個直徑約五公分，重〇‧七三公斤的空心球做為研究物件；最後把這兩個空心球用一根棍子連起來，棍子的中心吊在扭秤下。

根據萬有引力定律，空心球和棍子組成的系統，會在大鉛球的引力作用下發生一定角度的偏轉。透過偏轉角度，可以計算出空心球受到的引力。

當時已經知道地球的半徑有多大，用大鉛球的引力和地球的引力做對比，就能知道地球的密度是多少。卡文迪許測算出地球的密度約為 5.4 g/ml，大約是鐵的八〇％，由此可以推測出地球的內核大概是金屬物質。

卡文迪許實驗的初衷不是測量萬有引力常數 G，而是要測算地球的質量和密度。但只要有質量和密度，再根據牛頓的萬有引力公式，就能計算出萬有引力常數的大小。

為了讓實驗精確，卡文迪許排除一切可能的干擾。首先這個實驗的尺度要比較大，所以必須用很重的鉛球；且因為引力十分微弱，扭秤要做得非常鬆，才能在微弱的引力下發生扭轉；為了排除空氣流動和溫度的干擾，卡文迪許專門打造一個長、寬、高都是三公尺，厚度達六十公分的大木盒子。

測量時，為了不干擾儀器，人不能站在盒子周圍直接讀數

據，而是要透過木盒上開的兩個口，用望遠鏡對讀數進行觀察。

經過一系列準備，卡文迪許觀察扭秤扭過的距離，可以達到四分之一公釐的精度。

根據卡文迪許的實驗資料，當時計算出來的萬有引力常數是 6.74×10^{-11} $m^3 \cdot kg^{-1} \cdot s^{-2}$，即使和用現代手段測量的結果比起來，可以說是非常精確，只有一%的誤差。

十八世紀末的歐洲，英國還沒有完全進入工業時代，實驗儀器的精密度不高。但科學家們透過精心的設計，已經能夠做出令人驚嘆的測量，非常了不起！

[第四節] 天體運動的真實軌跡

了解萬有引力定律後，理論上能計算出天體所有可能的軌道。但現實中，天體的運動軌跡真的是精確的橢圓嗎？其實現實世界沒有那麼完美。

橢圓進動

克卜勒定律首先推翻天體運動是完美的圓的猜想，從古希臘時期開始，雖然沒有明確的證據，但先哲們普遍認為天體的運行軌道是圓形，且認為地球是宇宙的中心，所有天體都圍繞地球轉，就是著名的地心說。

後來尼古拉·哥白尼（Nicolaus Copernicus）提出日心說，直到克卜勒定律出現，才徹底否定地心說，也否定天體運動的軌道是圓形的。克卜勒定律在一定程度上支持哥白尼的日心說，它告訴我們，太陽系裡的行星都圍繞太陽運動。

一般來說，天體的運動軌跡是橢圓形，但圓周運動不是完全不可能，因為可以把圓看成特殊的橢圓。當橢圓的兩個焦點重合在一起，長軸和短

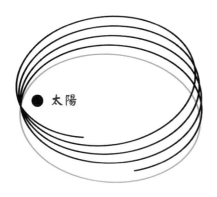

圖 6-9　橢圓進動軌跡

軸等長時，橢圓自然就演化成一個圓。

　　只不過正圓軌道的要求十分苛刻，給定距離的條件下，運動速度的大小和方向必須十分精確地滿足圓周運動的要求，才能形成一個正圓。所以真實的天體運動不太可能出現精確的圓形軌道，例如地球圍繞太陽運動的軌跡就是接近圓的橢圓。

　　真實的天體運動是標準的橢圓嗎？事實並非如此。例如計算地球公轉軌道時，只考慮太陽和地球兩個天體。

　　但別忘了，除了地球以外，太陽系還有七大行星和數量眾多的其他天體，甚至是宇宙中的塵埃、小隕石，都會對地球有引力作用。只不過由於它們的質量與太陽比起來都太小了，只在一個微小的程度上干擾，不會顯著地影響地球的公轉軌道。

　　當地球花了一年時間轉一圈後，集各種作用力於一體，幾乎不太可能精確地回到一年前出發的位置，而且公轉速度的方向幾乎不太可能與一年前完全一致。

　　所以行星的真實運行軌跡不會是封閉的橢圓：大致以一個橢圓的形態轉一圈後，會來到一個新的出發點，這個出發點與原來的出發點距離不遠。下一個公轉週期裡，依然會以近似橢圓的形狀轉一圈，再來到一個新的出發點。

　　可以說天體的真實運動軌跡是一個進動（precession）的橢圓：一方

面，天體沿著軌道運動；另一方面，橢圓軌道整體在行進，軌道本身圍繞太陽轉動。久而久之，天體運動的總軌跡就會變成像花瓣一樣的形狀。

　　除此之外，我們還會習慣性地認為小的天體繞著大的天體轉，這種描述沒有十分準確。因為萬有引力的作用是相互的，地球在受到太陽引力作用的同時，太陽也受到地球的引力。

　　所以，準確的說法是太陽和地球共同圍繞著二者的質心（center of mass）運動。只不過由於太陽的質量比地球大太多，二者的質心落在太陽內部。

彗星軌道

　　到此，可以對天體運動做完整描述：天體運動是圍繞著整個系統（包括該系統內的所有星體）的質心做橢圓進動。

　　各式各樣的橢圓軌道中，既有地球軌道這種比較圓的軌道，也有彗星軌道那樣非常扁的軌道。彗星之所以很多年才出現一次，恰好是因為它的軌道非常狹長。只有運動到離太陽很近的位置時，才會被地球上的人看到。

軌道共振

　　進動的橢圓是對單個天體的運動軌跡所進行的描述，不同天體的軌道之間有沒有什麼關聯呢？答案是有的，因為行星和行星之間存在引力作用。

　　我們在太陽系觀測到一種很特別的現象，就是圍繞同一天體運動的若干天體，它們的公轉週期會形成整數比，這種現象叫做軌道共振（orbital resonance）。例如木星的三顆衛星木衛一（Io）、木衛二（Europa）、木衛三（Ganymede），它們圍繞木星公轉的週期比是 1：2：4；而土星的兩顆衛星土衛七（Hyperion）和土衛六（Titan），它們圍繞土星的公轉週期比是 3：4；海王星和冥王星圍繞太陽公轉的週期比是 2：3。

　　為什麼是這樣呢？

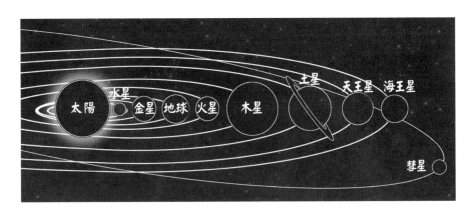

圖 6-10　天體運行軌跡

　　從實體層面上看，太陽系已經形成幾十億年，在這期間，太陽系需要一個穩定的內部環境，即讓系統處於周而復始、迴圈運動的狀態。也就是說，經過一段時間（不管長短如何）後，太陽系都會回到相對接近上一個週期的初始狀態。

　　例如海王星和冥王星的公轉週期之比是 2：3，如果把它們看成一個系統，這個系統要穩定，必然會出現每經過一段時間，兩顆行星都要回到上一個週期出發時的狀態。也就是說，要讓這個系統重定。

　　所以，這兩顆行星的公轉週期之比必然是有理數，可以寫成幾分之幾的形式，因為只有這樣，兩顆行星的公轉週期才會有一個最小公倍數。

　　以海王星公轉週期的二分之一做為時間單位，冥王星的公轉週期就是三個時間單位，只要過六個時間單位，海王星和冥王星就可以回到最初的位置，重複進行下一輪的運動。

　　如果兩顆行星的公轉週期之比是無理數，就是無限不循環小數，它們的週期永遠無法找到最小公倍數。無論過了多長時間，都轉不回初始狀態，就無法保證運動軌道的持續穩定。

　　如此看來，牛頓的萬有引力真是太美妙了，幾乎能解釋太陽系裡一切天體的運動。但在更大尺度上，萬有引力定律真的是萬能的嗎？

愛因斯坦的出現，打破牛頓理論牢不可破的地位，讓萬有引力定律受到巨大的挑戰，他的時空觀完全刷新人們對於引力的認知。

極重篇

The most Massive

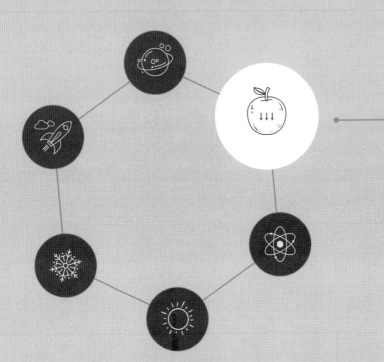

[導讀]
廣義相對論

　　談到重，人的直觀感受是一個物體的重量很重，就是質量特別大。大到什麼程度呢？幾噸、幾十噸，還是幾萬噸？

　　這些質量以宇宙的尺度來看都太小了，這裡探討的極重，質量的極大，要大到天體的質量。可能是一後面跟著幾十個零這種數量級，單位是公斤。至少要達到像恆星、中子星這種天體等級的質量，才是我們關心的範疇。

　　透過對〈極大篇〉的學習，已經討論宇宙中天體的種類、性質，例如天體是否可以成為恆星？消耗完自身能量後，是成為白矮星還是中子星，甚至是黑洞？而結局基本取決於自身的質量，或者說重量。

　　似乎在不同維度下，把重量都已經討論過，為什麼還要把〈極重篇〉做為獨立篇章進行探討呢？答案是我們只討論質量大小對單個天體的影響，但天體之間的交互作用，討論得還不徹底，甚至可以說完全沒有摸清本質。

　　雖然牛頓的萬有引力定律已經比較清楚了，但用萬有引力描述天體之間的關係仍不完備，有很多問題回答不了，而且**在更大的時空尺度下，牛頓的萬有引力定律幾乎不夠精確**。這時，**愛因斯坦的廣義相對論，才是描**

述空間和時間的有效理論。大的時空尺度下，天體的運行規律，甚至天體的種類，都要經過廣義相對論的改寫。

廣義相對論是在質量極大的情況下體現出的獨特的物理學效果，就是我們研究大到全宇宙的時空尺度，也就是宇宙學的根基，〈極重篇〉就是為愛因斯坦的廣義相對論而專門開設的。

廣義相對論在整個物理學中的地位相當特殊，不是因為它是極其高超、深奧的智慧，也不是因為是愛因斯坦的天才創造，而是廣義相對論幾乎不與其他任何領域的物理學研究有明顯交疊。因此，廣義相對論可以說是整個物理學中遺世獨立的存在〔當然，現代非常前沿的弦理論（string theory），本質上是要嘗試統一廣義相對論與量子力學，但弦理論還尚未被實驗驗證為正確〕。

廣義相對論會告訴你，時空可以發生扭曲，且我們在狹義相對論裡講到的那些神奇效果：時間膨脹、長度收縮等，在廣義相對論裡都會顯現，且這些效應用時空扭曲就可以很直觀地解釋。

但廣義相對論和狹義相對論的發展非常不一樣，在愛因斯坦之前，科學家們對狹義相對論中的光速不變原理已經有了共識，且該原理也被邁克生－莫雷實驗驗證。甚至在愛因斯坦之前，物理學家勞侖茲就已經提出勞侖茲變換，而透過勞侖茲變換，時間膨脹和長度收縮都能被推導出來。愛因斯坦的狹義相對論，其實是把這些問題進行統合，是從物理學的發展中自然而然地流淌出來的。

相較於狹義相對論，廣義相對論的發現可以說完全歸功於愛因斯坦天才的創造力。這是因為他不是受到實驗現象的啟發，而是靠自己的想像力和思考能力，無中生有般地「創造」出廣義相對論，由**廣義相對論才派生出現代宇宙學。**

為什麼廣義相對論必須誕生呢？

可以說即便愛因斯坦沒有發現廣義相對論，隨著人類對宇宙的研究和對天體的觀測愈來愈深入，愈來愈多資料湧現出來，科學家們肯定會發現

萬有引力在很多天體物理問題上是失效的。相比之下，廣義相對論可以描述天體運動的精確規律，必然會被發現出來。但愛因斯坦的天才洞察，可以說讓廣義相對論提前誕生。

愛因斯坦花了十年時間發現廣義相對論，之所以需要這麼長的時間，是因為他用了大量時間學習特殊的幾何學知識 —— 黎曼幾何。有別於傳統歐幾里得的幾何學，研究曲面上的幾何規律，而廣義相對論正是研究扭曲的時空，所以需要黎曼幾何的支持。

因此，我們有必要花一整篇來介紹愛因斯坦的天才理論，做為整個物理學中最重要的分支之一，是人類全面探明宇宙的起點。

內容安排

第七章，主要討論廣義相對論最重要的原理 —— 等效原理（equivalence principle）。有了對等效原理的認知，就能理解為什麼在廣義相對論看來，引力本質上不是一種力，只是由時空的扭曲導致物體的運動狀態發生改變的加速效果。

第八章，將討論如何從實驗層面來驗證廣義相對論，其中重力波（gravitational wave）的發現是對廣義相對論最好的證明。除此之外，還將討論廣義相對論對全球定位系統的重要性。

第九章，專門討論由廣義相對論所預言存在的一種最神祕的天體 —— 黑洞。〈極大篇〉已經討論過黑洞，但只是經典物理意義上的黑洞，宇宙中真實存在的黑洞，形成機理與經典黑洞截然不同，完全是時空極致扭曲的結果。

第七章

廣義相對論的基本原理

[第一節] 引力究竟是什麼？

萬有引力的遺留問題

　　根據牛頓萬有引力定律，天體之間存在相互吸引的引力，在引力的作用下，天體的運行遵循各式各樣的橢圓軌跡。萬有引力的大小正比於二者質量的乘積，反比於二者之間距離的平方。

　　牛頓運動定律極其簡潔優美，似乎很好地解釋宇宙中所有天體的運行規律，但有以下兩個看似不是問題的問題。首先，天體如何感知另一個天體的引力（它們之間沒有實際接觸），也就是說，引力透過什麼傳遞？例如地球圍繞著太陽運動，是因為地球感受到太陽的萬有引力。但很顯然，地球和太陽之間是空的，太陽沒有用手抓著地球讓它旋轉，而地球不長眼睛，不知道哪邊有個太陽，怎麼會知道應該繞著太陽旋轉呢？

　　其次，天體感受到的另一個天體的引力是不是暫態（instantaneous）的？如果太陽突然消失，地球會瞬間知道嗎？地球受到的引力會突然消失嗎？我們知道，甚至連光的傳播都需要時間。現在看到幾光年以外的天體發出的光，其實承載的是這個天體幾年前的資訊，它發出的光要花幾年時間才能傳到地球上。引力呢？傳遞難道不需要時間嗎？這個作用是暫態的嗎？用牛頓的話說，引力的作用是超距作用（action at a distance）嗎？

　　超距作用就是引力是否能超越距離的障礙，瞬間作用到物件上。關於這個問題，牛頓有思考過，但沒有得出結論。牛頓的萬有引力體系裡，我們默認引力的作用是超距的。

圖 7-1　超距作用

　　總結一下，這兩個關於萬有引力的問題是：一、引力的傳遞是否需要介質？如果需要，這種介質是什麼？目前看引力可以在真空中傳遞；二、引力的傳遞是不是超距瞬態？這兩個問題其實都是牛頓萬有引力定律不完備的地方，需要愛因斯坦的廣義相對論來回答。

引力是力嗎？

　　廣義相對論對引力有一個驚人的認知，就是**引力不是力**，愛因斯坦認為**引力是物體在扭曲的時空中，運動狀態背離等速直線運動的效果**。

　　先回答第一個問題，天體之間的引力透過什麼傳遞，例如地球如何感受到太陽的引力？廣義相對論的解釋是，**地球和太陽中間並非真空，有時間和空間**。廣義相對論把時空看成一種媒介，好比一條深海的魚，一輩子都生活在水中，水是牠生活的背景。如果這條魚一輩子都不到海面上透氣，根本意識不到水的存在，因為水對於牠來說太自然了。

　　人類也一樣，我們的存在是建立在時空基礎之上，沒有時空何來存在？而時空本身也是一種存在。

　　既然時空是一種存在，應該能進行操作，讓它發生變化。怎麼讓時空發生變化呢？愛因斯坦給出的答案是依靠質量，質量會扭曲周圍的時空。

　　例方有一張桌布，找幾個人撐開它的四個角，然後在上面放一顆鉛

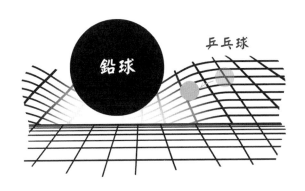

圖 7-2　現實中的時空扭曲類比

球，鉛球的重量會把桌布往下壓。這時，如果在鉛球邊上放個乒乓球，因為桌布凹陷，乒乓球會向鉛球滾過去。宏觀上看，乒乓球好像受到鉛球的引力一樣。但實際上引力不存在，乒乓球只是感受到桌布的扭曲而已。

　　質量的作用就像鉛球一樣，把它周圍的空間扭曲。地球不知道太陽的存在，只感受到時空扭曲，於是開始運動。只是這個運動的效果，總體看上去好像受到力的作用一樣。

　　牛頓為了解釋這個運動才發明萬有引力的概念，而廣義相對論下，萬有引力不存在，只是描述天體運動的一種模型。

　　再看第二個問題，引力的傳遞是不是暫態的？有了愛因斯坦時空扭曲的解釋就很好回答：**引力的傳遞當然需要時間，它不是超距作用。**

　　就像往水裡扔石頭，水會泛起漣漪，以一定的速度向周圍傳播，引力也是如此。如果太陽突然消失，地球感受到的時空扭曲不會突然消失，而是要經過一段時間才會消失。引力的傳播速度是多少呢？答案恰好就是光速，這是廣義相對論的結論。

　　像水波一樣，如果讓空間中一個位置的質量忽大忽小，它周圍的時空扭曲就會一直發生變化。這種變化會以光速傳播出去，就產生重力波。

　　運用廣義相對論，牛頓萬有引力當中兩個懸而未決的問題就獲得解答。

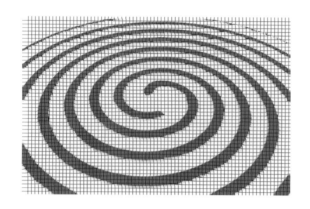

圖 7-3　重力波

時空扭曲

　　桌布的例子中，桌布是個二維平面，在鉛球的作用下向三維扭曲。而我們的空間是三維，要如何想像三維的扭曲呢？

　　把空間想像成海綿，可以被壓縮。空間的扭曲其實就是因為質量的出現，讓空間這塊海綿的每個位置都經歷壓縮。引力愈強的地方，受到的壓縮愈強。時空中每一塊區域遭受的扭曲程度不同，這些地方的物理屬性就會發生變化。只不過時空這塊海綿的扭曲，表現為時間變慢（時間膨脹）、空間縮短（長度收縮），和在狹義相對論中看到的效果類似。

[第二節]　等效原理

廣義相對論「廣」在哪？

　　狹義相對論的結論是依據兩條公理推導出來，就是狹義相對論原理和光速不變原理。廣義相對論的原理是什麼呢？答案是等效原理。當然，光速不變原理在廣義相對論中依然成立，可以認為狹義相對論實際上是廣義相對論的特殊情況，特殊到只討論等速直線運動、所有加速度都是零的情況。

　　和狹義相對論相比，廣義相對論討論的範圍自然更廣泛，廣在哪呢？廣到考慮加速的情況，且把引力考慮在內。

引力和加速度是一回事

等效原理，總結起來一句話就是：**引力和加速度其實是一回事**。當然，等效原理有很多種表述方式，比較正式的是：**重力質量（gravitational mass）與慣性質量（inertial mass）相等**。這些表述方式實際上相互等價，此處姑且關注引力與加速度等效的表述。

加速度的概念相對簡單（見〈極大篇〉第六章），而等效原理傳遞一個資訊：只要理解加速度，就理解引力。

據說有個小故事，當年，愛因斯坦、居禮夫人（Marie Curie）和幾個科學家去爬山，看到山上的纜車上上下下，於是愛因斯坦得到一個啟發：如果這時纜繩斷掉，纜車做自由落體運動，纜車裡的人感受到的狀態應該和在太空中完全失重的狀態一樣。

順著這個思路，把這個問題分析得更全面一些。

假設普朗克在一艘沒有窗戶的太空船裡，看不見外面，隔音很好，聽不見引擎聲。這時，如果太空船靜止在太空中，或者以等速直線運動的狀態飛行（沒有任何加速度），根據經驗，飛船應該處於**失重**狀態。

此時，如果普朗克手上有一顆蘋果，把蘋果放開，它不會落到飛船的地板上，而是飄浮在原來的位置。

再來考慮另一種失重狀態——自由落體運動。如果這艘太空船從高空下落，且自由下落到地球上，普朗克在飛船下落的過程中放開手中的蘋果，對他來說，蘋果還是會飄浮在原來的位置，不會落到飛船的地板上。所以，普朗克完全無法區分太空船到底是做等速直線運動，還是做自由落體運動，因為他和蘋果都處於完全失重的狀態。

用物理學的語言來說，這兩種情況下，普朗克做任何物理實驗都無法判斷自己的運動狀態到底是處於靜止、等速直線運動，還是在一個重力場中做自由落體運動。但從飛船外的觀察者看來，普朗克的運動狀態不一樣。

無論是在沒有引力的太空，還是自由落體的過程，你都感受不到任何力作用在身上。這隱約地告訴我們：引力不是力，只是一種加速效果。這

就是等效原理想要傳遞的資訊：**一個加速參考系中的物理規律，和一個處在同等重力場裡的參考系中的物理規律，完全一樣。**

自由落體運動

再舉一個和自由落體運動相反的例子：普朗克還是坐在同一艘太空船，無法判斷發動機是否在工作。

這時突然讓太空船運動起來，以一定加速度開始加速向上運動。我們可以調節發動機，讓飛船的加速度等於地球的重力加速度。這時普朗克會感覺自己突然有了重量，且因為飛船的加速度等於地球的重力加速度，他秤一下體重，會發現和在地球表面秤出來的完全相同。

用物理的語言來說，一艘以地球重力加速度向上加速運動的太空船中，和在一艘放置在地球表面的太空船中，普朗克在船艙裡做任何物理實驗，都將得到相同結果。

在加速的太空船裡，普朗克放開手上的蘋果，它會自動落到飛船的底部。對飛船裡的他來說，就像這顆蘋果經歷自由落體掉到飛船底部一樣。他完全無法區分自己到底是在一艘加速運動的飛船中，還是在地球表面。

圖 7-4 等效原理

我們站在地球表面或加速上升的太空船裡，會覺得自己受到重力的作用，這個力其實是地球表面給你的支持力，不是來自引力。因此，引力的效果不是讓我們感受到力，只是讓我們加速運動而已。根據這些思想實驗，可以總結出一個推論：**引力是加速效果，不是真實的力。**

[第三節] 什麼是時空扭曲？

從等效原理出發，如何推導出「引力體現為時空是扭曲的」這一結論呢？

思想實驗：光會轉彎？

首先，我們要用等效原理來證明光會在重力場的作用下走曲線。

還是來做思想實驗，假設太空中有一部電梯，電梯不置身於任何重力場中。只要它不加速運動，站在電梯裡的人就處於失重狀態。

現在讓電梯開始加速向上運動，這時電梯裡的人就有腳踏實地的感覺，能夠感受到自身的重量。不妨假設這個電梯有窗戶，當電梯向上加速運動時，窗戶經過一個雷射器，發射一道光到電梯裡。

對電梯外的觀察者來說，看到光的路徑應該是從左到右的一條直線，這道光也覺得自己走一條直線。

而對電梯裡的人來說就不一樣了，光速雖然很快，但還是有限的，光從左邊射到右邊需要一定時間。這段時間裡，電梯已經向上加速運動一段距離，因此對站在電梯裡的人來說，看到這道光打到右邊的高度一定低於原來的高度。

如果繼續深入研究光從左邊射到右邊的過程，電梯裡的人看這道光走過的路徑應該是一條曲線，因為電梯在加速運動（如果電梯等速上升，路徑應該是一條向下的斜線）。所以電梯裡的人會感覺光轉彎了，但電梯外的人看來，這道光仍然是走一條直線。

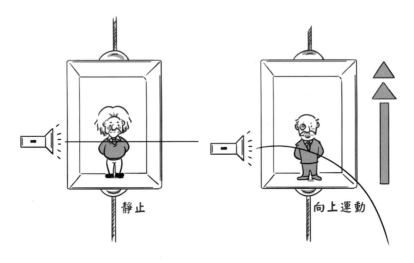

圖 7-5　電梯靜止（左）和加速上升（右）

以下等效原理就派上用場了，既然在加速上升的電梯裡，人看到光走曲線，同樣的，如果在地球上做這個實驗，光應該走一條曲線。

光覺得自己走直線

光在重力場的作用下會走一條曲線，也就是說，重力場對光有作用。這有什麼神奇效果呢？根據質能守恆 $E = mc^2$，光有能量，所以也有動質量（運動時整體表徵為質量的效果）。有質量的東西就會在萬有引力的作用下改變直線軌跡，走曲線不是很正常嗎？

關鍵在於光沒有覺得自己在走曲線，它覺得自己還是在走直線。換句話說，在重力場的作用下，光沒有覺得自己受到「引力」。

但根據牛頓第一運動定律，一個物體在不受外力的作用時，要嘛靜止，要嘛做等速直線運動。光既沒有受力，也沒有進行等速直線運動，豈不是推翻牛頓第一運動定律嗎？問題出在哪呢？

問題在於牛頓第一運動定律不完備，它討論的是平坦的時空。光既不受到力的作用，而且走的還是曲線，這樣就可以解釋為重力場中的時空被

扭曲了。就像火車行駛在鐵軌上，輪子不會轉彎，只知道向前滾，但軌道可以彎曲。火車一直覺得自己在向前走，但實際上已經隨著軌道走曲線。

　　時空的扭曲應該這樣理解，在重力場中做自由運動、不主動加速的物體，在自己看來，它在走直線，符合牛頓第一運動定律，但這條線本身卻隨著時空彎曲。

進一步證明

　　時空的扭曲效果還可以被進一步證明，如果人類要移民到外太空，在太空建造太空站，就需要在太空站裡類比地球的重力環境。但在太空站裡沒有地球那麼大質量的東西，要怎樣模擬重力呢？答案是透過旋轉產生的離心力（centrifugal force）。

　　太空站的結構在很多科幻電影中都出現過，例如克里斯多福·諾蘭（Christopher Nolan）的《星際效應》片尾，未來人類都移民到太空站，裡面的人其實是住在一個大型圓柱體的內表面。隨著圓柱體圍繞自己的中軸旋轉，圓柱體內表面就要對太空站裡的人提供支援力，充當圓周運動的向心力。站在圓柱體內表面的人，和感受到重力是一樣的。

　　再對比另一種情況：假設現在在一個圍繞地球做圓周運動的空間站工作，根據牛頓運動定律，你應該受到一個向心力，用以支撐圍繞地球的圓周運動，但空間站裡的人感覺依然失重。

圖 7-6　太空站

現在假設上面說的人類移民外太空所住的旋轉大圓柱體的直徑和地球相同，讓它旋轉的速度與空間站圍繞地球運動的速度一樣。這兩種情況下，不管是空間站的工作人員，還是移民到外太空的居民，他們的運動狀態完全一樣，都是以一定的速度做圓周運動，且運動的速度大小相同，圓周運動的半徑也一樣。但他們的感受完全不同，大圓柱體裡的人會感受到圓柱體內壁的支援力，而在空間站的人卻感受不到力。

問題來了，根據牛頓運動定律，一旦確定運動方式，受力情況應該是唯一的，怎麼會出現運動狀態完全相同、受力卻不一樣的情況呢？是不是牛頓運動定律錯了？這裡的解決辦法就是時空的扭曲。大圓柱裡，時空沒有被扭曲，但地球周圍的時空被扭曲了。

這樣就能解釋為什麼運動情況一樣，受力卻不同。地球周圍空間站的太空人可以判斷自己是在走直線，只不過這條牛頓運動定律意義上的直線被地球的質量彎曲成一條曲線。

[第四節] 長度收縮與時間膨脹

從等效原理出發，證明引力不是力，只是時空扭曲的效果，這種扭曲是由質量所造成。置身於其中的物體感受到時空的扭曲，於是運動狀態發生變化。這種運動的變化只是被牛頓解釋為引力，但其實引力不存在。

既然知道時空可以被扭曲，會帶來哪些神奇效果呢？很顯然，狹義相對論裡那些神奇效果，例如長度收縮和時間膨脹，在廣義相對論中依然存在。

長度收縮可以理解為空間的壓縮，時間膨脹可以理解為時間的收縮。廣義相對論既然是說時空如何被扭曲，對應的長度收縮和時間膨脹也一定存在，只不過這次可以從時空的扭曲出發來推論這些效果。

黎曼幾何：曲面上的幾何

首先探討一個基本問題：空間中兩個點的距離怎麼計算？

兩點之間的直線最短，例如在平鋪的紙上隨意畫兩個點，用一條直線把它們連起來，這條線段的長度就代表兩個點在紙上的最短距離。

但別忘了，這兩個點的最短距離是一條線段，僅在紙是平面的情況下成立。如果是曲面就未必如此了，例如在地球表面上任意取兩點，在不穿透地表的情況下，最短的距離就是兩點之間的那段圓弧，是一條曲線。

也就是說，不同的空間當中，兩個點之間的距離不一樣。既然廣義相對論是說時空的扭曲，兩點距離的計算方式就和這個空間具體的扭曲形式有關。研究曲面上幾何關係的學科，叫做黎曼幾何。

黎曼幾何裡，很多被歐幾里得幾何當成公理的東西不成立。例如歐幾里得幾何裡，兩條平行線永不相交，但在黎曼幾何裡不成立。

地球的經線和緯線都相互垂直，換句話說，任意兩條經線會相互平行。但很明顯，任意兩條經線都會相交於南、北兩個極點。因此，黎曼幾何是一套與歐幾里得幾何截然不同的幾何學系統。

圖 7-7　地球經線，最後在極點處匯集為一點

長度收縮

有了對黎曼幾何的認知，就能很容易理解在廣義相對論下的長度收縮和時間膨脹。

首先要定義一個物理量，叫做時空曲率，描述的是時空的扭曲程度。用萬有引力的觀點看，就是引力愈大的地方，曲率（curvature）愈大，時空扭曲的程度愈劇烈。

時空的扭曲是被壓縮，不是被拉伸，是因為引力永遠表現為吸引作用，而不是排斥作用。也就是說，有質量的物體傾向靠近，而不是遠離，只有壓縮才會讓距離縮短。質量愈大的天體，對它周圍時空的扭曲愈劇烈，周圍時空的曲率愈大。還是用一塊海綿的彈性扭曲來看，質量愈大，就好像壓縮、扭曲海綿的程度愈深。

長度收縮是什麼呢？其實就是把空間當成一塊海綿，再把它壓縮成曲面。一把彈性尺上面有刻度，把它彎曲，當然是向裡彎的部分被擠壓，儘管上面的刻度沒有變，但實際上刻度之間的距離變小，對應的就是長度收縮，是空間的尺度變小。此處要注意，是重力場弱的地方的觀察者看重力場強的地方的觀察者的空間被壓縮，尺的長度變短，但尺上的觀察者不會覺得尺變短，因為在尺參考系中的所有尺度都同等地縮短，因此尺上的觀察者察覺不到。

時間膨脹

同理，可以理解廣義相對論下的時間膨脹。〈極大篇〉說過時間和空間其實是等價的，不需要把時間和空間區別對待。

可以把時空當成一塊海綿，只不過在它的長、寬、高三個維度中，高代表時間，長和寬代表空間。這種比喻只是為了方便理解，真實的情況應該是一個三維空間加上一維時間的四維海綿。因為人的感官很難想像四維，這裡就簡化為二維空間加上一維時間。

一塊海綿在質量的作用下被壓縮時，不光空間維度被壓縮，時間維度也被壓縮。本來一個事件持續的時間可能是兩秒，被壓縮後就只有一秒了。

電影《星際效應》有一段劇情，男主角和女主角去黑洞周圍的行星上探測。他們只去三個小時，但飛船上的同事卻等了他們二十多年，這就是

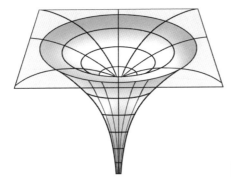

圖 7-8　黑洞周圍的時空扭曲

廣義相對論的時間膨脹。

黑洞邊上的重力場極強，行星上的時間被壓縮得非常厲害。這裡還是要強調，**當你進入強重力場範圍內，只是別人看你的時間變慢，別人的錶兩秒，你這裡才過了一秒，但你不會感到自己的時間變慢。**

攣生子悖論的最終解釋

有了基於廣義相對論的對長度收縮和時間膨脹的理解，可以再回過頭討論〈極快篇〉中攣生子悖論的問題，見第二章第四節。

這個問題需要借助廣義相對論才能回答，因為是哥哥搭乘太空船出去轉一圈，很顯然，哥哥經歷有加速度的過程。他要先加速飛出去，然後回地球時還要減速，減速的過程可以看成是反向的加速。根據等效原理，哥哥經歷等效於置身強大重力場的過程，所以他的時間受到壓縮。回來後，應該是哥哥更加年輕。

[第五節] 引力紅移

哈伯定律告訴我們宇宙在加速膨脹，哈伯給出這個結論的方法是透過都卜勒效應和光譜，算出天體的距離和遠離我們的速度。

一個正在遠離我們的天體發出的光，被我們接收到的頻率比

原本的頻率低，這種現象叫做**都卜勒紅移**。除了訊號源和接受者有相對速度會產生都卜勒效應以外，重力場也會產生廣義的都卜勒效應，恰好可以用等效原理解釋。

　　宇宙中有各式各樣的天體，這些天體都會在自身周圍形成重力場。光經過這些重力場時，也會經歷紅移或藍移。如果從地面上垂直向上發射一束光給太空中的接收器，接收器接收到的光的頻率，比從地面上發出時的頻率低一些，為什麼呢？

　　這裡依然要用到等效原理，想像兩艘太空船，一前一後，它們同時加速向前運動，中間保持一段距離。前面的飛船尾部有一個光學接收器，然後讓後面的飛船向前發出一束光，這束光會被前面飛船的接收器探測到。

　　由於這兩艘飛船有一段距離，當後面飛船那束光被前面飛船的接收器接收到時，已經經過一段時間。但由於飛船有加速度，前面的飛船在這段時間裡，已經增加一定的速度，此時，對前面的飛船來說，這束光的光源不再是相對靜止，而是有一定的速度。既然有速度，就會發生都卜勒效應。因此，前面的飛船接收到的光的頻率，比光發出時的頻率更低。反之，前面飛船向後方飛船發射訊號，在後方飛船看來，這個訊號會發生藍移。分析過程相同，還是看兩艘一起加速的太空船。只不過這次讓前面的飛船向後發射光，後面的飛船裝了接收器。光到達後面的飛船時，已經經

圖 7-9　由加速產生的紅移／藍移（後方飛船向前發射的訊號在前方飛船的接收者看來頻率降低，由前方飛船向後發射的訊號在後方飛船接收者看來頻率增高）

過一段時間，後面的飛船就增加一定的速度。後面的飛船看來，光源是向自己靠近。根據都卜勒效應，它接收到的光就發生藍移。

上面已經證明在有加速度的情況下，光會發生紅移和藍移。根據等效原理，地球上，或者說任何一個重力場中，光一定會發生相應的紅移和藍移。

從地球上向上發射一束光，太空裡的接收器一定會接收到一束經歷引力紅移、頻率變低的光。反過來是一樣的，如果從太空發射一束光給地面上的接收器，地面上接收到的光頻率會更高，光發生藍移。

本章主要從理論層面了解廣義相對論，最具革命性的觀念是重新理解引力。引力不是一個真實的力，只是質量扭曲時空，從而影響物體的運動。

廣義相對論和狹義相對論一樣，只依據一條簡潔、優美的原理，來進行邏輯的演繹，可以說是真正的理論物理學。相對論讓我們深刻地體會到思想之美，所以愛因斯坦不光是一位天才的物理學家，也是真正意義上的思想家。

第八章

廣義相對論的驗證及應用

[第一節] 水星進動問題

等效原理

廣義相對論的核心原理——等效原理，是說**引力的效果與加速度的效果等效。**

你在一個封閉系統中做各種物理實驗時，無法透過實驗結果判斷自己究竟是受到天體引力的作用，還是處於正在加速運動的飛船中。同理，當周圍沒有重力場時，你同樣無法判斷自己是處於太空中完全不受力，還是處在重力場中的自由落體狀態。

從等效原理出發，我們能夠沿著愛因斯坦的思想得出一個結論：**引力不是真實的力，它體現為時空的扭曲。** 任何物體，甚至包括光，置身於重力場中時，它們的運動狀態都會發生改變。

例如天體會進行天體運動，光經過重力場時，會在重力場的作用下彎曲。但這些運動狀態的改變和軌跡的彎曲，並非因為力的作用，而是因為時空的扭曲。

又例如在地球軌道上運動的太空人圍繞地球做圓周運動，按理說，他應該有受到力的感覺，但恰恰相反，他的感受是自己處在完全失重狀態。這是因為他的時空由於引力的緣故被扭曲了，他覺得自己走直線，但本質上是他的直線所處的時空被扭曲了。

廣義相對論如此神奇，具體有什麼實驗上的證據呢？怎麼證明廣義相對論的正確性，以及它在現實生活中有沒有什麼應用？你會發現，其實廣

義相對論與我們的生活息息相關，而且在未來，廣義相對論對時空性質的認知，也許是我們做超長距離太空旅行的關鍵，這裡說的是能夠飛出銀河系、對全宇宙進行探索的超長距離旅行。

水星進動

既然廣義相對論相比於萬有引力定律更準確，更貼近本質，就要去尋找用**萬有引力定律無法精確計算，但用廣義相對論可以精確計算**的現象，這個現象就是著名的水星進動問題，就是廣義相對論的第一次重要勝利。

〈極大篇〉第六章的「萬有引力」中，我們知道實際的天體運動軌跡應當是**進動**的橢圓。例如太陽系的行星在每完成一周的公轉後，無法精確地回到出發點，因此每轉一圈，軌道會與之前的有一定偏差，這就是進動。

水星進動問題是說水星圍繞太陽每公轉一周都會有特定的偏差，但這個偏差非常小，要過很長時間才能看出顯著效果。根據使用萬有引力定律計算得到的結果，水星的進動偏差應該是每過一百年，角度差 5557.62 秒（角度大小的單位，角度分為度、分、秒。每一個圓周可以分為三百六十度，一度是六十分，一分是六十秒）。

水星進動的角度差 5557.62 秒的意思是說，一百年後新的橢圓軌道長軸和一百年前的橢圓軌道長軸存在一個夾角，換算成度約為一‧五度。但為了精確，還是用秒表示。

可是天文觀測發現水星進動角度不是一百年 5557.62 秒，而是 5600.73 秒，就是觀測值比用萬有引力定律計算出來的理論值多 43.11 秒。

為什麼研究的是水星進動，不是其他天體的進動呢？

原則上，其他天體的進動用牛頓運動定律算也有這個問題，但其他天體離太陽遠，進動現象不明顯，偏差不大。八大行星之中，水星離太陽最

近，公轉週期短（僅約八十八個地球日）。單位時間內，公轉快的天體，能夠完成的圈數就多，每完成一圈，就會偏一些。所以完成圈數多，偏的效果就明顯，因此研究的是水星的進動。

一開始，物理學家們想了很多辦法解釋這個問題，有人考慮電磁交互作用，有人考慮太空塵埃的阻力，甚至大家覺得水星周圍可能有一個天體始終沒被發現，所以影響它的運動。

但後來這些都被證明是錯的，人們花了很多功夫尋找影響水星運動但沒有被發現的天體，卻一無所獲。後來終於有人質疑，是不是牛頓的萬有引力定律出現問題？可能引力不是和距離的平方成反比（萬有引力與距離的關係不是 r^2，而是和 2 有偏差）。但這樣計算一下會發現，如果真的要解釋 43.11 秒的極小誤差，2 要變成 2.15，怎麼都不像符合物理學原理的結果。

從物理直覺上，這麼基礎的定律不太可能是不規則的數字，因為物理學家們多多少少都有一個信念：**宇宙萬物的規律應當簡潔而優美。**

直到有了廣義相對論，透過它的方程式計算水星進動問題，發現水星每一百年進動的角度，確實比牛頓算出來的多 43.07 秒。這就和實驗觀測的結果非常接近，幾乎可以說完全吻合。這樣一來，就從理論層面驗證廣義相對論的適用性。

不管萬有引力定律從物理學本質上是否正確，在計算上，尺度一旦擴大，就變得不夠精確。這其實說明，**一切科學理論都有自己的邊界。**

嚴格意義上，我們**不能簡單地說某個科學理論的對錯與否**，判斷科學理論對錯的依據，其實就是**在一定邊界內，它是否能夠精確地解釋和預測現象**，因此，我們並非否定萬有引力定律，只能說它在大尺度的情況下已經失效。廣義相對論目前看來在太陽系範圍內十分精確，但在更大的尺度下有失效的可能。例如〈極大篇〉第五章「宇宙裡有什麼」中提到的暗物質，單純用廣義相對論也無法解釋。

[第二節] 重力透鏡

　　還有一個驗證廣義相對論的辦法，就是從最基本的推論出發，看看廣義相對論預言的物理現象能否被觀察到。廣義相對論研究的是大尺度問題，要觀察也應該是去宇宙觀察，這就來到天文觀測的領域。

　　天文觀測粗略來講可以理解為觀星，這裡的觀星其實都是看各種天體上發出的光。因此從觀測的角度來說，如果要檢驗廣義相對論的正確性，最直觀的就是去驗證光是否真的會在重力場的作用下彎曲。

　　根據這一預言，我們能夠預想出宇宙中的天體應該會有一種現象叫重力透鏡（gravitational len）。先說說透鏡，生活中能見到很多透鏡，例如近視眼鏡的鏡片就是凹透鏡；遠視眼鏡、老花眼鏡的鏡片是凸透鏡。

　　透鏡其實就是厚薄漸變的透明材料，可以是玻璃，也可以是樹脂，功能就是彎折光，光射進去會改變方向。重力場的作用是讓光的傳播路徑彎曲，因此我們借用透鏡的概念。

　　重力透鏡是廣義相對論所預言的一種天體物理現象，可以看一個重力透鏡的設置。例如有一個天體質量特別大，光經過它周圍時會發生明顯彎曲，假設它的背後有一些發光的天體，正常情況下，如果從它的正面觀察，由於發光天體被它擋住了，原則上是看不見。但因為大天體的質量

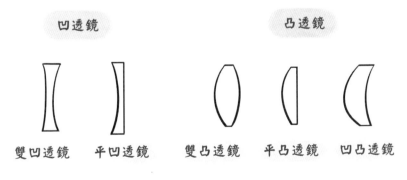

圖 8-1　凹透鏡和凸透鏡

非常大，發光天體所發出的光經過它的邊緣時會被彎曲。這種彎曲是一種吸引式的彎曲，就是本來要向上走的光，會被大天體的重力場拉下來往前走。可以想像，如果大天體的質量大到一定程度，即便發光天體本身被大天體遮擋，依然可以從它的正面看到這個發光天體的光。由於天體是球形，所以每個方向的光發生的彎曲應該相同。如果大天體背後的發光天體是球形，透過這種大天體對光的彎曲作用，應該能看到一個發光的環。

如果大天體背後的發光天體不只一個，可以預想大天體背後的光都會發生彎曲。這樣一來，我們會看到大天體周圍的圖像都是經過扭曲，看上去不像正常的宇宙景象，就像在 Photoshop 中經過液化處理的圖像。好比透過放大鏡看物體，物體的形象會被扭曲一樣，這就是重力透鏡。黑洞，就是這種具備如此大質量和如此強重力場的天體。

如果真的有個黑洞在宇宙中，透過黑洞看到的它周圍的景象應當是被扭曲的，很多科幻片也做出這種效果圖。

黑洞是引力極強的天體，這種強引力天體產生的重力透鏡的現象，叫做強重力透鏡。但黑洞十分罕見，科學家在二〇一九年才第一次拍到黑洞的照片。

大部分情況下，沒有那麼多具有強引力的天體，但重力透鏡的現象無處不在，只是效果明顯不同。同樣的，任何一個普通的天體，原則上都可

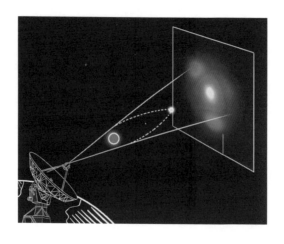

圖 8-2　重力透鏡的「透視」效果

圖 8-3　黑洞重力場
的時空扭曲

以充當重力透鏡。可以考慮一種設置，例如有一個天體，它的引力雖然沒有黑洞那麼強，但還算可觀。這個天體的背後有另一個發光天體發出的光，剛好擦著這個充當透鏡的天體邊緣穿過，能夠被天體前方的觀察者看到。

　　發光天體有一定大小，發出的光不是一條單一光，而是有粗細的光束。光束下方的光擦過透鏡天體時，相比於上方的光更加接近透鏡天體的球心。下方的光感受的重力場強度比上方強，下方的光在重力場中彎曲的程度更強。因此，觀察者看到的這束光，比光在不受重力場影響時大。發光天體的形象被放大了，這也是重力透鏡的效果。

　　根據廣義相對論的推理，重力透鏡的效果是必然的。但這樣真的證明廣義相對論的正確性嗎？答案是未必。

　　透過愛因斯坦的狹義相對論知道，能量和質量是等價的。一束光既然有能量，就有相應的質量，有質量的物體通過重力場的過程，會受到引力影響而改變運行路線。**水星進動和重力透鏡只能說是給出廣義相對論沒有錯誤的驗證，但並非只有廣義相對論能解釋重力透鏡和水星進動問題。**廣義相對論的鐵證其實是近年才被發現，就是重力波。

[第三節] 重力波

　　水星進動問題和重力透鏡的效果，雖然是廣義相對論能夠解釋和預言的現象，但這兩種現象都並非只有廣義相對論可以解釋，它們只能說是驗證廣義相對論在這兩個問題上沒有破綻，是屬於廣義相對論邊界範圍內的問題。同樣的，用萬有引力定律來解釋，如果不要求那麼高的精確度也是可行的。相比之下，只能夠用廣義相對論解釋的問題，就是重力波。

時空的漣漪 —— 重力波

　　什麼是重力波？顧名思義，就是引力的波動。但光看名字不能準確理解，重力波應該被理解為**時空扭曲程度的週期性變化**，這個變化的資訊以波動形式傳遞，是時空曲率的波動。

　　我們依然可以用時空扭曲的案例來解釋重力波，撐開一張桌布，在上面放一顆鉛球，桌布會在鉛球的重力作用下凹陷，這個凹陷是固定的。現在想像再扔一顆鉛球在這張桌布上，兩顆鉛球在桌布上滾來滾去，整張桌布會跟著抖動起來。鉛球把桌布壓得愈深，就對應廣義相對論中天體質量愈大，兩顆鉛球的運動就像時空中質量的分布發生顯著變化，就會產生愈強烈的時空扭曲的變化。這種變化向外傳播出去，就形成重力波。

　　重力波的傳播速度恰好等於光速，這都是廣義相對論的推理結果。目前所有的科學理論中，只有廣義相對論預言重力波的存在，所以只要能夠探測到重力波，就證明廣義相對論的解釋力比其他理論強。

如何探測重力波？

　　重力波是在二〇一五年九月，被美國名為 LIGO 的超大實驗裝置第一次探測到。LIGO 是個縮寫，全名是 Laser Interferometer Gravitational-Wave Observatory，意思是雷射干涉儀引力波天文臺。原理和〈極快篇〉

第一章「狹義相對論」講解的邁克生－莫雷實驗類似。

　　邁克生－莫雷實驗的目的是尋找乙太這種假想物質，最後證
明不存在，但它的實驗方法卻十分精妙。邁克生－莫雷實驗獲得
一九〇七年的諾貝爾物理學獎，LIGO 也因為發現重力波，於二
〇一七年獲得諾貝爾物理學獎。

　　邁克生干涉儀的結構是左邊一束光射出，打到分光鏡上，分
成一束向右的光和一束向上的光。兩束光都經過相同的距離後碰
到一面鏡子再反射回來，最終匯聚在下方的探測器形成干涉條紋。

　　LIGO 的結構和邁克生干涉儀的實驗裝置幾乎完全相同，也是一束雷
射（laser）分為兩束，讓這兩束雷射完全垂直，然後反彈回來，匯聚到探
測器上形成干涉條紋。但 LIGO 和邁克生干涉儀比起來大太多了。邁克生
干涉儀的兩條光路的長度約幾十公分，而 LIGO 的兩條相互垂直的光路
的長度達到四公里。兩束雷射被分出去再匯聚回來，各自要經過八公里的
路程。

　　如果有重力波經過地球，由於重力波本質上是時空的扭曲，被它掃過
的地方，時空都會發生扭曲，這兩條光路所處空間發生的扭曲程度高機率
不同。兩條本來都是長四公里的光路，在重力波的作用下，長度都會發生
變化，且由於它們所在的空間被扭曲的程度不同，所以長度的變化肯定不
一樣。

　　因此，兩束雷射在重力波經過時，各自走過的路程會不同，當它們到
達探測器時，就會有時間差。這個時間差讓它們的干涉情況發生變化，且
被探測器捕捉到，這就是 LIGO 如何探測到重力波的原理。

　　LIGO 專案研究工作其實在二十世紀六〇年代就開始了，由美國科學
家主導，實驗室遍布世界各地。但由於實驗儀器一開始精準度不高，且幾
十年過去都沒有探測到任何重力波，二十一世紀初時經歷過一段時間的停

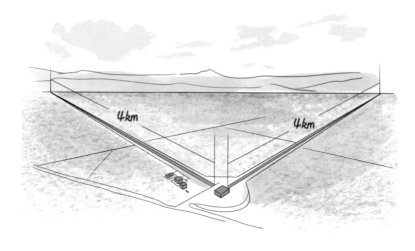

圖 8-4　LIGO 雷射干涉引力波天文臺

滯，畢竟這個項目耗資非常大。直到二〇一五年九月，重力波終於第一次被發現。這次重力波源自十三億光年以外的兩顆三十倍太陽質量量級的黑洞融合成的一個單一黑洞。

為什麼之前探測不到重力波？

　　為什麼要等那麼久才能探測到重力波呢？主要原因有兩個：

　　一、實驗儀器和實驗手段需要不斷進步；

　　二、最主要的原因，重力波實在是超乎想像的弱。

　　重力是一種極其弱的力，至於有多弱，〈極大篇〉第六章的「萬有引力」中曾舉過一個例子，一根小鐵螺絲釘落地是因為地球對它的萬有引力，但可以很輕鬆地被一個小磁鐵吸起來，一個小磁鐵提供的磁力就可以打敗由整個地球提供的重力。甚至可以粗略地認為，地球的體積是小磁鐵的多少倍，重力就比磁力弱多少倍。

　　由此可見，要探測到重力波極其困難，這就是為什麼 LIGO 的兩條光路要建得那麼長。重力波太弱了，即便傳過來，能讓光路長度改變的比例也非常小。因此我們要讓光路盡量長一點，足夠長的光路，即便改變的比

例十分小，也足夠讓兩束光的時間差變得可測。就是因為重力波太弱，所以整個 LIGO 的儀器設置都必須用雷射調節至極其精確，保證實驗誤差不會大到影響對重力波的觀測。

為什麼二〇一五年九月又測到重力波了呢？這是因為十三億光年以外發生天體物理上的大事件，兩個三十倍太陽質量量級的黑洞合併在一起，它們質量夠大，重力夠強，而且從相互靠近到融合，是一個極其劇烈的變化過程。這種合併會對其周圍的時空產生翻天覆地的擾動，形成足夠強烈的重力波，經過十三億年的時間傳到地球上。所以重力波的探測需要運氣，這種天體大事件不會經常發生。

重力波的發現和證實，圓滿地證明廣義相對論的正確性。因為重力波的現象是完全被廣義相對論所預言，它不能由牛頓運動定律解釋。

[第四節] 全球定位系統

可以說，如果沒有廣義相對論，現代生活中需要定位的服務都無法達成，更不要說軍事領域的精確導引，全球定位系統無法做到現在的精準度。

如何確定一個事件的位置？

首先要清楚，**在地球上確定一個位置需要四個座標，分別是三個空間座標和一個時間座標。**

〈極快篇〉第一章「狹義相對論」已經談過，三個空間座標在地球上對應的是經度、緯度和海拔。手機透過衛星定位定準一個位置，靠的就是這四個座標。

全球定位系統的工作原理

全球定位系統的工作原理就是透過至少四顆衛星，來確定四個座標。

美國的全球定位系統（GPS），是在地球的軌道中布置二十四顆衛星。之所以要二十四顆，目的是在地球的任何一個角落，都至少能同時接收到四顆衛星的訊號（當然，二十四顆不是唯一選擇，衛星的數量多多益善，只是二十四顆從實用角度可以充分滿足需求，且其中三顆是備用衛星）。

這二十四顆衛星的位置是已知的，而且都有銫原子鐘。銫原子鐘計時的準確度極高，高到什麼程度？每過二千萬年，誤差只有一秒。二十四顆衛星中的時鐘都是用銫原子鐘校準，同時與地球上的時鐘同步。

這些衛星都在做一件事，就是向外廣播自己的時鐘時刻和目前的座標位置，這些訊號在全球範圍內都可以接收到。你的手機如果想定位，至少需要接收四顆衛星所廣播的資訊。

接收到資訊後，手機就立刻與自己的時鐘進行比對，算出這幾個訊號所攜帶的時間資訊與自身時鐘的時間差，再結合衛星的位置資訊，根據光速不變原理，就可以算出自己和每顆衛星之間的距離。

不管衛星和手機是否在移動，測出的光速都是恆定的值，所以要測量手機和衛星的距離，只要將時間差乘以光速即可。

再以每顆衛星的球心到手機的距離為半徑，就可以在空間中畫出一個球形。幾個球形交疊，就能算出來自己的位置，這就是全球定位系統的工作原理。三顆衛星用來確定位置資訊，一顆衛星用來校準時間資訊。

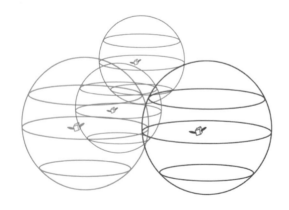

圖 8-5　全球定位系統的工作原理

廣義相對論的修正

　　廣義相對論在全球定位系統裡的作用是什麼呢？計算手機與衛星的位置是用光速乘以時間差，且預設電磁波訊號的路徑是直線。但根據廣義相對論，電磁波在地球的重力場中走的不是直線，而是曲線。

　　這種情況下，如果不把廣義相對論的影響算進去，算出來的位置就會有誤差，而且還不小，約一百公尺以上。一百公尺的誤差在紐約曼哈頓就已經相差兩條街，不論是 foodpanda 還是 Uber Eats 都無法進行精準定位，更不要說精準度到公分數量級的軍用衛星定位。如果沒有廣義相對論，很難想像我們的生活會變成什麼樣。所以說，廣義相對論不光是一個深刻的高級理論，也是現代生活中必不可少的理論工具。

[第五節] 曲速引擎

　　科幻電影如《星際大戰》和《星際爭霸戰》，經常會看到超光速飛行的太空船，而且這些太空船大多裝載曲速引擎（warp drive）。為什麼呢？因為這些飛船的運行原理不是瞎編，確實有一定的理論基礎，就是廣義相對論。

　　墨西哥理論物理學家米給爾‧阿庫別瑞（Miguel Alcubierre）在一九九四年提出一種假想中的太空船，根據他的設計，這種太空船可以以超光速運行，但不違背相對論中超光速無法實現的限制。

為什麼宇宙膨脹可以超光速？

　　先回顧哈伯定律，一個天體遠離我們的速度正比於它與我們的距離，這個比例叫哈伯常數，大小是 70 km/(s‧Mpc)。按照這個公式計算，離我們非常遠的天體，例如幾十億、上百億光年以外的天體，會以超過光速的速度遠離我們，也就是說宇宙的整體膨脹速度超過光速。但根據愛因斯坦

的狹義相對論，不是任何東西運動的速度都不能超過光速嗎？

這裡要說清楚，**宇宙的超光速膨脹不能理解為天體的運動速度超過光速，而是宇宙時空的膨脹速度超過光速**。愛因斯坦的相對論是說一個物體相對於觀察者來說的運動速度不能超過光速，宇宙時空的膨脹應當理解為時空本身的膨脹。一個天體遠離我們，不是它相對於我們在運動，而是時空本身在把這個天體運走。好比一個膨脹的氣球，氣球上的點代表天體，因為氣球膨脹，天體看上去在遠離我們，但實際上，氣球上的每個點沒有相對於它原來的位置有所運動。因此，此處沒有違背狹義相對論。

曲速引擎的基本原理

有了這個認知，就能從原理上設計超光速的太空船。說起來不難，就是讓飛船在它的前方製造一個收縮的時空。例如透過極高的能量密度，讓飛船前方的時空收縮，再用一定手段讓飛船後方的時空膨脹。這樣一來，飛船就置身於一個前方收縮、後方膨脹的時空區域當中。整個飛船和周圍的時空，都會因為前方收縮和後方膨脹而往前挪動一個位置，這種裝置就叫曲速引擎。這裡要注意，飛船相對於它的空間沒有發生移動，而是飛船連同周圍的空間整體向前挪動一些。

原則上，只要能量夠大，飛船的整體運動速度就可以無限制提升，然而因為飛船相對於自己周圍的空間沒有運動，因此完全不違背狹義相對論。

> 這個過程就像有一塊黏土，上面有一隻蝸牛，我可以把蝸牛前方的黏土擠壓一些，後方的黏土拉伸一些，這樣蝸牛連同周圍的黏土都被往前移動一些，但蝸牛相對於自己下方的黏土根本沒有運動。

如果注意觀察就會發現，很多科幻電影考慮得非常到位。飛船正常飛行時，例如遭遇太空戰的飛行場景，這些飛船裡的人員都會晃來晃去，因

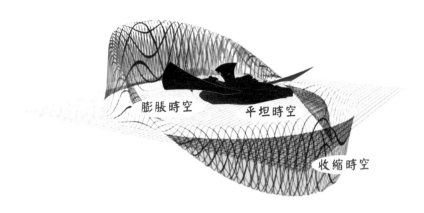

膨脹時空　平坦時空

收縮時空

圖 8-6　曲速引擎的原理

為飛船在不斷改變航向。但一旦用上曲率加速，飛船裡的人反而站得很穩，他們瞬移時，完全不會因為飛船的加速、減速而前後搖擺，恰好是裝置曲速引擎的好處，因為對飛船來說，儘管它的座標發生改變，但實際上沒有運動。

負能量

這裡有個關鍵問題，讓時空收縮還是相對簡單，質量的效果就是讓周圍的時空收縮，且能量和質量等價。因此，只需要在飛船前方製造夠強的能量密度，原則上就能獲得可觀的時空收縮。但後方的時空膨脹就不好辦了，因為所有能大規模製造出來的能量都是正能量，我們只能讓時空收縮，但要讓時空膨脹的話該怎麼辦呢？

一個可能的答案是負能量，就是數值為負的能量，比零還要小。負能量涉及比較深的量子力學知識，我們將在〈極小篇〉做特別介紹，負能量可以被理解為比真空的能量狀態更低的能量。會涉及量子力學的特殊效應──卡西米爾效應（Casimir effect），理論上能幫我們獲得負能量，但這種負能量實在少得可憐。因此，如果要製造一艘裝載曲速引擎的飛船，負能量的收集將會是巨大挑戰。

第九章

廣義相對論的預言 —— 黑洞

[第一節] 真正的黑洞是什麼？

奇異點

　　本章將用廣義相對論的觀點再次審視黑洞，前文曾提過黑洞是在牛頓體系內，理論假想出來的經典物理意義上的黑洞，不能描述宇宙中真實存在的黑洞。簡而言之，經典物理意義上的黑洞是引力大到連光都無法逃脫的天體，但這不是黑洞的本質。真正意義上的黑洞，不是先被觀測到，完全是由廣義相對論的直接推論。

　　為了理解用廣義相對論如何推論出黑洞必然存在，首先需要討論一個概念，叫奇異點（singularity）。我們在講宇宙大爆炸理論時說過，宇宙起初是一個能量密度無限大且沒有體積的奇異點。

　　奇異點其實更像數學概念，假設有一個參數，一個因變數。參數通常用 x 表示，因變數則用 y 表示。隨著參數改變，因變數也隨之改變。

　　中學都學過反比例函數：$y = 1/x$。老師會告訴你，這個函數 x 不能等於 0；而且當 x 趨近於 0 時，y 會趨近無限大。

　　但如果硬要問：「當 $x = 0$ 時，y 等於多少？」答案真的是 y 無限大嗎？

　　真正的答案應該是，**在 $x = 0$ 這一點，函數沒有定義，函數的值不存在。**也就是當 $x = 0$ 時，y 沒有對應的數值，於是就說 $x = 0$ 這個點，是 $y = 1/x$ 這個函數的奇異點。y 在 $x = 0$ 這個點的值，通俗來說就是「爆掉」了。

　　我們用理論描述對應的物理學系統的行為，但所有理論都有它的適用範圍，目前還沒有發明出一個被驗證的終極理論能解釋所有事情。例如牛

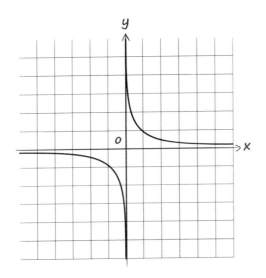

圖 9-1　$y = 1/x$ 函數圖像

頓運動定律可以解釋比較小尺度的天體運動，尺度大一點就不夠精確了，這時就需要廣義相對論才能獲得更精確的描述。但廣義相對論真的能解釋全宇宙嗎？未必，至少在暗物質的問題上，目前看來還是不夠。

那麼什麼是奇異點？

從物理學上看，奇異點就是讓原有描述系統行為的物理學理論失效的那些區域。用一個物理學方程式描述一個物理學系統的性質，當我們發現該物理學理論在某些情況下沒有定義，或者說完全無法描述系統的表現，我們就說這個點是一個奇異點。數學形式上，就和 $y = 1/x$ 中在 $x = 0$ 那一點的表現一致。

時空奇異點

有了對奇異點的認知，再來看看廣義相對論如何推論黑洞的存在。你會發現黑洞其實是廣義相對論中，愛因斯坦重力場方程式（Einstein field equation）的奇異點。

愛因斯坦重力場方程式是愛因斯坦推導出，廣義相對論當中最為核心的方程式：

$$R_{\mu\nu} - \frac{1}{2} R g_{\mu\nu} + \Lambda g_{\mu\nu} = \frac{8\pi G}{c^4} T_{\mu\nu}$$

R、g 表徵的都是時空的扭曲程度；G 是萬有引力常數，依然要靠測量獲得；c 是光速；T 叫應力－動量－動量張量（stress-energy tensor），是表徵能量和動量的張量（tensor）。

總而言之，**愛因斯坦重力場方程式把時空的扭曲與時空中包含的能量和物體的運動聯繫起來。**

奇異點這個翻譯其實有一些誤導性，因為原文 singularity 表示為一種性質，叫做奇異性，未必只是一個點。被翻譯成奇異點，是因為它在數學形式上通常表現為一個點，然而在物理上，有可能是一個區域，這個區域就叫 singularity。

廣義相對論對引力的解釋是：**質量的存在扭曲其周圍的時空，物體感受到時空的扭曲，因此運動狀態發生改變，就好像受到一個力的作用。**類比於「一張撐開的桌布上面放顆鉛球」的例子：由於鉛球的存在，桌布被壓得凹陷，於是鉛球周圍的桌布感受到扭曲、壓縮。

經典意義上，黑洞就是一個引力大到連光都跑不出去的天體，按照廣義相對論的觀點，本質上就是黑洞對周圍時空的扭曲程度極其劇烈。對應

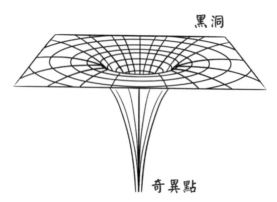

黑洞

奇異點   圖 9-2　時空奇異點——黑洞

於上面桌布的例子，就是隨著鉛球重量增加，它會極大地把桌布往下壓。當鉛球重到把桌布給壓壞，就形成一個「黑洞」。一個天體的質量大到讓周圍的時空產生強烈扭曲，扭曲到時空都支撐不住，最終把時空「扭斷」，或者說就是時空在黑洞的扭曲下「爆掉」，這是對什麼是廣義相對論黑洞的感性理解。

黑洞其實就是一片時空表現出奇異性的區域，這個奇異點是指廣義相對論所描述的時空在黑洞裡面沒有定義。廣義相對論的方程式在黑洞的位置失效了，它無法描述黑洞裡的物理情形，因此我們就說黑洞是廣義相對論意義下的時空奇異點。

但這樣說還是太抽象，廣義相對論無法描述這種時空「爆掉」的情況，我們就說它是個黑洞？黑洞難道不應該是一個看上去是黑的、什麼東西都跑不出來，甚至光也跑不出來的天體嗎？還需要證明廣義相對論無法描述的地方，就是一個真正意義上的黑洞。

時空奇異點就是黑洞？

我們已經知道質量的作用是扭曲時空，第七章「廣義相對論的基本原理」中講到，時空在被扭曲壓縮的情況下，廣義相對論能自然而然地推導出長度收縮和時間膨脹。處在重力場弱的地方的觀察者，看處在強重力場的觀察者的時間流逝速度更慢，空間尺度就更小。

既然黑洞是一種引力超強的天體，說明周圍的時空離黑洞的距離愈近，時間流逝愈慢，尺度被壓縮得愈小。極致的情況，當你來到黑洞邊緣時，就來到時空奇異點附近。

很接近時空奇異點的區域周圍，外界的觀察者看來，這個地方的時間流逝會變得無限慢，甚至是要停止流逝，且這個地方的空間距離會變得極小。如果真的到達黑洞邊緣，**這個地方時間流動將會徹底停止，此處的時鐘在外面的觀察者看來將停止走動，且空間將變得趨近於零。**

哪怕外面的觀察者過了無限長的時間，時空奇異點裡的時間在外界看

來可以說是一動也不動。反過來，如果我們是在時空奇異點周圍的觀察者，**看自己的時間的流逝速度依然是正常的，但會覺得黑洞外的時間流逝速度無限快**。可能我們只過一秒，黑洞外的時間就已經過了幾十億年，甚至全宇宙都已經結束。假設我們現在是一道光，已經來到時空奇異點，來到黑洞邊緣，這時我們確實可以選擇逃出去。但逃逸需要時間，經過有限逃逸時間的同時，黑洞外已經地老天荒，來到宇宙的終點。

這就是為什麼對黑洞外的觀察者來說，看到一束光進入黑洞，就再也出不來，因為黑洞裡的時間停滯了。因此，對外面的觀察者來說，黑洞是黑的，光逃不出來，且因為所有東西進入黑洞都和光一樣，在外面的觀察者看來永遠出不來，因此它是一個無底洞。這樣，我們就用廣義相對論推理出黑洞的存在，因為廣義相對論是描述時空扭曲，但時空扭曲有個限度，一旦達到這個限度，就形成時空奇異點。來到時空奇異點處的觀察者的時間流逝相對於外面的觀察者是停滯的，對外面的觀察者來說，裡面的東西想跑出來要用無限長的時間。因此，對外面的觀察者來說，有東西接近黑洞邊緣，在有限的時間裡是出不來的，這就成為一個只進不出、有去無回、光都出不來、看上去是黑色的黑洞。

[第二節] 現實中的黑洞如何誕生？

如何形成一個黑洞？

廣義相對論推論出來的黑洞，表現為時空的極致扭曲。那麼物理上，什麼情況下能夠形成黑洞呢？

直覺上認為，要產生一個黑洞，需要極強的重力場讓空間極致扭曲，而這種扭曲只能由質量產生，因此要成為黑洞，需要超級大的質量。宇宙中真實存在的黑洞確實如此，黑洞的質量往往是十倍的太陽質量以上，還會有質量大到令人咋舌的黑洞，例如銀河系有個叫 M87 的黑洞，達到六十四億倍太陽質量。直覺上，要形成一個黑洞需要超大質量，但事實並非

如此，製造出時空奇異點本質上只要強重力場，不一定要大質量。

根據牛頓的萬有引力公式做估算，引力正比於天體質量，反比於距離的平方，就是一個天體，甚至不是天體，**只要存在密度夠大的物質，就可以形成黑洞**。即便物體的質量沒有那麼大，如果能想辦法把它壓縮到很小的體積，也會成為一個很小的黑洞，且體積非常小，不會對周圍的時空有很大的影響。這就是為什麼二〇一三年瑞士的 LHC（大型強子對撞機，Large Hadron Collider）要開始運行時，曾有一批人擔心能量等級這麼強的對撞機，已經完全有能力在微觀上製造出黑洞。

理論上小質量的黑洞有可能形成，但如果真的研究天體的形成過程，就會發現宇宙中的主要黑洞質量都不小。因為黑洞的形成不是一蹴而就，它在聚集質量的過程中要經過很多階段，例如恆星階段。黑洞的形成是個循序漸進的過程，因此在天然形成過程中，沒有那麼大的外部壓力把它從很小的質量就開始壓縮成一個黑洞。

總結一下，原則上形成黑洞只要密度夠大就行，對質量沒有要求。但宇宙中實際存在的黑洞，通常質量都很大。這是因為天然形成的過程中，只有大質量才能提供極其巨大的壓力，讓天體的密度大到可以成為黑洞的程度。物質聚集的過程中，會遇到各式各樣與引力向內收縮的趨勢相對抗的因素，例如核融合、簡併壓等，只有質量夠大，提供夠大的引力，最終才能抵銷這些抵抗的作用。

要形成小質量的黑洞還有一種可能，就是在宇宙大爆炸之初，當時的宇宙能量密度極高，在這種狀況下，就有可能使物質密度達到黑洞的需求，這種黑洞叫做原初黑洞（primordial black hole）。原初黑洞理論上的質量可以非常小，霍金曾計算過，質量小到 10^{-8} kg 的原初黑洞都有可能存在，只不過至今沒有探測到任何原初黑洞。

霍金最重要的學術貢獻之一叫「霍金輻射」（Hawking radiation），是指如果考慮量子力學的影響，黑洞並非完全不往外「吐」東西，考慮量子力學效應，黑洞的視界線（horizon）邊緣，會等效地向外輻射粒子。這種

輻射愈大的黑洞愈不明顯，所以小的黑洞傾向於很快地蒸發掉，所以即便有很小的原初黑洞存在，也早就蒸發完了。

如何定義黑洞的邊界？ —— 史瓦西半徑

了解什麼是黑洞，以及如何形成一個黑洞，回過頭問一個在〈極大篇〉經常問的問題：一個天體形成固定大小後，由什麼平衡引力呢？這個問題可以問在黑洞身上：

一、黑洞的大小是多少？

二、什麼力平衡了黑洞的引力？

黑洞的情況和普通天體不同，因為黑洞內部不能用廣義相對論描述。更可怕的是，黑洞當中沒有任何東西可以跑出來。換言之，我們從黑洞裡面無法獲得任何資訊。既然沒有資訊，從原理上根本無法研究它。

物理學的研究方法是什麼？**先歸納，再演繹，後驗證。**

我們要透過觀測先得出原理，然後才能進行演繹和推導。但黑洞什麼資訊都無法給出，我們完全不知道裡面是什麼模樣。可以想像，黑洞裡的物理定律也許和外面宇宙時空完全不一樣，我們不知道裡面的物質處在什麼狀態，就無法回答裡面是什麼力和引力平衡，甚至黑洞並非處在受力平衡的狀態。

我們甚至無法確認黑洞是不是有確定的大小，你可能會在其他的書籍看到，黑洞的密度無限大，沒有大小，就是一個緻密的幾何點而已。這種說法其實太過武斷，因為我們根本不知道裡面有什麼就去定義它的密度，其實是不妥的。

不知道黑洞裡面是什麼的情況下，如何定義黑洞的裡外、大小和界限呢？這裡就引出一個概念，叫做視界線，地平線的意思，就是黑洞的邊界，越過視界線就等於進入黑洞。視界線以外是正常的時空，也會經歷大的扭曲。視界線雖然叫線，但其實是一個球面。你向黑洞靠近，一隻腳踏進視界線時就進入黑洞，再也出不去了。視界線這個球面的半徑，可以被

定義為黑洞的半徑。知道如何定義黑洞的邊界，自然引出一個概念，叫做史瓦西半徑（Schwarzschild radius）。

卡爾·史瓦西（Karl Schwarzschild）是德國物理學家，於一九一六年提出史瓦西半徑的概念，就是一個球形天體周圍的愛因斯坦重力場方程式中，那些讓時空曲率無限大的點。除了計算複雜外，原理和找出 $y = 1/x$ 當中 x 的取值會讓 y 爆掉的點相同。

任何一個天體都有史瓦西半徑，不同質量的天體對應於不同的史瓦西半徑。對於非黑洞天體，史瓦西半徑比這個天體的實際半徑小，也就是史瓦西半徑落在天體內部。如果現在開始對這個天體進行壓縮，當它的半徑被壓縮到史瓦西半徑以內時，就變成黑洞。例如太陽半徑約七十萬公里，但太陽的史瓦西半徑卻只有三公里。也就是說，如果太陽要變成黑洞，要把太陽壓縮一·三億億倍。地球的史瓦西半徑更小，約三公里。也就是說，地球如果要成為黑洞，需要壓縮到小橘子那麼大。

根據史瓦西半徑的理論，就知道如何計算黑洞的大小。如果知道黑洞的質量，它的半徑只能比它的史瓦西半徑更小；如果比史瓦西半徑大，不可能是黑洞。

這就解釋了為什麼宇宙中實際存在的黑洞大多是質量比較大的，只有質量夠大，引力才夠強，才能把自己壓縮到史瓦西半徑以內。否則，壓縮的過程就會有太多阻礙。早期會有恆星的核融合阻礙壓縮，後期有白矮星、中子星的簡併壓。只有天體質量大到充分勝過這些阻礙，才能把半徑壓縮到史瓦西半徑以內，成為黑洞。

總體來說，黑洞誕生的關鍵是要密度夠大，史瓦西半徑是一個重要的判斷標準。但宇宙中不是只存在引力，一顆正常的天體要在引力作用下收縮會遇到各種因素的阻礙，例如電磁力、簡併壓、核融合等，因此在實際情況下，必須質量夠大才有機會成為黑洞。

[第三節] 進入黑洞會怎麼樣？

　　了解真正的黑洞是什麼，以及如何形成，自然會想做些實驗和操作。以現在的科技水準距離做真正的黑洞實驗還非常遠，畢竟二〇一九年才真正拍攝到黑洞的照片。所以，先從一些思想實驗入手，看看接近黑洞，甚至進入黑洞，也許會發生什麼事情。

潮汐力

　　你嘗試靠近黑洞，首先可能會被拉長成一根麵條，拉你的力叫潮汐力（tidal force）。嚴格意義上來說，**潮汐力不是一個真實的力，而是因為時空扭曲的不均勻所導致，只是它的效果體現為一種力。**

　　潮汐力，顧名思義和地球上為什麼會有潮汐的原因一樣，地球的潮汐是由月球的引力作用在海水上所導致。從引力的觀點看潮汐力的產生，是因為引力差。有大小的物體在天體重力場的作用下，靠近天體的那端，感受到的引力更大；遠離天體那端，感受到的引力更小。

　　根據牛頓第二運動定律，我們知道物體的加速度正比於所受到的外力。既然靠近天體的那端受到的力更強，加速度必然更大，遠離天體的那端相反。如果把這個物體想像成一根彈簧，一端對著天體，另一端遠離天體，對著天體的那端會更快地加速，遠離的那端加速沒那麼快。彈簧兩端運動的加速度不同，一定時間內，它們跑過的距離就不一樣。例如這根彈簧原本只有一公尺，但靠近天體那端加速度大，一秒走了一公尺，遠離那端加速度小，一秒只走〇・五公尺。這樣一來，這根彈簧就被拉長為一・五公尺，這就是潮汐力的作用，它有把物體拉長的趨勢。

　　這就是為什麼地球上會有潮汐，在月球引力差的作用下，地球上的海平面被兩端拉高。不難想像，如果靠近像黑洞這種引力如此強勁的天體，必然會受到很強的潮汐力，所有靠近的東西都會被拉得細長，甚至斷掉。

　　這是從萬有引力的角度分析，但根據廣義相對論，這是不正確的，可

圖 9-3　黑洞的潮汐力
（愛因斯坦身體被拉長）

以不用引力的觀點，只用時空扭曲解釋這個問題。例如把一個圓柱體放在天體重力場中，靠近天體的地方空間壓縮更為劇烈，遠離天體的地方相反。整個圓柱體的形狀就會發生改變，變成一個細長的圓錐。圓柱體會感受到形變帶來的應力，這個力的效果就是潮汐力。

當你試圖靠近黑洞，一定會受到非常強的潮汐力撕扯。所以不要說進入黑洞，連靠近都十分困難。當然，不同類型的黑洞潮汐力的大小也有差異，通常來說，質量愈小的黑洞，當你靠近時潮汐力反而異常劇烈。相反的，質量超大的黑洞，例如質量是幾百萬倍太陽質量的黑洞，潮汐力反而沒有那麼強烈。這是因為潮汐力大小和靠近黑洞的距離差有關，愈長的物體靠近黑洞時感受到的潮汐力愈大；質量大的黑洞，同樣的距離變化對應引力的變化反而不大，因此，如果真的想要靠近黑洞觀測，找一個質量大的黑洞反而比較可行。

黑洞外的人看黑洞裡

即便能熬得住潮汐力，我們真的能進入黑洞嗎？從廣義相對論的角度看這個問題，要明確這裡是對誰來說能不能進入黑洞。

先從站在黑洞外的觀察者的角度來看，根據廣義相對論，重力場愈強

我不再像你一樣年輕了。

圖 9-4 愛因斯坦和普朗克的「減齡」遊戲

的地方，時間的流逝速度愈慢。這裡說的是相對於處在弱重力場的觀察者來說，處在強重力場的人的時間的流逝速度更慢。但本身處在強重力場的人，不會覺得自己的時間流逝速度變慢。

假設有兩個人，分別是愛因斯坦和普朗克。普朗克準備去探索黑洞，愛因斯坦站在離黑洞比較遠的地方看著普朗克朝黑洞前進。這個過程中，愛因斯坦會發現當普朗克愈接近黑洞，普朗克的時間流逝速度愈慢。假設出發去黑洞前，普朗克和愛因斯坦約定好每隔一分鐘，就傳一則訊息給愛因斯坦。當普朗克愈靠近黑洞，外面的愛因斯坦發現接收到訊息的時間間隔愈來愈長。普朗克按照自己手錶上顯示的時間，每隔一分鐘傳一則訊息。但這一分鐘在外面的愛因斯坦看來愈來愈長，因為普朗克的重力場愈來愈強，他的時間被壓縮了。如果把這個情況推到極致，當普朗克真的靠近黑洞，他的一分鐘對愛因斯坦來說會趨近於無限久，因為根據黑洞的定義，外界正常時空的時間間隔，在視界線上會被極致壓縮成零。不管你外面的時間是多少，到黑洞裡都會被壓縮成零。

也就是對外面的人來說，愈靠近視界線，時間流逝的速度愈慢，愛因斯坦看普朗克的動作愈會是慢動作，推到極致，普朗克乾脆就不動了。對外面的愛因斯坦來說，他根本等不到普朗克進入黑洞。

黑洞裡的人看黑洞外

再換到普朗克的角度，他能不能進入黑洞？答案應該是可以。對普朗克來說，視界線離自己有限遠，且自己的時間以正常的速度流逝，所以他可以輕鬆跨過視界線。一旦到達視界線，整個宇宙在這一瞬間就結束了，除非宇宙能存在的時間是無限久。因為當普朗克愈靠近視界線，外面的時間流逝速度愈快，普朗克的一秒，可能對應外面的是一年，後來逐漸變成一億年，這個數字隨著他不斷靠近視界線會不斷趨近於無限大。當普朗克非常接近視界線，他會看到宇宙在轉瞬之間全部結束，因此，除非宇宙可以永遠存在下去，否則普朗克大概也看不到自己進入黑洞。

照如此看來，應該根本不存在進入黑洞這件事情，為什麼前文會提到十三億光年外的兩個黑洞融合成一個黑洞的事件？既然黑洞進不去，又何來黑洞的融合？讓我們考慮兩個黑洞融合的過程。當兩個黑洞相互接近時，它們的視界線其實在不斷擴大。根據黑洞視界線的定義，其實就是一旦到達視界線，該地的時空曲率就達到極限。可以想像，當兩個黑洞相互接近時，原本屬於黑洞視界線外部的地方的時空曲率會隨著兩個黑洞接近逐漸增大。當兩個黑洞接近到一定程度時，兩個黑洞的視界線不斷擴大至相互融合，就產生黑洞的融合。

黑洞融合的過程並非一個黑洞進入另一個黑洞，而是在黑洞接近的過程中，兩個黑洞的視界線範圍不斷擴大，直至相互融合。

同樣的，如果觀察者想要和黑洞融合，他只是理想的觀察者，沒有任何質量，沒有任何能量，只是純粹精神意識的存在，則他永遠無法進入黑洞。但任何實際的觀察者總會有質量，所以當這個有質量的觀察者非常接近黑洞視界線時，觀察者自身的質量也會使視界線的範圍擴大，從而把觀察者包含進去。因此對實際的觀察者來說，想要與黑洞融合所花的時間也許很長，但不是無限，且質量愈大的觀察者，融合速度愈快。

[第四節] 進入黑洞還能出來嗎？

為什麼一旦進入黑洞就無法出來？

經典黑洞與相對論黑洞的區別

首先回顧曾經討論的經典黑洞，會發現其實你可以從裡面逃出來。經典黑洞用一句話概括就是，**引力大到連光都無法從上面逃脫的天體**。

任何天體都有逃逸速度，例如地球的逃逸速度就是它的第二宇宙速度——11.2 km/s。引力愈大的天體，逃逸速度愈大。如果天體的引力大到一定程度，導致逃逸速度達到光速，則沒有任何東西可以從這個天體上逃出來，這就是經典意義上的黑洞。但必須重新審視，這裡的「逃出來」是什麼意思。

第二宇宙速度是指只要達到這個速度，不管運動到多遠，物體都可以繼續遠離某個天體。仔細審視這個標準，逃逸速度是要求物體達到這個速度後，想走多遠走多遠，無非是需要花費時間長短的問題。對一個經典黑洞來說，物體的逃逸速度即便達到光速，也無法逃到無窮遠處，但這不代表它不能脫離經典黑洞的表面一段有限的距離。

假設一道光從經典黑洞上射出，它能逃離這個經典黑洞一段有限的距離。這段距離內，如果剛好有一個觀察者，他可以看到這道光。因此對觀察者來說，這個黑洞並非永遠是黑的，只是在一段距離之外的觀察者看來是黑的。一定範圍內，它依然可以發光。

另外，經典黑洞不是無法逃離，為什麼呢？再審視一下什麼叫逃逸速度，是指物體一旦獲得這個速度，就可以不再加速，只依靠物體的慣性一直運動到無窮遠處，完全脫離這個天體的束縛。物體獲得這個逃逸速度後，雖然一直在飛離天體，但在飛離的過程中，物體的速度一直由於天體的引力而減小，但飛到無窮遠處前，物體的速度永遠不會減到零，就是不會往回走。所以對經典黑洞來說，逃逸速度達到光速，說的是即便達到光

速，在不加速的情況下也無法逃離。但如果你一直開著發動機，保持速度不變，就算是龜速都可以逃離黑洞，且需要的能量不是無窮大，因為經典黑洞的質量不是無窮大，重力位能也不是無窮大。因此對一個經典黑洞，如果發動機一直開著，保持不斷逃離的動作，一定可以逃離。

無法後退的黑洞

相對論黑洞的情況就完全不同，真正的黑洞，從理論上只要一進入就根本無法逃離。不如考慮慢慢靠近黑洞的過程，還是用愛因斯坦和普朗克來舉例，普朗克要去黑洞進行探測，愛因斯坦在黑洞外面接應他。愛因斯坦看來，普朗克甚至永遠都無法到達黑洞的視界線，因為普朗克愈接近黑洞，運動速度愈慢，他每走過相同的時間，愛因斯坦會覺得時間間隔愈來愈長。直到**愛因斯坦的時間過了無窮久，普朗克才剛能到達黑洞的視界線表面**。如果普朗克在還沒有到達視界線時，就改變主意想要回去還來得及。對愛因斯坦來說，他的時間雖然流逝速度慢了很多，但還沒有完全停滯。但一旦到達黑洞視界線，在愛因斯坦看來，普朗克的時間就已經完全停滯。即便普朗克採取返回的動作，愛因斯坦也等不到了，因為他要經過無限久的時間才能等到普朗克出來。

站在普朗克的角度來看是不是有去無回呢？換到普朗克的參考系，假設他已經到達黑洞的視界線，這時想要逃出黑洞就變得不可能。為什麼？儘管從普朗克自由意識的主觀角度，他確實可以往反方向運動逃出去。但一旦普朗克來到視界線上，相對於愛因斯坦來說，普朗克的時空尺度被極致壓縮至無限趨近於零。也就是在視界線時，雖然普朗克看自己的時空尺度不是零，但他看視界線之外的尺度已經是無窮大，因為普朗克的時空尺度比外面的時空尺度是零，這個比例不變，如果普朗克看自己的時空尺度不是零，在比例不變的情況下，外面的時空尺度對於普朗克來說則趨近於無窮大。

重力場的大小一旦確定，這個比例就唯一確定了。因此，普朗克看自

己的空間尺度是有限的話，他看外面的空間尺度是無窮大。所以這個情況下，即便普朗克能夠往回走，他現在離視界線，就是黑洞邊界的距離是無窮遠，即便他以光速運動，也不可能在有限的時間內趕到視界線。因此，一旦進入黑洞的視界線內，普朗克的運動就變得有去無回。從這個意義上看來，黑洞是個只進不出的洞，並非體現在它的引力夠強，而是**體現在它對於時空的極致扭曲**。

正是因為廣義相對論裡有時空奇異點，我們才能做這樣的分析。但如果真的進入黑洞，能否真的無法出來是不得而知的。因為我們對黑洞內部的認知是零，沒有任何資訊可以從黑洞內部傳遞出來。甚至可以想像黑洞內部的物理定律與外界全然不同，這也是為什麼像《星際效應》這樣的電影，可以盡情地幻想黑洞內部的情形。

極小篇

The Tiniest

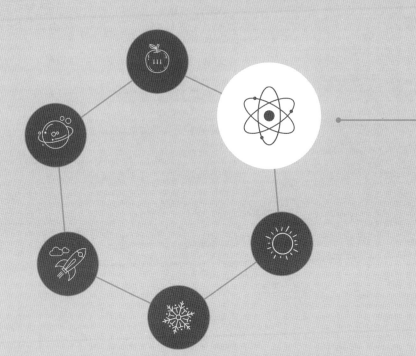

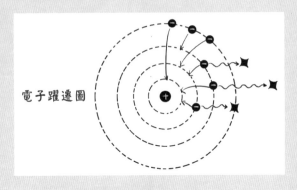

電子躍遷圖

［導讀］
奇妙的微觀世界

　　〈極小篇〉將關注微觀世界的物理規律，微觀到什麼程度呢？至少到原子尺度，只有約不到一奈米。

　　自古希臘以來，哲學家、科學家們就有終極一問：**世上萬物，有沒有最小的組成單位？** 一個物體，我們把它做分割，這個動作是否能一直進行下去？會不會到一個最基本的單位就無法再分割了？

　　關於這個問題，古希臘哲學家留基伯（Leucippus）和德謨克利特（Democritus）師徒倆提出一個設想：世界萬物的基本構成單位是原子，除了原子以外都是虛空（void），這就是最早的原子論（hypothesis of atom）。

　　一直到今天，這個古老的問題只被回答一半。

　　現在的主流物理學觀點認為，存在構成萬物的基本單位。但對於這種單位具體是什麼，只有一種還是有若干種，沒有最終答案。隨著科學研究的深入，科學家能夠研究的尺度愈來愈小。十九世紀初，英國化學家約翰‧道爾頓（John Dalton）用實驗證明每種元素都存在一個最小單位，並把這些最小單位定義為「原子」。因為每一種元素的最小單位不一樣，所

以這裡的「原子」不是德謨克利特意義上的基本單位。原子被證明存在後，科學家們對小尺度的研究才真正開啟。

十九世紀末，英國物理學家約瑟夫・湯姆森（J. J. Thomson）透過發現電子，證明原子內部有更豐富的組成部分。也就是說，原子可以再分。直到二十世紀初，歐尼斯特・拉塞福（Ernest Rutherford）用散射實驗證明，原子分為集中大部分質量的原子核，以及小質量的電子。但原子核的體積非常小，只有原子的幾千億分之一，原子內大部分的空間是空的。到了拉塞福時代，科學家對微觀世界的認知，正式來到量子力學的大門口。原子內部的電子和原子核的關係，已經不能用傳統的電磁學理論描述。

量子物理的規律與牛頓、馬克士威等前輩大師建立起來的經典物理截然不同，它會從多方面顛覆人們對這個世界的固有認知。〈極小篇〉的目標就是從原子論講起，隨著研究尺度愈來愈小，一路講到標準模型（standard model），就是目前來說前沿已經被實驗驗證的粒子物理成果，代表人類目前對微觀世界最深刻的理解與認識〔弦理論、超對稱理論（supersymmetry）等更前沿的理論尚未被驗證，因此我只對這些前沿理論的基本思想進行介紹〕。

內容安排

第一部分，包含第十章、第十一章，討論原子物理學（atomic physics）。

第十章，主要介紹人類如何開始研究原子。傳統理論在原子結構問題面前統統失效，量子力學不得不被發明出來，去解釋原子內電子的運動情況。

第十一章，將分別從薛丁格方程式（Schrödinger equation）和哥本哈根詮釋（Copenhagen Interpretation）的角度來闡述量子力學如何解決電子運動的問題，以及量子力學的核心哲學思想是什麼。

第二部分為第十二章，將研究尺度繼續縮小到原子核層面。原子核是原子體積的幾千億分之一，但它還有更基本的組成單位——質子和中子

（neutron）。我們將探討質子和中子如何相互作用，以及涉及的反應——核反應。

第三部分，包含第十三章和第十四章，我們把尺度繼續縮小，進入粒子物理領域。

第十三章，將討論群組成質子和中子的更基本單位夸克（quark）。把眼光從單純的原子核抽離出來，看看從廣義上，基本粒子有哪些種類、它們之間的關係是什麼、如何相互作用和如何分類。像宇宙射線裡那些運動速度快到已經接近光速的粒子，就需要狹義相對論才能討論。保羅・狄拉克（Paul Dirac）把相對論引入量子力學，就會出現反粒子的概念。

第十四章，為統合性的一章。

了解各式各樣的基本粒子後，既然基本粒子種類那麼多，應當存在更加基本的理論對這些粒子進行統一性的解釋。如何把這些粒子統合在一個理論框架內，必須引入楊－米爾斯場（Yang-Mills field），以及標準模型，其中「規範對稱性」（gauge symmetry）將是核心。

第十章

原子物理

[第一節] 構成萬物的最小單位

古代學者的看法

人類對微觀世界運行規律的探索，大多起始於一個基本問題：**組成世界的萬事萬物，是否存在最小的基本單位？**

古希臘哲學家留基伯和德謨克利特師徒二人在二千多年前提出著名的原子論，他們認為萬物的本源是原子和虛空，物質最終都可以被分割為一個最基本的單位，叫原子，其餘的則是虛空。虛空是原子運動的場所，原子的性質是充實性。說得通俗一點，我們可以把原子當成一個個極小的實心球，它被定義為不可分割的最小個體。

如何證明存在最小單位？

留基伯和德謨克利特的理論只停留在哲學層面，要判斷是否正確，則需要科學實驗的論證。

現在都知道萬事萬物由原子構成，儘管原子不是構成萬物的最小單位。如今的科學框架中，原子的存在是十九世紀初，被化學家兼物理學家道爾頓所證明，他證明原子存在的方法不複雜。當時人們已經知道碳和氧結合可以生成兩種物質，分別是一氧化碳和二氧化碳。一氧化碳可燃，二氧化碳不可燃，這是兩種化學性質截然不同的氣體。

道爾頓證明如果用一些碳和一些氧進行化學反應，同樣分量的碳要全部生成二氧化碳，**所需要氧氣的質量永遠是全部生成一氧化碳所需要氧氣**

的兩倍。也就是說，同樣分量的二氧化碳和一氧化碳，二氧化碳的氧含量永遠是一氧化碳的兩倍。這說明碳和氧結合生成的兩種不同物質的性質差異，主要來自氧含量的不同，且二者氧含量永遠是兩倍的關係。

說明碳與氧反應時，一定有一個最小單位，否則碳可以以任何比例與氧結合。既然等量的二氧化碳和一氧化碳之間，氧含量永遠是兩倍的關係，就證明完全從一氧化碳變成二氧化碳，必須增加一個最小限度的氧含量。由此證明**物質必有最小單位**，我們在化學的層面上定義這個最小單位叫原子，這就是原子論最初的實驗證據。

此處道爾頓證明的原子，不是德謨克利特意義上的原子。他只是證明對應不同的元素，必然存在最小的構成單元，這個單位被定義為該元素的原子。例如氧原子，它是氧元素的最小構成單位。原子物理討論的原子，都是道爾頓定義的原子。

原子論的進一步證明：布朗運動

做為一個化學家，道爾頓首次證明原子的存在。一八二七年，蘇格蘭植物學家羅伯特·布朗（Robert Brown）透過著名的「布朗運動」（Brownian motion）實驗，提出原子存在的另一個間接實驗證據。

布朗把一些花粉撒在平靜的水面上，用顯微鏡觀察花粉的運動。他發現這些花粉的運動很奇特，會隨機地做快速運動，然後又停下，感覺是隨機地被彈來彈去。奇怪的是，水面完全平靜，花粉沒有受到任何可觀察到的外力作用，它們為什麼會隨機地運動呢？

布朗運動當時被解釋為水分子在做微觀運動，這盆水從宏觀上看非常平靜，但只要有溫度，就說明微觀上水分子在做運動。水分子運動的速度愈快，說明溫度愈高。同一溫度環境下的物體，所有的分子、原子不是以相同的速度運動，而是有快有慢，運動動能的平均值正比於最終的宏觀總體溫度。

一盆看似平靜的水，裡面的水分子其實都在運動，且有少數水分子運

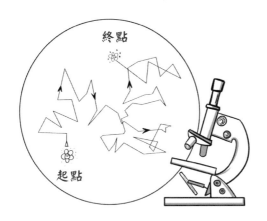

圖 10-1　布朗運動軌跡

動的速度非常快。儘管花粉的大小比水分子大很多，但速度快的水分子還是可以把花粉撞得運動起來。這就是布朗運動對於水分子存在的佐證，水分子就是水這種物質的最小構成單位。二十世紀初，愛因斯坦徹底從理論計算的層面揭開布朗運動的規律，這也是他的一大重要貢獻。

原子不是最小的

目前看來，我們似乎證明德謨克利特的原子論是正確的，但這明顯不是終點。德謨克利特的原子論猜想是：萬事萬物由一種最基本的物質構成，這種最基本的物質叫原子。但道爾頓和布朗運動證明存在的原子，不是德謨克利特說的原子。

德謨克利特的原子是最基本的物質構成單位，所謂基本，是說它們之間的**性質應當完全一樣**。但實際上，原子是各式各樣的，一氧化碳有碳原子和氧原子，水分子也有氫原子和氧原子。碳、氫、氧這三種原子的化學性質明顯不同，否則不會出現性質各不相同的物質。

如果這些原子之間性質各不相同，它們就不是同一種東西。換句話說，不同的原子內部，一定存在差異。既然內部有差異，就說明這些原子不是構成萬物的最小單位，一定可以繼續分割。

[第二節] 原子的內部結構

　　雖然已經找到原子，但不同原子擁有不同性質，因此它們必有不同的內部結構。既然有內部結構，就應該有比原子更小的基本構成單位。現在的目標是要看看原子裡面到底有什麼東西，到這個層面，最有希望的就是透過實驗的方法把原子敲開，和敲碎核桃才能知道裡面有核桃仁一樣。

電子的發現和葡萄乾布丁模型

　　十九世紀科學家們的第一思路，不是原子裡還有什麼內部結構，而是認為不同的原子應該體現為不同數量的氫原子結合。這是因為氫原子是最輕的原子，可能就是德謨克利特所說的最基本單位。

　　氫原子就是德謨克利特說的原子這一普遍認知，被湯姆森在一八九七年的一場實驗中證偽，因為他發現原子中還有電子。原子被證明還能分得更小，就是因為電子的發現。電子帶負電，帶電量、質量和體積都非常小。

　　生活中到處可以碰到電子，例如生活用電，本質上就是電子在金屬線裡做定向運動；冬天天氣乾燥，易起靜電，其實也是電子的聚集。現在知道電子帶的電量都一樣多，這個電量叫基本電荷（elementary charge）。但在十九世紀，人們僅根據摩擦起電這種現象，無法證明這些電都是電子。湯姆森透過對陰極射線（cathode ray）的研究發現電子的存在，因此證明了原子有更小的基本組成部分。現在，我們知道原子總體不帶電，把帶負電的電子刨去，剩下的部分應該帶正電荷，且電量要和電子帶的負電

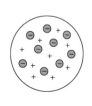 

圖 10-2　葡萄乾布丁模型

相等，這樣原子整體才能呈電中性。

湯姆森根據發現的電子，提出著名的葡萄乾布丁模型（又稱梅子布丁模型或湯姆森模型）。他認為電子非常小，就像葡萄乾一樣，塞在帶正電的物質中，於是原子總體呈電中性。

原子核的發現：拉塞福散射實驗

葡萄乾布丁模型對於原子結構的描述很快就被推翻，一九一一年，拉塞福透過 α 粒子（α-particle）散射實驗，證明原子的結構不像葡萄乾布丁模型所描述的那樣，正電荷分布在整個原子中，而是有很小的帶正電的內核處在原子中心，這就是原子核，它擁有整個原子的絕大部分質量和所有正電荷，但體積卻只有原子的幾千億分之一。

拉塞福想辦法拔掉氦氣的氦原子裡面的電子，根據電荷守恆定律，就得到帶正電的氦原子核。當然，那時還沒有原子核的概念，這正是拉塞福要去發現的，氦核在當時叫 α 粒子。

拉塞福用 α 粒子轟擊一塊金箔，再去觀察 α 粒子如何與金箔相互作用。可以想到的是，α 粒子帶正電，通過金箔時，儘管金箔中帶負電的電子會和帶正電的 α 粒子相互作用，但根據之前湯姆森的實驗結果，電子的質量太小，大約只是氦原子質量的幾千分之一，想像一下，乒乓球和保齡球相撞，乒乓球很難影響保齡球的軌跡。所以當 α 粒子轟擊金箔時，它與金原子中電子的相互作用可以忽略不計，剩下的應該是 α 粒子和金原子中帶正電物質的作用。

如果葡萄乾布丁模型正確，α 粒子和金箔作用的過程，就相當於一堆正電荷和一個帶正電平板的作用。由於電荷之間同性相斥，α 粒子應該是部分反彈，部分穿透，且穿透和反彈的量相當。但拉塞福的實驗做出來的結果並非如此，結果是**絕大部分的 α 粒子穿透金箔，只有極少部分的 α 粒子反彈**。這說明原子裡大部分的空間其實是空的，原子中大部分的正電荷應該集中在一個很小的區域內，只有 α 粒子打到這些硬核時才會反彈。但

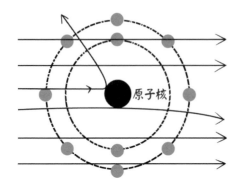

圖 10-3　拉塞福散射實驗

由於硬核的體積太小，所以只有極少部分的 α 粒子會撞到它們，出現反彈。拉塞福還發現，大部分通過的 α 粒子中，還有一些通過後有一定角度的偏折，說明硬核帶正電。

　　因為帶電，α 粒子和原子的核心有相互排斥的作用，所以有些 α 粒子和金原子的核心不是完全正碰，而是以擦邊球的方式擦過去，就會出現一個角度。

　　拉塞福用散射實驗證明葡萄乾布丁模型對原子內部結構的描述是錯誤的，原子的結構應當是大部分質量集中在一個非常小的核心，這個核心被稱為原子核。原子核帶正電，它的電荷數和原子中的所有電子帶的負電荷總和等量，使原子對外呈現電中性。

　　隨著實驗水準的進步，科學家們徹底弄清楚原子的結構：原子由原子核和電子構成，電子帶負電，圍繞原子核運動，原子核的直徑大約只有原子直徑的十萬分之一。論體積，原子核只有原子的幾千億到幾萬億分之一，且原子的絕大部分質量集中在原子核上。

　　弄清楚原子裡面有什麼，以下的問題就變得顯而易見：原子裡的電子和原子核的關係是什麼？電子和原子核是不動，還是運動的？如果是運動的，它們的運動規律應該怎樣？這些問題的答案帶動整個量子力學的發展。

[第三節] 天體運動的靈感

　　由於原子的絕大部分質量集中在原子核上，電子的質量只是原子核質量的幾千或幾萬分之一，因此研究電子和原子核的運動，可以假設原子核不動。這就像在太陽系中，由於太陽的質量遠大於其他天體，行星都是圍繞太陽運動，所以可以認為太陽是固定的。同理，由於原子核比電子重很多，可以認為原子核固定不動，只要討論電子如何運動就可以。

庫侖力和萬有引力

　　除此之外，電子和原子核之間的相互作用力 ── 庫侖力的數學形式，和萬有引力一模一樣。

$$F_e = k\frac{q_1 q_2}{r^2}$$

q 代表電荷量，r 代表兩個電荷之間的距離。

　　庫侖力是法國物理學家夏爾·庫侖（Charles-Augustin de Coulomb）在十八世紀末發現（後人經過對卡文迪許手稿的整理，發現其實他早在庫侖之前就已經發現庫侖定律，只是沒有發表）。兩個電荷之間的庫侖力，正比於二者電荷量的乘積，反比於二者距離的平方，只是這個比值 k，比引力常量大很多。

　　萬有引力常數 G 的大小是 $6.67\times10^{-11}\,\mathrm{N\cdot m^2/kg^2}$，庫侖力的強度比值 k 的大小是 $9\times10^9\,\mathrm{N\cdot m^2/C^2}$。庫侖力的強度比值在數值上就比引力大一百億億倍。我們考慮電子和原子核間的相互作用時，儘管它們都有質量，原則上有萬有引力，但由於庫侖力比引力大太多，所以可以完全不考慮引力的影響，而只考慮庫侖力。

　　既然庫侖力的形式和萬有引力一模一樣，可以猜想，電子圍繞原子核

運動的規律應當和行星圍繞恆星的運動規律一模一樣，是個橢圓軌道。

天體運動模型存在什麼問題？

原子核內電子的運動模型存在一個根本問題，就是不滿足能量守恆定律。

十九世紀，馬克士威用他發明的馬克士威方程組完全統合經典意義上的電磁現象。這個方程組描述的電磁規律，總體來說就是電荷會產生電場，電流和變化的電場會產生磁場，變化的磁場也會產生電場，而且還預言電磁波的存在。

問題來了，我們說電子圍繞原子核做圓周運動，表示電子有加速度。速度是一個向量（vector），不僅有大小，還有方向。做等速圓周運動的物體雖然速度大小不變，但速度方向一直在改變。從馬克士威方程組能推論出，一個擁有加速度的電荷會輻射電磁波，電磁波會帶走能量。隨著能量被帶走，電子會逐漸掉到原子核裡，與原子核的正電荷中和。這樣，原子核的結構就不復存在，我們應當區分不出原子核和電子，但事實是，原子都是穩定存在的。

如果要在保證電子做圓周運動的同時，**保證馬克士威方程組的正確性，就必須拋棄能量守恆定律**。就是要強行假設，原子裡的電子在輻射電磁波的同時依然維持圓周運動，這是一個明顯不符合物理學邏輯的模型。

[第四節] 波耳模型

最小能量原理

原子當中的電子圍繞原子核運動，電子輻射電磁波的同時還不會損失能量。要嘛不符合能量守恆，要嘛電子根本就不輻射電磁波。

除此之外，還有更違反常識的實驗現象發生。為了說明這個實驗現象，需要先鋪墊一個奠基性的物理學原理 —— 最小能量原理（principle of minimum energy），是指**任何一個物理系統最穩定的狀態，是系統能量最小的狀態**。所謂最穩定是說一旦系統受到擾動而偏離這個狀態，系統會傾向自發地回到這個狀態。例如一個水瓶平放時能量最小，因為這時重心最低，重力位能最小。這時若推它，它是不會自己站起來的。相反的，站著的水瓶重心高，能量大，輕輕一推就倒了。不倒翁不倒的原理就是把底部做成一定的幾何形狀，使得你輕輕推它的同時重心升高，能量變大。因此，它自然是願意回到站立時重心最低的狀態，於是就呈現不倒的性質。

原子光譜

有了對最小能量原理的認知，再來看看圓周運動的電子模型有什麼奇怪的地方。

〈極大篇〉第四章「宇宙的前世今生」中曾說過，原子的光譜可以幫助判斷一個天體的質量和它與我們的距離。原子的光譜性質展現原子內部結構的特性，假設電子圍繞原子核的運動規律與天體運動類似，都是做橢圓運動或圓周運動。不同的運動半徑，對應不同電子運動的軌道。不同軌道中，電子的能量不同。電子離原子核距離愈遠，能量愈大，一個電子從高軌道運動到低軌道，能量應該是降低的。但根據能量守恆，這部分降低的能量不會憑空消失，而是以某種形式轉化到別處。這裡其實是轉化成電磁波的能量，從原子裡釋放出來。電子軌道變化的能量差，就等於釋放出的電磁波的能量。光就是電磁波，只不過可見光在特定頻率範圍內表現為肉眼可見的各種顏色。

如果電子的圓周運動模型正確，和天體運動一樣，電子離原子核的距離應該可以任意變化。也就是說，電子的能量在一定範圍內應該可以任意變動，可以從高軌道運動到任意一個低軌道。軌道切換的過程中，不同軌道之間的能量差也應該是任意的，用數學的說法是連續（continuous）的，電子的能量應該在一個範圍內，任何值都可以取得。

如果把原子的能量人為地升高，例如透過加熱，由於高能量不穩定，

根據最小能量原理，電子傾向於向低軌道運動。這個過程中，原子會釋放出電磁波，這些不同頻率的電磁波，就構成原子的光譜。但由於軌道是任意的，原子數量很多的情況下，它們掉到任意軌道的可能性都存在，因此原子的光譜應該是連續的，類似一道彩虹。但真正做光譜實驗，會發現一種原子的光譜只有特定的幾個頻率，不是所有頻率的光都存在，這就從根本上否定對應光譜是連續的圓周運動模型。

波耳模型

這個問題直到尼爾斯・波耳（Niels Bohr）提出波耳模型（Bohr model）才算解決一半，他是哥本哈根學派的領頭羊，波耳模型能解釋氫原子的光譜，且非常精確。但波耳模型其實只是把電子的圓周運動模型做一點修改，且這個修改完全可以說是出於「湊實驗結果」的目的。

波耳模型由丹麥物理學家波耳和拉塞福共同提出，這個模型認為電子與原子核之間依然以庫侖力相互作用，電子的確在做圓周運動，只是人為加了一個限定條件，就是當電子以原子核為圓心做圓周運動時，它相對於原子核的角動量必須是**量子化**（quantization of angular momentum）的。角動量＝電子的質量 × 電子的速度 × 電子運動的半徑，角動量的數值不是任意的，只能是普朗克常數的整數倍，即只能以整數為單位變化，而非連續變化，可以是 1，2，3……n，但不能是 1.1，1.11，1.5 之類的數字。

> 普朗克常數是表微量子力學基本規律的常數，地位就像萬有引力定律中的萬有引力常數 G，且只能透過實驗測量獲得。例如我們定義光子的能量＝普朗克常數 × 光子的頻率，其實普朗克常數就是現有的國際單位制標度下以焦耳為單位的電磁波能量與國際單位制標度下以赫茲為單位的電磁波頻率的比值。

神奇的是，用波耳模型計算氫原子或類氫原子，就是原子裡只有一個

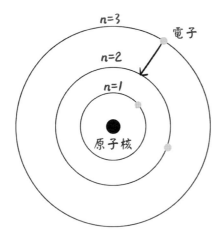

圖 10-4　波耳原子模型

電子的情況下的原子光譜，理論計算結果和光譜實驗結果符合得十分完美。波耳也因這個成就獲得一九二二年諾貝爾物理學獎，儘管波耳模型後來被證明沒有完全抓住本質。

波耳模型碰到多電子原子光譜的情況就徹底失效，就是當原子裡有多於一個電子，而不是像氫原子這樣只有一個電子的情況，波耳模型無效。因為它無法描述電子和電子的相互作用，導致計算結果與光譜實驗結果相去甚遠。此外，它依然不能解釋能量不守恆的問題。

[第五節]　德布羅意的物質波理論

光到底是波還是粒子？

一九二四年，法國物理學家路易‧德布羅意（Louis de Broglie）在博士論文中，提出物質波（matter wave）的概念。物質波可以解釋波耳模型中角動量量子化的必然性，似乎也能解釋為什麼電子做圓周運動卻不輻射電磁波的問題。

為了說明什麼是物質波，先來看一個物理學史上爭論已久的問題：**光到底是波還是粒子？**認為光是粒子的科學家和認為是波的科學家都不少，且支持兩種觀點的實驗也不少。

光的粒子性：光電效應

首先來看證明光是粒子的實驗——光電效應（photoelectric effect）。愛因斯坦是第一個提對光電效應理論解釋的科學家，因此獲得諾貝爾物理學獎，儘管這只是他眾多重要的學術貢獻中比較普通的一個。

光電效應的實驗是：把一束光打到一塊金屬板上，調節光的頻率，當其頻率超過特定的值時，金屬板上會有電子飛出。神奇的是，只有調節光的頻率，才能控制電子的飛出。如果光的頻率過低，不管打上去光的強度有多強，都不會有電子飛出來，這個現象非常違反常識。愛因斯坦用光的粒子性解釋這個實驗：只有當光被理解為粒子時，才能解釋為什麼電子的飛出只與頻率有關，而和強度無關。

可以將電子類比成一塊躺在坑裡的石頭，用光照射這個石頭，讓它獲得能量，從而可以從坑裡飛出來。

如果光是波，它賦予坑裡石頭能量的方式，和微波爐加熱的原理一樣，連續輸送能量給石頭，多到足以讓石頭飛出坑為止。這種情況下，電子飛出與否應該與光的強度有關；如果光是粒子，就好像往坑裡扔其他石頭，直到把裡面的石頭砸出坑為止。這種情況下，石頭是不是可以飛出來，只取決於砸它的石頭能量是否夠大。只要夠大，就能把坑裡的石頭砸出來。扔進去的石頭就像一個個光子，能量大小只和頻率有關。

光電效應證明光是一種粒子

圖 10-5　光電效應類比思想實驗

光的波動性：雙縫干涉實驗

再來看看支援光是波的著名實驗——雙縫干涉實驗（double-slit experiment）。

這個實驗的設置很簡單：一盞燈和一面牆，在燈和牆之間放一塊板，板上開兩條平行的縫。如果光是粒子，必然會走直線透過兩條細縫，會在牆上打出兩條明亮的線。但實驗的結果是，牆上出現的不是兩條線，而是明暗相間的條紋，這個結果只能用光是波來解釋。

〈極快篇〉第二章「狹義相對論中的悖論」中詳細介紹過，邁克生－莫雷實驗之所以會形成干涉條紋，就是利用光的波動性。

光如果是波，就會有波峰和波谷。對於雙縫干涉實驗，牆上的任意一點到兩條縫的距離有差異，當這個距離差恰好等於光波半波長的偶數倍時，表現為兩束光振動的強強聯合，顯得尤其明亮。當某個點到兩條縫的距離差是光波半波長的奇數倍時，表示剛好是波峰遇上波谷，則會顯得暗。於是牆上不同的點，依據到兩條縫的距離差形成最明亮和最黑暗之間的連續過渡，最終呈現為明暗相間的條紋。這就是雙縫干涉實驗的理論解釋，證明了光是波。

波粒二象性

最後，光到底是波還是粒子的爭論，被一個概念——波粒二象性

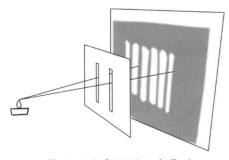

雙縫干涉實驗證明光是波　　　　　　　　　**圖 10-6　雙縫干涉實驗**

（wave-particle duality）統合了。波粒二象性認為**光既是波，又是粒子，取決於用什麼實驗方法測量。**

可以把光想像成一個大小可以變化的波包，就是局部有波動，但整體類似於一個局域包絡的形狀。當它很大時，內部波動的特點占據主導。當它很小時，內部雖然還有劇烈波動，但做為一個整體，它的能量非常集中，展現出粒子的特性，這就是波粒二象性的解釋。

受到光的波粒二象性啟發，德布羅意提出物質波的概念。他認為不是只有光具有波粒二象性，任何物質都應該有，電子有，原子也有。且一個物體的波動性愈強，表現出來的粒子性愈弱，反之亦然。例如一個宏觀物體汽車，也具有波動性，只不過它的粒子性太強，波動性小到可以忽略。

德布羅意還提出猜想的公式 —— 德布羅意方程組，就是一個物質波的波長等於普朗克常數除以它的動量（動量是表徵物質粒子性的物理量）。

$$\lambda = \frac{h}{p}$$

德布羅意提出物質波理論（theory of matter wave）時，實際上沒有太多推理成分，完全依據直覺，更像是哲學思想，而且現在已經被完全驗證。如果接受物質波理論，就要重新審視原子模型，以及對於電子和原子核的認知。我們一直把它們當作很小的粒子，但根據物質波理論，都已經那麼小了，質量很小，動量也很小，相對的，它們的波動性會不會很強呢？

[第六節] 如何解釋波耳模型？

有了物質波的說明，波耳模型中的角動量量子化就變得無比自然，電子不輻射電磁波的問題似乎得到解釋。

週期性邊界條件

首先介紹一個概念叫週期性邊界條件（periodic boundary condition），想像有一根繩子，你抓住一端上下揮舞，根據生活經驗，整根繩子會振動，形態就像一束波。現在把這根繩子首尾相連，組成一個環，讓這根環狀的繩子開始振動出波動的形狀。

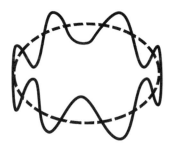

圖 10-7　閉合繩子的波動情況

繩子裡可能存在的波的波長就要滿足一定的條件，是什麼呢？不管這根環狀的繩子怎麼振動，總歸不能斷。也就是說，這根環狀的繩子，從上面一個點出發，繞一圈回來，必須還要能回到原來那個點。這就是這根繩子裡能夠存在的波的條件 —— 週期性邊界條件。週期是指以一圈為週期轉一圈後必須要能夠轉回去。因此，這根**繩子的總長度，必須是繩子當中波長的整數倍**。

再解釋波耳模型

有了週期性邊界條件，我們再來拷問波耳模型。波耳模型一直在把電子當成粒子，但根據物質波理論，電子質量那麼小，運動速度有限，動量其實非常小。

這種狀態下，我們可以認為在原子裡運動的電子粒子性很弱，波動性卻很強。所以，不如把電子當成波，不要看成粒子。既然電子圍繞原子核以波的形式運動，就像一根首尾相連的繩子，電子的物質波就應該滿足週期性邊界條件。電子圍繞原子核運動軌跡的周長，應當是電子物質波波長

的整數倍。基於以上，代入德布羅意物質波公式，不難發現週期性邊界條件與波耳的角動量量子化完全等價，也就是根據德布羅意物質波公式演算，將自動給出電子的運動在波耳模型中的運算式。這樣一來，角動量量子化就不是一個強行的假設，只要把電子當成波，一切都變得非常自然。

此外，電子不輻射電磁波的問題也解決了。因為這時的電子已經不是粒子，更加談不上加速度，沒有加速度又怎會輻射電磁波呢？

如此看來，德布羅意物質波真的是大道至簡。

波耳模型的失效：電子雲

即使如此，不要認為物質波就是解釋原子中電子運動的根本理論。實驗上，它依然無法解釋多個電子相互作用下，光譜與波耳模型的計算相去甚遠的問題。

此外，還有更加令人絕望的消息。既然波耳模型預測電子運動的軌跡，不如真的去測量看看真實的軌跡是怎樣的。如果波耳模型正確，原子中電子的運動軌跡應該是環狀圖形。但事與願違，我們真的去測量電子在原子中的位置時，得到的結果居然是毫無規律可言。電子幾乎能出現在原子核周圍的任何地方，根本沒有顯著的環形規律，而是「一切皆有可能」。

隨著測量次數的增多，把每次測量的結果都合在一起，電子的位置在原子核周圍形成「電子雲」的形態，也就是說，根本無法預測電子會出現

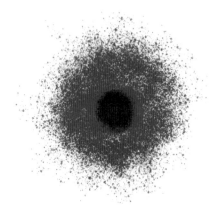

圖 10-8　電子雲

在什麼地方，它的位置一團模糊，幾乎徹底宣告波耳模型的失敗。波耳模型一直致力於找出電子在原子核周圍運行的軌跡，但實驗告訴我們不存在這種軌跡，**我們無法預測電子的具體運動方式。**

最初的關於原子物理的基本資訊，到這裡大致就宣告完結。要真正解釋電子在原子中的行為，不得不請出量子力學。

第十一章
量子力學

[第一節] 紫外災變

　　二十世紀初，原子物理蓬勃發展，科學家嘗試了解原子中電子圍繞原子核運動的規律。直到波耳提出波耳模型，結合德布羅意物質波的概念，才把原子裡的運動情況解釋一小部分，其中最關鍵的是原子中電子能量的量子化。原子中電子的能量所取的固定值叫做能階，電子只能處在這些特定的能量狀態。但波耳模型不能徹底描述原子中電子的運動，僅在原子核外只有一個電子的情況下才運行得比較好；電子一多，波耳模型就無能為力了。

　　我們也許需要從全新角度看待原子物理，量子力學就應運而生。此處要搞清楚，量子力學中的量子（quantum）不是名詞，而是形容詞，是指類似於能量量子化這種物理規律，我認為量子準確的翻譯應當是「量子化的力學」。

　　量子力學的核心資訊之一是：**這個世界的本質是量子化的，存在構成萬物的最小單位**。用一個類比來形容，我們的世界不是用黏土捏出來的，而是用樂高積木搭出來的。用黏土捏出來的東西，可以有極其細微的變化，任意創造出連續的曲線。而樂高積木的變化，最小就是一塊積木的大小，不能任意變形，不是連續的。

物理學大廈上空的一朵烏雲：黑體輻射

　　早在波耳之前，原子能量量子化就已經不是新鮮事。十九世紀末，當

時的物理學家自信滿滿，認為這門學科已經被研究得差不多了，經典物理學大廈即將建成，甚至有物理學家認為物理學將在六個月內結束。但二十世紀初，出現懸在經典物理學大廈頂上的兩朵烏雲。

一、〈極快篇〉提到的邁克生－莫雷實驗，證偽乙太的存在，這個問題後來被狹義相對論解決。

二、黑體輻射（black-body radiation）問題，原問題相對比較複雜，此處我們挑選最核心的介紹。例如加熱一塊鐵，隨著溫度升高，鐵會開始發紅，溫度再升高就會變得更加明亮。這種有溫度的物體發出電磁波的現象，叫熱輻射（對於電磁波吸收率是一〇〇％的物體叫做黑體，是一種理想中的物體，現實中不存在，黑體輻射就是黑體發出的熱輻射）。

為什麼會有這種現象呢？加熱一個物體，本質上是讓這個物體裡的原子獲得更快的運動速度，即增大原子的動能，這部分能量會使原子內電子的能量增高。但根據最小能量原理，高能量狀態不穩定，傾向於回到低能量的狀態。因為能量守恆，原子在回低能量狀態的同時會釋放出電磁波，這就是熱輻射的原理。如果去探測被加熱的物體發出的光的頻率，以及不同頻率電磁波的能量強度，再把能量強度做為頻率的函數，畫出幾條不同溫度情況下物體熱輻射的輻射強度相對於輻射頻率變化的曲線，實驗測得

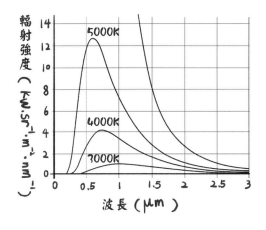

圖 11-1　熱輻射曲線

一組兩頭小、中間大的曲線。

　　但作圖時，橫座標通常是用波長，而非頻率。考慮到頻率和波長成反比，所以不論是用波長還是頻率做為橫座標，圖形的形狀都是兩頭小，中間大。即在特定溫度下，極高高頻率和極低低頻率的輻射強度都比較小，中等頻率的輻射強度大，隨著溫度升高，中等頻率的峰值會往高頻率移動。這就是在一定溫度範圍內，例如加熱一塊鐵，溫度愈高，鐵塊會顯得愈明亮的原因。隨著溫度增高，貢獻主要能量的中心頻率也在升高。但溫度高到一定程度，物體反而不那麼明亮，因為它的中心頻率開始往紫外線方向移動，而紫外線肉眼不可見。

經典物理理論失效

　　當時的理論物理學家嘗試用已有的科學理論解釋這條曲線，奇怪的是，竟沒有一個理論可以就這條曲線給出正確的解釋：當時的理論要嘛是在低頻的地方十分符合，到了高頻就南轅北轍；要嘛就是在高頻的地方非常符合，但到了低頻又無法解釋；用經典理論給出的解釋，要嘛是一條遞增的曲線，要嘛是一條遞減的曲線，沒有任何理論可以解釋這條兩頭小、中間大的曲線。

　　經典理論算出來，通常是在紫外線的區域，輻射能量趨近於無限大，與實驗結果和常識都不符。由於這個計算問題在當時無法解決，可以說是經典物理的一場災難，所以被稱為紫外災變（ultraviolet catastrophe）。

普朗克的「量子化」

　　直到普朗克用他的新理論給出正確的曲線，與實驗結果精確符合，才讓紫外災變問題得到解決。經典理論在研究熱輻射問題時，會將輻射的光當成波。這種情況下，電磁波的能量被假設為連續的。

　　普朗克的操作，是人為加入量子化條件，**他把電磁波看成光子，其能量是一份份射出的**。也就是說，普朗克強行假設在熱輻射過程中，電磁波

是像子彈那樣一顆顆飛出，而不是像水流一樣連續地流淌出來。普朗克計算電磁波能量時，並非對電磁波的頻率做數學上的積分（integration），而是將 n（n 為整數）倍的單個光子的能量做加法。沒想到這樣計算後，得出的熱輻射能量強度隨頻率變化的規律，和實驗非常符合，這個操作就是最早的量子化體現。普朗克假設黑體輻射的電磁波能量量子化，儘管他無法理解，甚至不認同這種對於光子能量的認知，卻還是獲得一九一八年的諾貝爾物理學獎，並被人譽為「量子力學之父」，波耳模型實際上也建立在普朗克理論的基礎之上。

原子軌道量子化

之後對原子光譜的研究，證實普朗克的假設從實驗角度看是正確的，因為單個原子內的能量是量子化的，電子的能量只能取特定的值，而後的波耳模型和物質波的學說，也解釋了這一點。但畢竟波耳模型是解釋力有限的理論，裡面有太多模糊不清和無法解釋的問題，所以，真正的量子力學，是以埃爾溫・薛丁格（Erwin Schrödinger）和維爾納・海森堡（Werner Heisenberg）的研究為基礎，完全拋棄波耳模型，徹底解決原子內部電子運動的問題。

[第二節] 波函數

波耳模型描述原子裡電子圍繞原子核運動的軌道依然是一個圓，只是加上角動量量子化的條件。結合德布羅意的物質波理論，電子可以被當成一束圍繞著原子核運動的首尾相連的波。既然是一束波，就要滿足週期性邊界條件，於是就能得出波耳模型角動量量子化的條件。

這個理論看似美妙，不管把電子看成波還是粒子，它的運動狀態都應當是一個環。但人們真的去測量電子位置時，會發現電

子幾乎可以出現在原子核周圍的任何位置，這些位置組合起來，完全不像是一個環。

電子根本無軌跡

這說明電子在原子核周圍的運動，壓根沒有軌道可言。從實驗的角度來說，波耳模型從根本上就有謬誤，它描述的圖景和電子運動的實際情況完全不符，只是在單電子的情況下，從實驗結果上解釋氫原子光譜。可以想像，真正描述電子運動的應該是一個更加高級的理論，只不過這個理論在單個電子的情況下，給出的氫原子光譜和波耳模型的計算結果一致。

如果電子根本沒有軌道，運動也毫無規律，為什麼會有電子的能量量子化這一現象呢？運動既然毫無規律，能量分布又怎麼會有如此精確的規律呢？因此，科學家們開始思考，也許想要讓電子的運動軌跡有規律的想法原本就是一種妄念，應該用另一種全新的語言來描述電子的運動。

機率的語言

這種新的語言就是機率的語言，用機率的語言描述量子力學系統的行為，是由德國物理學家馬克斯·玻恩（Max Born）所提出。前面提到，如果測量電子在原子中的位置，電子在原子核周圍任何位置都可能會出現。但如果多測幾次，例如測一萬次，其實可以看出一些規律。這是統計學上的規律，如果真的把一萬個位置的圖像拼在一起，就能看到一張全部是點的圖，這些點形成「電子雲」。

透過電子雲的形狀能看出一些規律，不同能量等級的電子，對應的電子雲會有特定的形狀，有球形、啞鈴形，不同的形狀對應的電子能量不同。不同形狀的電子雲，對應的是電子出現位置的不同機率分布。例如透過某個球形的電子雲，我們可以發現在離原子核近的地方找到電子的機率，總比在離原子核遠的地方找到電子的機率大。

雖然我們無法精確地預言每個時刻電子會出現在什麼位置，但可以在

多次測量電子的位置後，預測在某些位置出現電子的機率大約是多少。這就是機率的語言，在微觀世界描述物體運動狀態的標準語言。

在宏觀世界，我們可以確定地描述物體的運動狀態。例如有個逃犯開車逃逸，員警抓捕的過程要不斷彙報逃犯的位置。例如逃犯下午三點十分位於某市 A 路和 B 路的路口，以時速八十公里的速度向東逃竄。下午三點十分這個時間點，逃犯的運動狀態被確定了；有了這個資訊，下一秒逃犯的位置就可以被精確預測。一旦有運動的物體每個時刻的位置和速度資訊，就能精確知道目標對象的運動軌跡。

電子的運動就完全不是如此，我們只能用機率的語言描述電子的運動狀態：這個電子在下午三點十分位於原子核正下方一奈米處，以 10000 m/s 的速度向上運動的機率是 X％。在微觀世界，我們只有一定的把握知道這個電子在什麼地方，且以多大的速度運動，但無法精確預言它會出現在哪裡。

機率幅的描述

隨著時間的變化，機率的分布也會變化，於是就借用波的物理學語言去描述電子運動的機率。這裡不再將電子的運動規律稱為電子雲，而叫機率幅。簡單作張圖，就能明白為什麼叫機率幅了。以電子離原子核的距離為橫座標，以電子的機率幅 ϕ 為縱座標，在數學上，ϕ 是一個複數〔complex number，複數分為實部與虛部，可以寫成 a + bi，其中 a 和

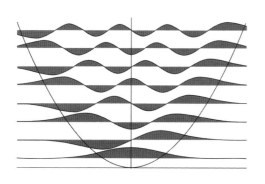

圖 11-2　不同能量等級的波函數

b 都實數，i 是虛數（imaginary number），定義為 $i^2 = -1$〕，其中 ϕ 的平方正比於在某個位置附近發現一個粒子的機率。你會發現這張圖看上去像一個波的波包，且隨著時間的變化，這張圖會改變。這樣一來，機率的分布會隨著時間而變化，和我們看到一般的波動情況很像，例如電磁波的波動、水波的波動皆是如此。

$$\int |\phi(x)|^2 dx = 1$$

機率幅 ϕ 平方的圖像的總面積必須等於一，因為如果在全空間範圍內找這個電子，一定會找到它，全空間找到電子的機率是一〇〇％，因為電子存在。

既然只能用機率幅描述電子的運動，下一個問題就是，電子機率幅的變化規律是什麼樣呢？

隨著時間的推演，電子運動的機率本身會不會出現變化？例如在第一秒，它處在某個位置的機率是多少，一秒後，在這個位置出現的機率是否還和原來一樣？是什麼因素決定機率的分布隨時間變化的規律？這就是薛丁格方程式要回答的問題，它告訴我們，一旦給定能量，機率幅隨時間的變化率就確定下來了。

[第三節] 薛丁格方程式

為何波函數隨時間變化的規律重要？

電子在原子中的運動，只能用機率幅描述，我們無法描述電子在特定的時間具體會出現在什麼地方，只能描述它出現的機率。隨著時間的推演，電子出現機率的分布，就是機率幅的形狀將如何變化。

為什麼我們如此執著於一個物體的性質隨時間的變化規律？其實這就是物理學的任務。物理學的研究方法是先歸納，再演繹，後驗證，透過歸

納法得出一些自然界運行的規律，將其做為推理的起點進行演繹推理，並用實驗來驗證推理得到的結論。其中，驗證用來檢驗歸納和推理的正確性，**只有當驗證的結果與推理相符合，才能說這個理論在給定邊界內是正確的**。如果沒有驗證這個環節，只透過推理解釋已有的現象不難，很多理論都能解釋同一現象。例如用萬有引力定律解釋小尺度範圍內的天體運動現象完全沒有任何問題，用波耳模型解釋單電子的光譜也能得到很漂亮的結果。

用現有的理論回過頭解釋已有現象其實不難，可能對於一個現象，幾百個理論都能解釋。但科學具有可證偽性，為驗證其正確性，我們必須用理論對還未發生的現象進行預測，再用實驗去檢驗這些預測的正確性。例如萬有引力定律在預測水星進動的問題上就失效了，廣義相對論卻可以做很好的解釋，甚至預言黑洞的存在。波耳模型解釋單電子的光譜沒問題，但預測電子軌跡時就失效，對於多電子的原子光譜也是失效的。

因此**對於所有理論，要驗證其正確性，就要先做預測**，就是預言隨著時間的變化，系統會有什麼規律。因為我們的世界是在時空尺度上展開，所以這裡說的預測，就是找到系統隨時空展開的變化規律。理論有了預測，才能用實驗結果去驗證是否與預測相符。

薛丁格方程式 ── 機率幅隨時間變化的規律

電子在原子中運動的規律可以用機率幅預言，對普通的波動，如音波、水波、電磁波，隨時間變化的規律是很清晰的。例如可以用振幅、波長和波速描述電磁波，電磁波的波速就是光速，振幅是它所處電磁場的強度，波長則是它的時空尺度，也可以被認為是波的大小。這些波都滿足經典波動方程式，音波和水波滿足建立在牛頓運動定律基礎上的機械波方程式，電磁波則滿足馬克士威方程組。

機率幅隨時間變化的規律，是不是應當用一個方程式描述呢？答案是肯定的。機率幅隨時間的變化規律是由薛丁格方程式進行描述，薛丁格方

程式的形式與傳統的波動方程式有類似的地方，據薛丁格描述，當初寫出這個方程式是受到波動方程式的啟發。

　　機率幅一開始只是一個類比，因其形狀看上去像個波。薛丁格說既然都叫機率幅，不如真的把它當成一個波來表達，於是就得到薛丁格方程式。

$$i\hbar \frac{\partial}{\partial t}\phi = H\phi$$

　　薛丁格方程式的物理意義，就是機率幅隨時間的變化率由它的能量唯一確定。例如原子中隨著時間流逝電子位置的機率分布是怎樣變化的，就由它的能量狀態唯一確定。能量愈高的電子，機率分布的變化愈快，這已經充分說明機率幅的波動特性。

　　類比其他經典意義上的波，如音波和電磁波，頻率愈高的音波和電磁波，能量愈高，相應的波長愈短。這怎麼理解呢？其實頻率愈高，單位長度內波的上下振動彎曲的次數愈多，波的每個位置彎曲的程度愈大。就像一條有彈性的橡皮筋，彎曲程度愈大、愈劇烈，內部儲藏的彈性位能愈大。

　　薛丁格方程式告訴我們，能量愈高的微觀粒子，機率分布隨時間變化愈快，就是機率分布圖上下振動得愈頻繁。此外，機率幅的具體形狀也由微觀粒子的能量唯一確定，就是薛丁格方程式可以徹底地描述微觀粒子的量子規律〔當然，薛丁格方程式描述的量子系統不用考慮狹義相對論，適用於粒子能量較小的系統；如果粒子能量過大，則要考慮相對論效應，薛丁格方程式是失效的，狄拉克方程式（Dirac equation）才是正解〕。根據薛丁格方程式的數學形式，能夠直接得出原子中電子所處的能量狀態必然是量子化的，這是解原子中電子所滿足的薛丁格方程式這樣一個微分方程的必然結果，不像波耳模型需要人為引入角動量量子化的條件。

　　薛丁格方程式是描述量子世界運動規律的方程，任何一個量子力學系統（能量過大、相對論效應極其顯著的系統除外），原則上只要解出其薛丁格方程式，就能從機率幅的角度描述該系統的行為，這就是薛丁格方程

式的強大之處。

再看物質波與波粒二象性

有了機率幅，再加上薛丁格方程式對於機率幅變化規律的描述，就會發現物質波和波粒二象性不過是我們在掌握機率幅和薛丁格方程式前，對薛丁格方程式性質的特殊描述而已。也就是說，物質波和波粒二象性不過是薛丁格方程式對量子力學描述的特殊情況，描述了現象，但沒有觸及本質。

有了機率幅和薛丁格方程式，如何理解物質波和波粒二象性呢？

任何一個物體都可以用機率幅描述，並用薛丁格方程式解出它的機率幅形狀：如果這個形狀非常集中，在一個很小的區域裡集中它所有機率，這個物體就表現得像一個粒子；如果解出來的形狀非常分散，這個物體就表現得像一個波。

所以，物質波、波粒二象性對量子現象的描述都不夠準確。根據機率幅的說法，世界上**不存在純粹的波，也不存在純粹的粒子**。因為波和粒子的概念，都是人類抽象出來便於做物理研究的。純粹的波的長度無限長，但世界上哪裡存在無限長的波？純粹的粒子，是沒有大小、只有質量的質點，但質點只是一個理想模型而已。

量子力學告訴我們，只存在純粹的機率分布，不同的機率分布對應不同的物質形態——非常像波或非常像粒子。最後物體到底具體呈現波動性還是粒子性，要看它的波函數（wave function）的分布是什麼樣。不同情況下，薛丁格方程式解出來的波函數形態不同，光電效應下光會呈現粒子性，是因為光電效應對應的薛丁格方程式解出來的波函數是集中的；雙縫干涉實驗下會呈現波動性，是因為對應的薛丁格方程式解出來的波函數是分散的。

薛丁格方程式可以說是量子物理的奠基性理論，一旦確定量子力學系統能用機率幅描述，機率幅隨時間變化的規律便確定了。

[第四節] 量子穿隧效應

> 量子力學對微觀世界的描述，是一種充滿不確定性的描述，
> 我們無法精確預測電子處在原子中的位置，只能預測電子出現位
> 置的機率，這與描述宏觀世界的方法截然不同。

一切皆有可能

宏觀世界任何一個物體的運動，都是以在某時、某地出現和以多大的速度向什麼方向運動進行確定性的描述。如果一定要用機率描繪宏觀世界，只有兩種，就是一〇〇％和〇％，對應的語言描述是「必然」和「絕無可能」。但在微觀世界，這個描述變成「有可能」的可能性，薛丁格方程式還能計算出這個「有可能」具體是百分之多少。微觀世界在量子力學的描述下，變成一個「一切皆有可能」的世界，這個世界會發生一些宏觀世界絕無可能發生的事情，「量子穿隧效應」（Quantum tunneling effect）便是其中的典型代表。

量子穿隧效應：化不可能為可能

舉一個宏觀世界的例子，現在要跳過一堵高二公尺的牆，假設你的跳躍能力只有一・九公尺，就是跳起來的一刹那，雙腿用力，讓自己獲得向上運動的速度且具備一定動能，然後這個動能的大小最多能把你送到高度一・九公尺對應的重力位能，無法超越高度二公尺對應的重力位能，因此你無法跳過這堵牆。但微觀世界並非如此，薛丁格方程式告訴我們，從數學角度來看，能量發生變化，波函數也會發生變化。它是一個連續的方程式，如果能量變化是連續地從一個值慢慢變到另一個值，波函數應該是從一個形狀順滑地變到另一個形狀。

假設現在在微觀世界，讓一個微觀粒子躍過一道有限高度的牆。若粒子的動能高於這堵牆的位能（potential energy），毫無疑問，這個粒子肯

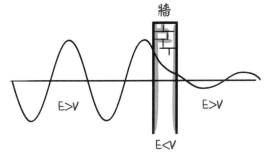

圖 11-3　量子穿隧效應（振幅愈大代表出現的機率愈高）

定可以躍過去，躍過牆後的能量等於動能減去牆的高度對應的重力位能。現在讓粒子的動能逐漸減小，就是把粒子躍牆時的能量從大於零逐漸變到小於零，是否能躍過去的機率也應該是順滑地慢慢減小。但如果真的去解薛丁格方程式，就會發現即便能量變成小於零，就是動能小於位能，解出來的波函數躍過牆的機率雖大大減小，但不為零。也就是說，微觀量子世界的語言是波函數的語言，波函數是順滑的，不是宏觀世界裡的一○○％和○％，所以即便是從宏觀情況看躍不過去的粒子，仍有一定機率躍過一道位能比自己的動能要高的牆。

　　一個微觀粒子即便動能很小，但面對一堵比自己動能還高的牆，不是完全沒有可能躍過，只是這個可能性會變小。就像它可以從牆上打一條隧道，有一定機率可以「鑽」出去，這就是量子穿隧效應。

摩爾定律的極限

　　量子穿隧效應是量子力學特殊性的集中展現，告訴我們量子世界的規律與宏觀世界的經驗不完全相符。因為有它，現實生活中的技術進步受到很大的挑戰。

　　相信你應該聽過摩爾定律（Moore's law），是說電腦的計算能力每十八個月就會翻一番。電腦的計算處理由 CPU 上的計算單位完成，單位面積的晶片上計算單位愈多，電腦的處理速度愈快。計算單位由電晶體組

成，即在矽板上進行光刻，計算單位做得愈小，單位面積上就可以安放愈多的計算單位，電腦計算速度愈快。

十八個月就能翻一番的計算能力，是指每過十八個月，計算單位的大小就變為原來的二分之一，單位面積能放入原來兩倍的電晶體，計算速度也變為原來的兩倍。但摩爾定律有局限性，因為計算單位不能做得無限小。電子電腦依靠 0 和 1 兩個訊號表示資訊，具體是 0 或 1 非常重要，差一個數字就面目全非，因此電腦處理的 0 和 1 訊號要非常精確。

如果計算單位太小，資訊的準確性會受到威脅。0 和 1 兩個訊號，非此即彼，具體是 0 還是 1，由計算單位兩端的電壓決定。電腦中的電流，完全按照電學規律運動。如果計算單位做得過小，量子力學的效果便開始顯現，僅靠電學規律便不再能夠預測電子的運動。

量子力學現象的效果開始顯現，意味著會發生量子穿隧效應，本來應該是 1 的訊號，有可能會變成 0，這樣資訊就發生錯誤，會影響計算的進行。目前最小的計算單位約七奈米，已經到極限了，再往下會非常困難。七奈米相當於幾個矽原子並排的大小，這時發生量子穿隧效應就變得非常容易，這就是為什麼摩爾定律在量子力學面前面臨失效的原因。

至此，我們用量子力學的機率幅表述和薛丁格方程式充分地描述了量子力學系統的運動規律。原則上，只要不糾結於電子的具體軌道是什麼樣子，原子中電子的運動規律就能被徹底解釋清楚。但這樣的解決方案不能讓人完全滿意，我們還是希望能解出電子的具體運動軌道，也就是它的軌跡隨著時間具體如何變化，是否能用確定性的語言進行描述。如果不可能，是否能證明這種不可能呢？

[第五節] 原子結構的最終解

有了薛丁格方程式這個強大的理論工具，便能清晰地描述原子中電子圍繞原子核運動的規律。由於原子核比電子重太多，可

以認為原子核處在中心不動，一般只研究原子核周圍的電子如何運動。

能階

即便沒有薛丁格方程式，根據原子光譜實驗，也能知道原子中電子所具有的能量是離散化，分能階的。當然，透過薛丁格方程式計算電子的能量，也能得出同樣的結論。

擁有不同能量的電子所對應的波函數，可以被稱為電子不同的軌道。這裡軌道的概念和傳統意義上的天體運動的軌道概念不同，天體運動的軌道是一條曲線，但原子中電子的軌道是一團有著特定形狀的電子雲，或者說是有特定機率分布形態的波函數。此處還要明確，當討論原子結構時，我們默認討論的是其處在能量最低狀態的情況下，電子在原子中的排布情況。根據最小能量原理，這是原子最穩定的狀態。如果是非穩定狀態，就有太多種情況要討論了，而物理學更感興趣的是最穩定的狀態。

把不同能階和對應的軌道算出來後，所謂原子結構，就是依照最小能量原理往軌道裡安放電子。例如氫原子，只有一個電子，所以直接把它放到最低能階就可以了。但隨著原子中的原子核愈來愈重，電子也愈來愈多，再往裡安放電子的過程就沒那麼容易了，需要找出安放電子的規律。

自旋

先理解一個量子力學的概念 —— 自旋。

每個微觀粒子都很像一個小磁鐵，如果把粒子放在磁場裡，會產生一定角度的偏轉，且自旋的方向傾向於和磁場的方向平行，就像指南針一樣。自旋有大有小，但數值是量子化的，自旋的大小只能取一些特定的值，統一是約化普朗克常數（reduced Planck constant）的整數倍或半整數倍。

$$\hbar = \frac{h}{2\pi}$$

例如電子的自旋是二分之一的約化普朗克常數，光子的自旋是一倍的約化普朗克常數。約化普朗克常數的數值非常小，約等於 6.63×10^{-34} J‧s，代表量子力學的最小尺度。我們一直說存在構成萬事萬物的最小單位，普朗克尺度就標度這個最小單位的尺度大概有多小。至於為什麼微觀粒子會有自旋，且還是量子化的，原因尚不清楚，只能把它當成微觀粒子的固有性質（intrinsic property）。

　　電流會產生磁場，自旋也有自己的固有磁場。因此有人假設，自旋是因為電子確實在旋轉產生的，但這樣的解釋有失偏頗。如果真的讓電子、質子這樣的帶電粒子旋轉起來，會發現它們的旋轉速度要超過光速才能測量到，且很多不帶電的粒子，如光子、中子、微中子（neutrino）等都有自旋。

玻色子與費米子

　　有了自旋的概念後，可以將所有微觀粒子按照自旋的性質分類，滿足量子力學規律的微觀粒子都可以分為玻色子（boson）和費米子。

　　自旋大小是約化普朗克常數的整數（integer）倍的粒子叫做玻色子，如光子、膠子（gluon）；自旋大小是約化普朗克常數的 1/2、3/2、5/2 這樣的半整數（half integer）倍的粒子，叫做費米子，如質子、中子、電子。薩特延德拉‧納特‧玻色（Satyendra Nath Bose）是印度物理學家，恩里科‧費米（Enrico Fermi）則是美籍義大利裔物理學家，被稱為「原子能之父」。

包立不相容原理

　　玻色子和費米子的最大區別體現在包立不相容原理上。

　　包立不相容原理是說，一個系統內不能存在兩個狀態完全相同的費米子，玻色子沒有這個限制。狀態不同是指兩個費米子只要有一個性質不同，就可以存在於同一個系統中，如果所有性質完全一樣，就無法存在於

同一個系統中。

有了包立不相容原理和自旋的概念，就可以把電子安放到原子的軌道中。

電子分層結構

原子內的電子軌道能量是從低到高排列，想要了解的是原子處在能量最低狀態的結構。

不同元素的原子中電子的數量不同，其數量等於原子核的正電荷數。

假設某種元素的原子有 N 個質子，相應的就有 N 個電子，這 N 個電子要一個一個放到該原子的軌道裡。第一個電子當然是放在能量最低的軌道，第二個電子放在哪裡呢？當然是放在剩下所有可能的軌道中能量最低的軌道。同一個軌道，由於電子有自旋，其自旋可以有兩種情況，分別是南極朝上和南極朝下，也就是說，兩個電子的自旋雖然大小相同，但方向相反，所以一個軌道裡最多可以放兩個電子，而且這兩個電子的能量相同。

第一層，能量最低的軌道最多放兩個電子，再多就放不進來了。根據包立不相容原理，第三個電子無法取到和兩個電子都不同的狀態，只能往第二層的軌道放，第一層軌道電子的波函數的形態是個球形。

第二層軌道有很神奇的特點，它有四個分軌道，能量都一樣，但有不同性質，叫軌道角動量（orbital angular momentum）。對第二層軌道解薛丁格方程式，會發現對應的波函數總體上相對於原子核呈啞鈴狀。既然是啞鈴狀，可能的方向就有三個，即空間的 x、y、z 軸三個方向。同時，第四個分軌道也是球形波函數，比第一層的球形波函數大一圈。

這四個分軌道有四個不同的狀態，稱為它們的角動量量子數。根據包立不相容原理，每個分軌道可以放兩個電子，四個分軌道雖然能量一樣，但多了角動量量子數這個新的性質，處在四個不同分軌道裡的電子狀態各不相同。每個分軌道兩個電子，所以第二層可以放八個電子。

第二層軌道填滿後，已經有十個電子，第十一個電子就要往第三層

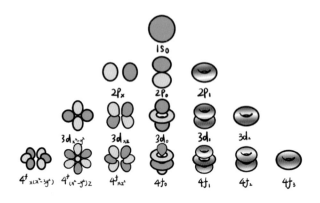

圖 11-4　不同能量等級的三維波函數

放，第三層有更多分軌道，算起來可以放十八個電子。

　　依此類推，天然元素到九十二號元素鈾（uranium），最多九十二個電子，算上人造元素，至多不過一百一十八個。電子很難繼續增加，因為原子核無法承載過多的質子，再多就不穩定，會發生核分裂（nuclear fission）。

能階變動

　　真正的原子內電子的排布，並非如包立不相容原理安放電子那麼簡單，雖然大原則確實如此，但實際情況中還受到其他因素影響。例如電子圍繞原子核運動時，自身會等效產生電流，電流會產生磁場，磁場會與電子的自旋發生作用，導致能量的變動；內層電子相對於外層電子抵銷一部分原子核的正電荷，因此外層軌道的能量會發生變動。最終一個原子能量最低的結構，是綜合考慮所有因素的結果。這個計算和實驗驗證的過程相當複雜，但主要的決定因素是薛丁格方程式、最小能量原理和包立不相容原理。至此，透過上述三者，我們幾乎把原子的內部結構研究清楚了。但為什麼波函數會是量子力學的表達形式？量子力學的第一性原理是什麼？量子力學波函數表達背後的本質是什麼呢？

[第六節] 哥本哈根詮釋

在微觀世界，如果用機率的語言描述系統狀態，只要有薛丁格方程式，就能了解原子中的電子會以什麼機率出現在不同位置，原則上就能將狀態描述清楚。

對於微觀粒子的運動狀態，除了測量它的位置外，還有很多其他的物理量可以測量，例如速度、能量、自旋等。既然微觀粒子的位置無法精確預測，只能用機率幅表達，那麼，可以推論它的其他性質，例如速度，可能無法精確預測。速度的變化可以對應一個波函數，只是這個波函數的引數不是位置，而是速度，縱座標依然是機率密度（probability density）。

目前量子系統的運動規律，**只能用機率的方式描述**。背後的原因是什麼？為什麼會這樣？波耳和他的學生 —— 德國物理學家海森堡帶頭給出關於如何理解量子系統這種特性的辦法，叫做哥本哈根詮釋，是對量子系統測量過程的物理學描述。波耳是丹麥哥本哈根大學的學術領導者，以他和海森堡為核心的學派叫哥本哈根學派。

同時處在不同狀態的系統

該如何理解量子系統的波函數表述呢？哥本哈根詮釋的解答是：**一個量子系統可以同時處在不同的狀態**，這個狀態叫量子疊加態。當你測量這個系統狀態時，**只能隨機地獲得其中一個狀態**；這個系統所處的量子疊加態的波函數就**隨機地、瞬間地坍縮（wave function collapse）成為其中一個狀態所對應的波函數**。

例如一個粒子可以同時處在原子核周圍的不同地方，如果真的去測量它的位置，測量到的是其中一個位置，至於具體是哪裡，完全隨機。例如準備一萬個完全相同的量子系統，測量它們的狀態，會得到一萬個結果。

但可能某些結果出現的頻率高一點，某些低一點，這個頻率的分布就是機率分布，就是機率幅。

測量即瞬間「坍縮」

可以這樣理解哥本哈根詮釋：一個原子中的電子沒有被測量時，同時處在多個狀態的疊加。但測量時，只能得到一個最終的狀態。也就是它的波函數在測量前是分散的，但測量後立刻變為在一個位置是一〇〇％，其他位置都是零。這個電子的波函數在測量前後發生瞬間的變化，從一個分散的函數變成集中在一點的函數。根據哥本哈根詮釋，這個由測量導致波函數驟變的過程叫做坍縮。

測量後，原本分散的波函數，隨機坍縮成其中一個集中的波函數。坍縮的過程完全隨機、不可預測，沒有從大變小的中間態，是不連續的，像瞬間完成一樣。好比一根雪糕，你沒看見它融化，也沒看見有人吃一口，就突然少了一截，沒有中間過程，這就是哥本哈根詮釋。

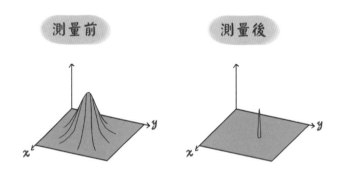

圖 11-5　坍縮過程示意圖

薛丁格的貓

哥本哈根詮釋對於量子力學的描述，不僅從概念上難以理解，而且從根本上挑戰大部分人的基本哲學觀——因果關係。用相同的方法測量若干個處在同一狀態的系統時，得到的結果卻是隨機的，只是在機率分布上有

一定的特點，這在本質上從量子力學層面否認了因果律。

因果律的核心是：**一個結果必然對應一個原因**。相同的測量方式下，卻得到不同結果，較難理解，就只能換一種方式來理解量子層面的因果律：機率分布唯一確定，但具體的結果卻不是唯一確定的。

這讓當時的物理學家難以接受，例如薛丁格就反對這個觀點。儘管已經提出薛丁格方程式，但他不認同這種否定因果律的詮釋。於是，薛丁格做了一個思想實驗，用以闡釋哥本哈根詮釋的不合理性，就是著名的「薛丁格的貓」（Schrödinger's cat）。

薛丁格假定有一隻貓被放在盒子裡，盒子裡有裝著毒藥的瓶子，瓶子與處在疊加態的量子開關相連。現在關上盒子，規定打開盒子這個動作會對量子開關進行一次測量，測量最終會給出量子開關到底是開還是關的結論。如果是開的，瓶子便釋放毒藥，貓就死了；如果是關的，瓶子不會釋放毒藥，貓活著。

如果不打開盒子，還要描述盒子中貓的狀態，只能說這隻貓既死又活，或者說半死半活。此處就與常識相違背，現實中的貓要嘛是死，要嘛是活。即便是修辭手法中說的「半死不活」的貓，也是活的貓。這個思想實驗的結果嚴重違反常識，因此可以說是對哥本哈根詮釋的反諷。

薛丁格透過「薛丁格的貓」這個思想實驗，試圖用一個與常識相違背的描述方式闡述哥本哈根詮釋的不合理性。但轉念一想，我們之所以會有

圖 11-6　薛丁格的貓

生活常識，**本質上都是因為在對生活中的一切事物做各式各樣的感知，這種感知在物理學上的本質就是測量。**

要判斷一隻貓的死活，就必須用各種方式和貓發生耦合。例如看牠一眼，或者聽牠的叫聲。哥本哈根詮釋恰好揭示了：**量子力學中，一切皆測量，不測量就不存在描述。**我們只能用測量的結果，反向對事物進行描述。沒有測量貓時，說牠處在半死半活的狀態沒有邏輯問題，半死半活只與測量後的經驗不符，但無法證偽違背測量前可能存在的狀態的合理性。

什麼是「真隨機」？

到這裡，量子力學中的兩大陣營已經出現。一個是以波耳、海森堡師徒倆為首的哥本哈根學派主張的量子疊加態。他們主張量子系統的真隨機性，就是測量後會得到什麼結果，完全是不可預測、隨機的。

真隨機和生活中的普通隨機不一樣，例如擲骰子時每個面朝上出現的機率都是六分之一，其實是因為眼睛無法在扔出的瞬間看到骰子的速度和角度。如果有個高速攝影機，在骰子擲出的瞬間就分析出角度、速度和高度，完全可以計算且預測最後得出的數字是多少。這裡存在一個隱變量（hidden variable），就是骰子被扔出時的運動情況。只是這個情況不明顯，從肉眼看像是隨機，因此是偽隨機。哥本哈根詮釋認為量子系統中不存在這樣的隱變量，這個隨機結果是真隨機，真的無法預測。

另一派以薛丁格和愛因斯坦為首，認為量子疊加態主要是因為實驗手段和理論不夠先進。就像扔骰子，因果律其實是成立的，之所以用機率幅的形式描述量子力學，不過是因為我們還不知道量子過程中的隱變量是什麼而已。

兩派觀點在歷史上針鋒相對，僵持不下，都有各自的研究進展。就目

前的物理學研究來看，結果似乎更偏向哥本哈根詮釋這一邊。為什麼會出現這種真隨機？量子力學背後的真隨機原理是什麼？答案就是海森堡的不確定性原理（uncertainty principle）。

[第七節] 不確定性原理

什麼是不確定性原理？

如果真如哥本哈根詮釋所說，只能用疊加態的方式來描述量子力學系統，則量子系統從根本上無法精確預測。其背後的原理就是量子力學的基本原理——不確定性原理。

不確定性原理說，我們無法同時精確測量一個滿足量子力學描述的微觀粒子的位置和速度。若測得它的精確位置，就無法精確測量其速度，反之亦然。

之所以用機率幅描述量子系統，是因為量子系統具有不確定性，不可精確預測。機率幅的描述和不確定性原理可以說互為充要條件。有不確定性原理則必有機率幅描述，機率幅描述必對應不確定性原理。

為了證明這一點，不妨假設不確定性原理是錯的，我們能夠同時確定一個微觀粒子的位置和速度，你會發現機率幅函數的描述就崩潰了，為什麼？假設現在已經測量出一個微觀粒子的位置，且知道它的速度，由於位移＝速度 × 時間，因此可以精確地預言下一個時刻會出現在哪裡。如果沒有不確定性原理，粒子的軌跡能夠被唯一地確定，根本用不到機率幅。所以，如果機率幅是最根本的量子力學系統的描述方式，則必有不確定性原理之正確性。不確定性原理做為量子力學的基本原理，必然可以匯出機率幅的表述。

電子是個「小球」嗎？

即便如此，不確定性原理表達的內容仍然令人十分費解。這些微觀粒

子不就是體積很小的小球嗎？怎麼會出現位置和速度無法同時確定的情況呢？任何宏觀物體都可以同時確定其速度和位置，為什麼微觀粒子就無法確定呢？

理解這個問題的關鍵在於對微觀粒子的認知，我們認為像質子、電子這樣的微觀粒子可能就是一個小到只有千分之一奈米的小球。問題就出在這個「**是**」字上，當說出「微觀粒子就是個小球」時，我們對這個「**是**」字是沒有經過檢驗的。

透過實驗，例如將電子打在鋪滿螢光粉的牆面上，發現牆面上電子的形象就是一個很小的點，於是預設電子必然是一個小球。但將電子打在牆面上是一個測量過程，這個過程告訴我們小球的位置資訊。當測量電子的位置時，它的空間屬性是個小球。但測量速度時，我們無法確定在以一定速度運動的過程中，電子是否還是一個小球的形態。

如果拋開「電子是一個小球」的執念，就能更好地理解無法同時將兩個性質測準這件事。在宏觀世界，這樣的情況很普遍。例如體能測試裡有兩個指標是測心肺功能：一個是肺活量，另一個是激烈運動後的心率。很顯然，這兩個指標無法同時測準，肺活量必須在平靜的情況下測，激烈運動後的心率必然是在激烈運動後（例如跑兩圈後）再測量。因此，肺活量的測量和激烈運動後心率的測量不相容，你不會覺得這有什麼難以理解的。

為什麼放在電子的測量上，就會覺得兩個物理量不能同時測準如此難以理解呢？因為你已經主觀預設微觀粒子是個小球。但只要放下「微觀粒子是個小球」的執念，不預設它「是」什麼，理解不確定性原理就會變得很簡單。對於一個微觀粒子，速度和位置這兩種測量不相容，就像測量人體的肺活量和激烈運動後的心率不相容一樣。也就是說，微觀粒子不是一個小球。

不確定性原理的哲學啟示

微觀粒子到底是什麼？這是非常好的問題。首先回想一下，你如何描

述一個東西是什麼？本質上，人們描述任何物體，描述的都是這個物體的性質。物體具體是什麼，體現為它所表現的所有性質的集合。

人們會給宏觀物體取各式各樣的名字，例如一顆蘋果、一個球。但如果要解釋什麼是蘋果，什麼是球，只能把蘋果、手機的性質一條條地描述出來：蘋果吃起來酸酸甜甜；形狀是上面比較大，下面比較小；顏色是紅色、綠色等。人們將有這種共性的水果，抽象成為一個概念，叫做蘋果。說鉛球是一個球時，無非是因為形狀呈現為球形，我們命名這種形狀叫做球。之所以對球這個形狀有認知，是因為我們用視覺進行「測量」。也就是說，我們對**物體**是什麼的描述，**本質上是對它在不同測量方式下得到結果的集合的描述**。

微觀世界裡，對電子這麼小的粒子來說，人們沒有視覺這種知覺。宏觀物體有確定的顏色、形狀，能被肉眼看見，是因為它們的大小尺度比光波的波長尺度大很多，能反射光，但像電子、原子這種微觀粒子，大小比光波的波長還要小很多，無法反射光，因此無法被視覺感知。基於這種情況，我們無法用小球這種視覺概念去形容它們。為了感知微觀粒子的存在，人們只能透過各式各樣的實驗測量，透過不同實驗測量得出不同的結果。對我們來說，這些微觀粒子就是這些實驗測量結果的集合。

這裡得到啟示：量子力學中，**不能說一個物體「是」什麼，只能說這個物體或系統在某種測量下呈現出某個結果**。而且測量和測量之間，很有可能不相容，也就是說，目標對象很有可能在同一狀態下無法給出兩個性質的確定結果，這就體現為針對同一量子系統的兩種測量之間的不相容性。

不確定性原理告訴我們：由於位置和速度是不相容的測量，所以量子系統中不存在確定的微觀粒子的運動軌跡。只要認為微觀粒子的運動有軌跡，**就等於已經預設它是一個小球，從根本上違背描述量子系統的原則**。

不可對易性

透過解量子系統的薛丁格方程式，我們可以解出系統以時空座標為引數的機率幅函數，且透過波函數，可以算出量子系統的各種可測量的物理量。例如透過解原子中電子滿足的薛丁格方程式，可以天然地從電子的波函數中算出電子在原子中的能量是量子化的，但這只是數學結論，解微分方程時，會發現量子化是數學推理的必然。如果拋開數學，量子系統的這種「量子化」特性，有什麼更加本質的原因嗎？不確定性原理剛好可以描述這種量子化特性的本質。

量子力學的量子化特性，本質上是說萬物存在最小單位，甚至不同系統的很多物理量存在數值上的最小間隔，不能如一條數學曲線一樣連續發生變化，世界是用樂高積木拼出來的，不是黏土捏出來的。普朗克常數的數量級大小就表示這塊最小的「樂高積木」的尺度。

不確定性原理說的是無法同時精確測量出一個微觀粒子的速度和位置，但這種不精確的精確度到底如何呢？就算不精確，至少應當有一個數值吧？既然世界是由最小構成單位所組成，很明顯，這種對於量子系統測量的精確度，最多就是精確到最小單位本身的尺度，因為如果比最小單位的尺度還要精確，就說明最小單位依然可分割，這就不是最小單位了。因此，約化普朗克常數尺度就應當是不確定性原理所預言的最精確的精確度。不確定性原理的運算式：

$$\sigma_x \sigma_p \geq \frac{\hbar}{2}$$

這裡的 σ_x 表示測量一個粒子位置的最小誤差，即位置測量的精確度；σ_p 則是測量一個粒子動量的最小誤差，即動量的精確度。這兩個精確度相乘，必須要大於約化普朗克常數的一半。如果位置測量無比精確，誤差為零，即 $\sigma_x = 0$，為了讓這個不等式成立，則 σ_p 必須要趨近無限大，因為零乘以任何一個有限的數都是零，即一旦對位置的測量極其精確，對於正比於速度的動量的測量就必須極其不精確。不論如何改變測量方法，測量的總體誤差一定不為零，一定存在一個間隔，這個間隔就是量子化的本質。

不確定性原理描述對於粒子的位置和速度這兩個測量的「不可對易性」（non-commutability），即這兩個測量的操作不可交換。這裡的不可對易性應當理解為，先測一個微觀粒子的位置，再測它的速度，把測到的速度和位置相乘，和先測它的速度，再測它的位置，把測到的速度和位置相乘，這兩組乘積不相等。這和數學乘法交換律不同，也就是 a×b ≠ b×a。如果學過線性代數就會知道，當 a 和 b 是兩個矩陣（matrix）時，通常 a×b ≠ b×a，而在海森堡發明的、用以描述量子力學系統的矩陣力學（matrix mechanics）中，每一種針對量子力學系統的物理測量，都可以用矩陣表示，也就是說，矩陣力學的數學形式天然描述不確定性原理。

這種不可對易性，可以用來理解為什麼量子系統存在量子化，甚至可以用一個宏觀世界的案例來解釋。想像有一個球體，在球體裡建立一個三維直角座標系 x-y-z，原點處在球心，z 軸指向南北極。假設球的北極點有一個指向北的箭頭，這時考慮兩個操作，分別是讓球以 x 軸為轉軸順時針旋轉九十度，再讓球以 y 軸為轉軸逆時針旋轉九十度。這兩個旋轉操作是不可對易的，因為你會發現，北極點的指標方向在以不同順序分別進行兩種操作後是不一樣的，兩種結果之間會有一個角度差。用這個例子類比不確定性原理，恰好表徵了量子系統的量子化來源，正是這種對於量子系統測量的不可對易性。

[第八節] EPR 悖論

不確定性原理與哥本哈根詮釋

不確定性原理可以說是量子力學的根基性原理，它無法被證明，只能透過實驗歸納總結出來。承認不確定性原理，就相當於承認哥本哈根詮釋，我們可以用不確定性原理描述哥本哈根詮釋。

哥本哈根詮釋是說：**量子系統可以同時處在不同狀態的疊加，一旦測量，量子系統會隨機地坍縮成為其中一個狀態**。也就是測量前後，波函數會發生突變，而且這個過程是暫態的，沒有中間態。

海森堡的不確定性原理是說：**無法同時精確測量出一個微觀粒子的速度和位置**。或者對微觀粒子來說，速度和位置的測量不可交換，用量子力學的專業術語則是，一個滿足量子力學規律的微觀粒子，速度和位置的測量操作不可對易。此外，不光速度和位置的測量不可對易，還有很多物理量是不可對易的，例如能量和時間。

如何用不確定性原理理解哥本哈根詮釋呢？根據哥本哈根詮釋，一個粒子的狀態可以用量子疊加態表示。例如這個粒子有可能存在於若干個位置，且每個位置的機率不同，但它們的機率相加必然是一。同時，這個粒子的速度處在疊加態。以速度為參數，可以寫下它的機率幅函數。

假設我們測量一個粒子的位置，得到一個精確的位置結果。根據不確定性原理，這時它的速度必然是不確定的。根據哥本哈根詮釋，以速度為參數的波函數必然是多個速度狀態波函數的疊加，如果立刻去測量它的速度，處在疊加態的波函數會隨機地坍縮到其中一個波函數，讓我們隨機獲得一個速度。按理說，現在已經測過粒子的位置，也隨機獲得它在這一時刻的速度，是不是就能預測下一秒的位置呢？真實情況並非如此。當測量速度時，粒子的速度雖然確定了，但根據不確定性原理，它的位置又將變得極其不確定，根據哥本哈根詮釋，以位置為參數的波函數又變成若干個位置波函數的疊加態。這時再去測量粒子的位置，會隨機地給出一個位置結果，因此我們依然不知道它下一刻會出現在哪裡。分析到這，我們會發現哥本哈根詮釋和不確定性原理是等價的，能相互解釋。

愛因斯坦的思想實驗：量子糾纏

愛因斯坦認為，不確定性原理從根本上否認因果律，他不能接受這樣的哲學觀。愛因斯坦認為，量子力學的隨機不是真隨機，**一定存在隱變量**

在決定每次做測量時測得的結果。即便波函數有坍縮的過程，該過程必定是連續的。為此，愛因斯坦設計一個思想實驗，企圖證明哥本哈根詮釋和不確定性原理是錯誤的，這個思想實驗叫 EPR 悖論。EPR 分別是愛因斯坦、鮑里斯・波多爾斯基（Boris Podolsky）和納森・羅森（Nathan Rosen）三位科學家的姓氏首字母縮寫。

這個思想實驗是這樣的：想像一個只可能處在狀態 A 或狀態 B 的量子系統，根據哥本哈根詮釋，這個量子系統狀態可以寫成一定機率的 A 和一定機率的 B 的疊加，這兩個機率加起來要等於一〇〇％。當測量系統狀態時，得到的只是系統處在 A 或 B 的具體結果。同理，把兩個量子系統放在一起時，可以透過調節系統狀態，讓二者之間產生關聯。

為了便於討論，可以只看兩個相互關聯的電子，把 A 理解為電子自旋向上的狀態，B 理解為電子自旋向下的狀態，這種相關聯的狀態叫做糾纏態。有一種糾纏態可以是這樣的：兩個電子組成的系統狀態可以寫成「一定機率的兩個電子都處在狀態 A 加上一定機率的兩個電子都處在狀態 B」。現在測量其中一個電子，如果得到的結果是 A，這時甚至不用再對另一個電子做測量，就可以判斷出它處在狀態 A。反之，如果我測量其中一個系統得到 B，也可以不用測量另一個系統就知道它處在狀態 B。

至此，愛因斯坦推導出一個與狹義相對論矛盾的推論：上面提到的兩個糾纏住的系統中，這種糾纏態與兩個系統之間的物理距離沒有必然聯繫。可以讓兩個系統的距離非常遠，這時糾纏的狀態依然存在，這裡就出現悖論。

舉個例子，我和你手上各拿著一個電子，讓這兩個電子處在量子糾纏（quantum entanglement）的狀態。你拿著電子坐太空船去一光年以外，這時只要測量我手中電子的狀態，假設此時處在狀態 A，由於我們手上的電子相互糾纏，就能立刻知道你手上的電子處在狀態 A，於是你那邊的資訊就瞬間被我知道了，這是一種超距作用。但我們知道，任何資訊的傳播速度都無法超越光速，超距作用不存在，它違背了相對論。問題出在哪裡

圖 11-7　愛因斯坦和普朗克的資訊傳遞遊戲

呢？一路追溯上去，只能說**量子糾纏這種狀態不可能存在，哥本哈根詮釋是錯的，這就是 EPR 悖論**。

量子糾纏超光速嗎？

事實上，量子糾纏這種現象是存在的，甚至還能利用量子糾纏製造量子電腦（quantum computer）。愛因斯坦的悖論不僅沒有推翻哥本哈根詮釋，沒有否定不確定性原理，反而提出量子糾纏這種現象以驗證其正確性。

愛因斯坦錯在哪裡呢？難道是相對論錯了？可以存在超光速的資訊傳遞嗎？問題在於我們對資訊的認知。量子糾纏的現象似乎可以讓我們瞬間知道幾光年以外的事情，但這種「知道」不是資訊，因為它不是確定的。

什麼叫資訊？對方傳遞給你的確定內容才叫資訊。例如我們手上各拿一個糾纏在一起的電子，這時你去外星球尋找水源，我們約定如果找到了，就讓你手裡的粒子處在狀態 A，沒有找到就讓它處在狀態 B。假設你真找到水源，這時你希望讓我知道，你想讓我探測一下我手中的電子，且測得電子處在狀態 A。你能做到嗎？你做不到。雖然我們手上的粒子處在同一個狀態，但你無法控制我測量時具體得到的是狀態 A，還是狀態 B。

你可以先測量，但你無法控制測量的結果是什麼。如果你得出 A 或 B，我必然得到同樣答案。正因為無法控制結果，所以你無法「告訴」我確定的資訊。

這個測量過程中，沒有確定的資訊傳遞，因此它不違背相對論。一旦測量後，我們手上的兩個粒子就確定落入同一個狀態，它們之間從此就不存在量子糾纏。

波函數坍縮過程是連續的

經過愛因斯坦的這番論證，哥本哈根詮釋和不確定性原理反而更加牢靠。但哥本哈根詮釋關於波函數坍縮過程的描述，最近被證明不是完全正確。

二〇一九年六月，耶魯大學的實驗團隊用巧妙的實驗辦法，證明**波函數的坍縮過程不是暫態，而是有中間過程的**（即便具體坍縮到哪個波函數是隨機的）。但一旦決定好要坍縮到哪個狀態後，波函數坍縮的過程卻是連續的，確實有一個中間態存在。因此，愛因斯坦關於波函數連續性的直覺似乎是正確的。

就目前為止，量子力學的真隨機性似乎牢不可破，但從物理學的角度，應該如何理解它呢？其中，平行宇宙（parallel universe）理論是一種解釋方式。

[第九節] 平行宇宙理論

平行宇宙理論是什麼？

對於平行宇宙，相信你一定不陌生，它已經被很多科幻小說和電影反覆使用，是個非常神奇的概念。與其說平行宇宙是物理學概念，不如說更像哲學觀念。至今未被證實，且被證實的可能性似乎很低，但又確實是量子力學不確定性原理的一個合理解釋。

最早提出平行宇宙理論的人是薛丁格，他除了擁有傲人的物理學研究成果外，也是卓越的哲學家、思想家。薛丁格在一九五二年於愛爾蘭首都都柏林召開的學術研討會上，做出關於平行宇宙理論的發言。發言前，他給與會者們打了預防針，請大家做好心理準備，因為言論會讓人認為他瘋了。

平行宇宙理論是用來理解不確定性原理，也可以說是用來解釋哥本哈根詮釋。

哥本哈根詮釋是說，一個系統在測量前處在多個狀態的疊加態，一旦測量，只能隨機地獲得其中一個狀態。

平行宇宙理論這樣解釋波函數的坍縮：不是因為我們只能隨機地獲得其中一個狀態，也不是因為波函數有坍縮的特性，而是測量後，所有可能的結果都同時產生了，這些不同結果對應於多個不同的平行宇宙。

舉個例子，你正在參加大學入學考試，遇到一道不確定的選擇題。如果答對了，分數剛好可以過第一志願的合格標準。但如果答錯，最後的分數就只能上第二志願。你實在沒有把握，於是拿出一個量子系統且按下開關，對這個量子系統做測量。這個量子系統有四個可能狀態，對應於 A、

圖 11-8　平行宇宙幻想

B、C、D 四個選項。根據哥本哈根詮釋，你最終會隨機獲得四個答案中的一個，其中只有一個答案是正確的。平行宇宙對這個過程的解釋是：不是你註定上第一志願或第二志願，而是你做出選擇的一瞬間，四個平行宇宙就產生了。四個平行宇宙中，只有一個平行宇宙中的你選中正確答案上第一志願，其餘三個平行宇宙中的你都去第二志願。

這就是平行宇宙對哥本哈根詮釋的解釋，平行宇宙理論認為：**不存在隨機的選擇，所有的可能性都以新的平行宇宙的形式產生**。只不過做為人類，我們的精神只能與其中一個結果耦合，因此在我們看來是隨機地獲得一個測量結果。

第五維度

平行宇宙理論打開新的時空維度，叫可能性的維度，也被認為是第五維度。

人的感知存在於四維時空中，應該如何理解第五維度呢？可以把人的一生，或者宇宙的一生，從出生到死亡當作一條線。這是一條四維的時間線，其中的每一個點都有四個座標，就是一維的時間座標和三維的空間座標。

我們可以透過類比，從幾何學的角度定義從一維展開到二維是怎麼做到的。在紙上畫一條線，它定義了一維；如果要定義二維，方法是讓這條一維的線分叉為兩條線，這兩條線在一起，就定義了二維的平面。定義五維也是一樣的，一個宇宙的誕生到滅亡是一條完整的時間線，只要讓這條時間線分叉，它就從四維升高到五維。對於人類這種四維生物來說，第五維度就是每做一次量子系統的測量分出來的不同時間線，它是可能性的維度。

宇宙發展到今天，量子過程不計其數，每一次的測量都對應於新的平行宇宙。這些平行宇宙在相近的時間尺度上是接近的，但隨著時間推移，宇宙和宇宙之間的差異愈來愈大，就好像一棵樹的樹枝，在生長過程中不

斷地分叉，於是存在無限個你，生活在無限個平行宇宙中。這無限個你，人生軌跡可能完全不同，有不同的職業、不同的性格等。

平行宇宙理論目前還無法用實驗證明，雖然有這方面的研究，但不是主流的研究方向，更像對哥本哈根詮釋和不確定性原理的哲學解釋。

至此，我們已經從一般意義上回答事物的基本構成：萬事萬物由原子構成。道爾頓和布朗運動證明原子的存在；透過湯姆森，知道原子依然有內部結構，裡面有電子；透過拉塞福散射實驗，知道原子由原子核和電子構成，電子帶負電，原子核帶正電。一個原子裡，負電的數量（電子個數）等於原子核帶正電的質子數。

我們知道在原子內部，電子圍繞原子核的運動沒有明確軌跡，它的規律由機率幅描述。電子圍繞原子核的運動滿足薛丁格方程式，透過薛丁格方程式，能夠解出電子的能量，得到電子波函數的數學形式。結合電子軌道的能階，以及包立不相容原理，能夠理解電子在原子內如何進行排布，原子的化學性質就由電子的排布結構決定。

由量子系統的波函數表述，可以總結出量子力學最基本的原理 —— 不確定性原理。不確定性原理和哥本哈根詮釋等價，一個量子系統可以同時處在不同狀態的疊加，一旦測量，量子系統隨機地坍縮到其中一個狀態。

這樣一來，我們對原子的理解已經可以說是比較透徹了。這時就要追問，原子核有什麼性質？有沒有更基本的結構？既然不同的原子之間性質不一樣是因為原子核可以帶不同量的電荷，且不同的原子裡面的電子數不一樣，那麼原子核是否應該也有內部結構？原子核裡有什麼？原子核內部的物質，它們的運動規律是什麼樣的？我們要把研究極小的眼光，再縮小一層，把顯微鏡對準原子核內部，這就自然而然地引出一個新的物理學分支 —— 核子物理學。

第十二章

核子物理學

[第一節] 原子核的內部構成

核子物理學是做什麼的？

核子物理學的研究對象是原子核，與原子物理學嚴格區分，原子物理學將原子做為研究對象，核心目標是研究清楚原子內部電子和原子核的關係，主要是原子中的電子排布結構。電子的性質非常清晰，就是帶有一個單位負電荷粒子，它的質量非常小，只有氫原子核質量的一千八百分之一。如果用公斤表示它的質量，大小為 9.1×10^{-31} kg，電子的自旋是二分之一的約化普朗克常數。一個原子中負電荷的數量，就體現為一個原子中有多少個電子。

反觀原子核的性質就沒那麼簡單，首先，原子核帶正電荷，電荷數等於原子的電子數。此外，不同原子核的大小、自旋和質量都有差異。由此可見，原子核的結構比電子複雜許多，**核子物理學就是研究原子核子物理性質的學科。**

原子核是否可以被拆分成更小的基本組成部分呢？如果可以，原子核由哪幾種基本粒子組成？這幾種粒子的性質又是怎樣的？它們如何在原子核那麼小的空間內相互作用？這些都是核子物理學要討論的問題。中學學過：原子核是由質子和中子所構成，看似簡單的一句話，背後的發現過程卻不簡單。

三種輻射

原子核有複雜的內部結構這一點，科學家們在二十世紀初透過對放射性物質的實驗研究就有一定認識了。

放射性（radioactivity）是指在一定情況下，原子核會釋放出一些物質。後來才知道這就是輻射的過程。輻射主要有三種：α 輻射、β 輻射和γ 輻射。

α 輻射輻射出的物質是氦原子的原子核，氦原子的原子核帶有兩個正電荷，包含兩個質子和兩個中子；β 輻射輻射出的物質是電子，大量電子形成電子束；γ 輻射輻射出的是頻率超高的電磁波，能量要比 X 射線高上百倍。

我們說的核汙染，指的主要就是這三種輻射汙染。這三種輻射能量高，對有機結構的損害非常大。可以打斷生物細胞中的蛋白質結構，甚至破壞 DNA 鏈，從而導致基因變異。有些原子核在一定條件下可以釋放出這些輻射，愈來愈多放射性元素被發現，說明原子核的內部結構相當複雜。

質子的發現

人們最初還沒有發現原子核的存在，只是根據實驗知道氫原子是最輕的原子。根據實驗，可以測得所有種類的原子質量幾乎都是氫原子質量的整數倍，因此，當時的主流意見認為：所有原子只不過是不同數量的氫原子組成。直到拉塞福透過散射實驗證明原子核的存在，且根據湯姆森對電子的發現，我們知道電子的質量與原子核相比是微不足道的。所以更合理的說法應該是：所有不同種類的原子，其原子核的質量是氫原子核質量的整數倍。

到了二十世紀二〇年代，拉塞福又發現 α 粒子（即氦核）與氮（nitrogen）原子會發生劇烈反應產生氧原子，同時生成一個帶正電，且質量和氫原子幾乎一樣的粒子，這就是質子被發現的過程。也就是說，氫原子的原子核其實就是一個質子，這種產生反應前沒有的元素的反應屬於

核反應。原子呈電中性，不同原子的原子核所帶的正電荷的數量等於其所含電子數。由此可以推論不同原子核帶的正電荷不同，質子數也不同。

質子這個名字是拉塞福取的，他從希臘語中挑一個詞根，叫 protos，意思是原初的、第一的，proton 直譯也有第一粒子的含義。粒子的英文命名規律通常是選擇一個含義，加上尾碼 on 以表示某種粒子。

但事情沒有那麼簡單，既然氫原子核就是一個質子，帶有兩個正電荷的氦原子的原子核是不是就有兩個質子呢？如果真的是這樣，氦原子核的質量應當是氫原子核質量的兩倍。但事實並非如此：氦原子核的質量是氫原子核的四倍；碳原子核帶六個正電荷，它的質量是氫原子核的十二倍；氧原子核帶八個正電荷，質量卻是氫原子核的十六倍。

重一點的原子核的質量不會隨著它們的電量等倍增長，而幾乎是以二倍的關係增長。也就是說，原子核當中似乎不僅有質子那麼簡單，還有其他的東西存在。

當時比較主流的觀點認為：原子核中，除了質子以外還有電子。例如氦原子核，包含四個質子和兩個電子。其中，兩個電子的負電荷剛好抵銷兩個質子的正電荷，餘下的兩個質子的正電荷使得原子核做為一個整體是帶正電荷的。但為什麼只有兩個電子可以進入原子核，然而原子核外面的電子卻不進入原子核呢？這個問題直到發現中子後才被解決。

同位素

中子的發現沒有那麼容易，為什麼呢？因為我們很難直接探測到中子。要探測到一個微觀粒子，本質上是要讓這個微觀粒子和實驗測量儀器發生相互作用。而這種相互作用中，早期能用的幾乎只有電磁交互作用。

電磁交互作用就是靠電磁場影響帶電粒子，一旦這個粒子不帶電，就無法用電磁場捕捉到它。帶電粒子比較好處理，因為一旦運動起來，它在磁場裡會受到勞侖茲力的作用做圓周運動。我們可以用類似螢光粉的東西讓帶電粒子打上去發光，電子就是這麼被找到的。

中子非常小，和質子差不多大，質量比質子稍大一些，且不帶電，因此要直接探測到中子非常困難。最初人們甚至意識不到中子的存在，認為原子核的質量過大是因為裡面有電子中和一部分質子的正電荷。

但放射性同位素（radioactive isotope）的發現，讓我們意識到原子核裡有些不一樣的東西。二十世紀二〇年代，科學家們發現很多放射性元素，約有幾十種，原子質量各不相同，神奇的是可以分類，每一類當中的若干種放射性元素的化學性質完全相同，但質量不同。

元素週期表是按照化學性質的不同進行排布，既然有多種放射性元素都有相同的化學性質，它們在元素週期表上的位置應該是同一個。就是元素週期表上每個位置總有一個元素最穩定，其他與之化學性質相同，但放射性、質量不同的元素，稱為它的同位素。例如正常情況下，碳的相對原子質量（相對原子質量是原子質量與一個氫原子質量的比值）是 12，但也有碳的相對原子量是 14。碳 -14 的化學性質和碳 -12 完全一樣，但碳 -14 有放射性，碳 -12 沒有，它們兩個互為同位素。

根據現有的知識，既然化學性質相同，它們的原子核的帶電量應該相等。為什麼呢？因為一種元素的化學性質完全由原子內部的電子排布規律決定。所有化學反應都是電子層的相互融合，不涉及原子核，否則就是核反應了。所以化學性質相同，意味著電子排布結構、原子核所帶正電荷數相同。但同位素的原子核的質量不一樣，這就說明不同同位素的原子核，除了正電荷數相同之外，還有一些不同。

中子的發現

知道同位素的概念，原子核裡有質子以外的其他東西，這個暗示可以說相當明晰。

一九三〇年，英國科學家詹姆斯・查兌克爵士（Sir James Chadwick）發現了中子。怎麼發現的呢？原子核裡除了質子以外，還有一些東西。像氦核只帶兩個正電荷，但原子量是四。多出來的質子以外的東西很明顯是

不帶電的，它們就是查兌克發現的中子。

　　既然中子無法用電磁場測得，發現它們比較可靠的辦法就是碰撞。最早有一批德國科學家發現，如果讓釙（polonium）元素釋放出的高能量 α 粒子打在比較輕的原子，例如鈹（beryllium）原子上，就會產生一種新的輻射。釙是由居禮夫婦於一八九八年發現的超高放射性元素，放射性比鈾高許多倍。這種輻射物質不帶電，於是當時科學家們覺得它可能是高能量的 γ 射線。再用這種輻射物撞擊一種石蠟，就會撞擊出一系列的質子。查兌克設計一系列的實驗，證明這種從鈹元素裡反應出來的射線雖然不帶電，但絕非 γ 射線，因為 γ 射線畢竟沒有那麼大的動質量。

　　查兌克研究石蠟裡面被撞出來的質子的速度等情況，從而得出鈹元素裡輻射出來的不是 γ 射線，是一種不帶電、質量比質子稍微重一點的新粒子，命名為中子。neutral 在英語是中性的意思，後面加上 on，表示它是一個粒子。

　　既然發現了中子，之前的問題就迎刃而解：為什麼原子核的質量過大？因為裡面還有中子。因此，二十世紀三〇年代，原子核裡的成分基本就清楚了：由質子和中子構成，正電荷數等於質子數。根據一系列的實驗和計算可知，基本上原子質量愈大的元素，中子數愈多。

[第二節] 原子核如何保持穩定？

　　　　原子核由質子和中子構成，它們的質量幾乎相同。中子比質子略重一點，質子帶一個單位的正電，中子不帶電。既然知道成分，接下來還要知道它們之間如何相互作用。

質子為什麼會待在原子核裡？

　　原子核很小，只占整個原子體積的幾千億分之一。換句話說，原子裡基本都是空的。儘管原子核很小，但裡面還可以容納多個質子和中子。這

些質子和中子非常小，且它們之間的距離非常近。這立刻出現一個巨大問題：質子都帶正電，但電荷之間的關係是同性相斥。氫原子還好，裡面就一個質子，但其他元素的原子核裡質子都不只一個。質子和質子之間，應該有強到難以置信的排斥力。但事實上它們沒有因而分崩離析，就一定存在一個吸引力能夠把質子綁在一起。這個力應該比電磁力還要強很多，否則原子核的結構不會那麼穩固。如果這個吸引力大小只是和電磁力差不多，剛好能把質子綁在原子核裡，那麼原子核應該隨隨便便做個實驗就能被砸開。

這樣一想，你就會明白為什麼原子核裡需要有中子的存在。如果原子核裡都是質子，什麼東西能提供強吸引力把質子綁在一塊呢？透過研究發現：隨著原子核中質子數增多，中子數一定也會增多，且中子數會逐漸超過質子數。應該怎麼理解呢？可以做一個簡單推理：當有兩個質子時，需要什麼東西把它們綁住？例如我需要一根彈簧連接兩個質子，可以把這根彈簧想像成中子，就是兩個質子和一個中子應該可以形成一種原子核。事實證明存在一種叫氦 -3 的元素，這種元素在月球上很多，是完美的核反應材料。如果質子變成三個，三個質子間兩兩存在相互作用，為平衡這三組排斥作用就需要三個中子充當彈簧。這就是鋰（Lithium）的同位素鋰 -6，它有三個質子和三個中子，是鋰電池的原料。隨著質子數增多，質子之間透過中子兩兩相互作用的數量就會超過質子的數量。

因此可以預見：隨著質子數增多，愈重的元素，中子數會愈多地超過質子數。尤其是放射性元素，它們的中子數比質子數多出很多。例如第九十二號元素鈾，只有九十二個質子，但中子數可以達到一百四十三至一百四十六個。多個質子在超強的電磁斥力下仍然在原子核裡保持穩定，一定是有什麼東西提供比電磁力強很多的力。根據前面的分析，中子似乎就能做到這件事。

強交互作用（強力）

因為中子不帶電，完全是中性，所以中子提供吸引力這個推論仍然無法令人滿意。到底是什東西或什麼機制產生這種引力呢？這也是日本物理學家湯川秀樹思考的問題。

一九三四年，湯川秀樹發表一篇論文。他認為原子核之所以不會在質子排斥力的作用下分崩離析，依靠的是一種新的力。湯川將這種力命名為強力（又稱強交互作用），它的強度要比電磁力強一百多倍，可以輕鬆地把質子鎖在一起。但我們在宏觀世界中感受不到這種強交互作用，只能感受到萬有引力和電磁力。既然強交互作用那麼強，為什麼在宏觀世界中感受不到呢？湯川認為：雖然強交互作用的強度很強，但作用距離非常短，有效作用距離幾乎就在原子核的範圍之內。就像一個拳擊手的拳頭非常有力量，但他能攻擊的範圍受制於手臂的長短。電磁力和引力的大小與距離的平方成反比，這樣的力可以作用到無窮遠處，但強交互作用的作用力範圍極小。湯川給出強交互作用大小隨距離變化的公式 —— 湯川勢（Yukawa potential）。這個公式其實就是在電位能形式的基礎上，再乘以一個衰減函數，它描述強交互作用對應的位能隨距離變化的規律。

$$V(r) = \frac{e^{-\alpha m r}}{r}$$

根據這個公式，我們能發現：當力的作用距離超出原子核的範圍時，這個力就衰減殆盡。所以一旦質子被撞出原子核，幾乎無法被強力拽回去。

根據湯川秀樹給出的公式，可以計算出這個力對應的位能。就像在前面把中子比做彈簧，既然是彈簧，就有彈性位能，中子也會提供位能，湯川算出來的這個位能叫湯川勢。湯川秀樹因為這個成果，獲得一九四九年的諾貝爾物理學獎。

湯川秀樹：介子

力有了，是什麼東西提供力呢？答案不是中子，畢竟它是一種中性粒子。於是湯川秀樹預言：應當存在一種新的粒子提供強交互作用。這個猜測其實很符合邏輯，電磁力其實就是帶電粒子間的交互作用力，強交互作用當然可以有自己對應的粒子。

對應於強交互作用的粒子叫介子（meson），質子的質量約是電子的一千八百倍，而經過湯川的計算，介子的質量約為質子的六分之一。如果把質子、中子和電子統一做歸類，電子這類質量的粒子叫輕子（lepton）；質子、中子這類質量的粒子叫重子（baryon）；介子是質量介於二者之間的粒子，所以被稱為介子。

介子被認為是攜帶強交互作用的粒子，充當中子和質子之間的黏著劑，讓原子核的結構穩定。但為什麼科學家們早年在實驗室裡只發現質子和中子，沒有直接發現介子呢？因為介子的壽命太短暫（通常幾奈秒，甚至幾奈秒的十億分之一左右），不能夠長時間獨立存在，很快就會衰變成其他粒子，這個時間尺度以當時的實驗水準測量不出來。後來隨著實驗技術進步，介子被順利找到。介子的種類並非只有一種，有的帶電，有的不帶電。

有了對介子和強交互作用的認知，我們就理解原子核的結構是如何形成的。它由質子和中子組成，其中介子提供強交互作用，把質子和中子連接在一起。質子之間透過中子的連接，間接地結合在一起，形成原子核。

[第三節] 原子核的特性

了解原子核的構造後，接下來，我們要了解原子核有什麼獨特的性質，以及能用什麼辦法研究這些性質。

與化學反應類比

先來看看什麼是化學反應。

化學反應本質上是不同元素原子之間的反應，中學學過的定義是：凡是產生新物質的反應都是化學反應。例如碳和氧反應，生成新的物質二氧化碳，這就是化學反應。

化學反應除了要產生新物質外，還有一個條件，就是不能產生新的元素。還是以碳和氧的反應舉例：碳和氧反應前後，只有碳元素和氧元素，沒有其他元素。也就是說，化學對於原子的研究，不會進入原子核層面。

所有在化學層面上產生新物質的反應，其本質是不同原子的電子之間的作用。如碳和氧結合，是因為碳原子和氧原子中的外層電子互相滲透到對方的電子層結構裡，形成在化學上叫做共價鍵的東西。當我們研究單個碳原子和單個氧原子時，要理解其中電子的運動規律，只需要對一個原子核解薛丁格方程式。但碳氧結合後，它們共有的電子則要同時對碳原子核和氧原子核解薛丁格方程式。解出來的這個雙核系統的某些波函數，在化學上我們給它一個統一的稱謂——共價鍵。所以當我們說到某種元素的化學性質時，完全就是在討論其原子中電子的排布規律，甚至只是最外層電子的排布規律。

類比於化學反應，核反應就是原子核之間的反應。核反應可以產生新物質，但這裡的新物質是指產生反應前不存在的新的元素。例如氫的同位素氘（deuterium）和氚（tritium），氫原子核只有一個質子，沒有中子；氘原子核有一個質子，一個中子；氚原子核有一個質子，兩個中子。氘和氚可以結合成為一個氦原子並放出一個中子，這就是一種叫核融合的核反應。由於原子核的結構比原子的結構要穩定得多，且小很多，因此要發生核反應通常需要比較高的能量。

由此可見，點石成金這件事情在核反應的層面不是不可能，我們要做的就是想辦法把矽元素的原子核改造成金元素的原子核就可以了。但在十七世紀，煉金術做不到點石成金，因為這充其量是化學反應，還達不到核

反應的等級。

α 衰變

前面提過三種輻射：α 輻射、β 輻射和 γ 輻射，都屬於核反應。

α 輻射是從原子核中輻射出 α 粒子，就是氦核的核反應，會輻射出帶兩個正電的氦原子的原子核。背後的原因很簡單，就是之前講過的量子穿隧效應。首先，要知道 α 粒子非常穩定，原子核裡的結構不是每個質子和每個中子之間以同樣的強度連接在一起，而是以 α 粒子的雙質子加上雙中子構成一個局部最穩定的子單位，這些子單位再相互連接在一起。子單位之間的連接，沒有子單位內的連接強，所以可以把 α 粒子單位當成一個整體做為研究對象。

根據前面的分析，雖然質子之間存在排斥力，但被強交互作用限制住了。例如這個過程就好像 α 粒子在一個坑裡想跳出去，當然這個「坑」在物理上其實是能量的位能井（potential well）。α 粒子受到電磁力讓它有跳出去的趨勢，但無奈強交互作用太強，就好像這個坑很深，電磁力做為 α 粒子的彈跳力，無法克服強交互作用的限制使 α 粒子跳出這個坑。但根據量子力學可以知道，即便面對跳不出去的深坑，粒子在量子系統中也有一定的機率可以跳出去，這就是量子穿隧效應。只不過坑愈淺，發生量子穿隧效應的機率愈大。

α 輻射在較重的原子中慣常發生，比較重的原子，強交互作用給它做成的坑反而比較淺。可以這樣理解：因為強交互作用是個作用範圍很小的力，因此愈重的原子核，大小愈大，強力能夠束縛住它的範圍有限，所以強交互作用的束縛效果愈差。相反，電磁力是個長程力，不管原子核的大小，電磁力的排斥效果都差不多。

綜上所述，當原子核愈重、愈大時，強交互作用給 α 粒子單位塑造的坑愈淺，愈容易發生量子穿隧效應。這就不難理解為什麼天然元素重到一定程度（現階段發現到第九十二號的鈾元素），再往上就沒有了。就是因

為太重之後，強交互作用對粒子的約束力太弱，束縛不住 α 粒子單位。這樣的話，自然就無法保持極重狀態的原子核結構，這就是 α 輻射的基本原理。發生 α 輻射的原子的質子數會減少兩個，質量數會減少四個單位。可想而知，發生 α 輻射的元素就變成其他元素。當然，人造元素可以到第一百一十八號，也就是一百一十八個質子。

β 衰變：弱交互作用

比 α 輻射更加神奇的是 β 輻射，它的核反應過程叫 β 衰變（β decay）。β 輻射有兩種，分別是放出電子和正電子的輻射。β 輻射的本質是可以讓中子和質子之間互相轉化。例如中子發生 β 衰變放出一個電子、一個反微中子和一個質子，這是標準的 β 輻射。反 β 衰變則是質子放出一個帶正電的正電子、一個微中子和一個中子，但反 β 衰變難以自發發生。

β 衰變的物理原理和 α 衰變截然不同：α 衰變是強交互作用和電磁力相互博弈的結果；β 衰變的發生則是因為一種不同的力，叫弱交互作用（weak interaction，又稱弱力）。弱交互作用是一種非常弱的力，雖然比引力強一點，但強度遠不及強交互作用和電磁力。因此，弱交互作用無法與強交互作用和電磁力抗衡。弱交互作用的作用範圍比強交互作用小，基本就在單個質子和中子以內。

講到這裡，我們還無法說清楚弱交互作用的本質是什麼，必須在第十三章「粒子物理學」中講到夸克模型（quark model）時，才能徹底地解釋弱交互作用，概念最早是由費米提出。

γ 輻射

γ 輻射的機制比 α 和 β 輻射更容易解釋，γ 輻射是原子核裡的質子和中子能量狀態發生改變時發出的光子。由於原子核中各個核子所處的能量狀態很高，對應的能量狀態發生改變的差值就非常大，根據能量守恆，其所發出的電磁波的能量就很高，因此光子頻率極高，成為 γ 射線。γ 輻

射的過程不涉及原子核中質子數和中子數的變化，α 輻射和 β 輻射的過程中，反應後通常伴隨著核子能量狀態的變化，這種能量狀態的變化往往伴隨著 γ 輻射的產生。

總體來說，核反應的過程中，原子核中的質子數、中子數發生變化，可能中子和質子之間發生轉變。無論是哪種變化，都會改變元素的種類。質子數的改變，會讓一種元素變成另一種元素，中子數的改變會產生同位素。除此之外，還有各式各樣的微觀粒子產生，如微中子、反微中子等。這些核反應往往伴隨著 α、β、γ 三種輻射。當我們研究一個反應時，其實是一個黑箱。研究黑箱系統的主要方法是先透過對系統進行輸入，然後看相應的輸出是什麼，這三種輻射就是原子核這個黑箱的輸出訊號。當然，輻射不是只有三種，還有中子輻射等。

我們用微觀粒子轟擊原子核或核反應爐，這些手段都是對原子核進行訊號輸入。輸入後，看原子核在不同情況下會輸出什麼。例如輻射的能量、劑量，甚至空間角度，都可以提供更多關於原子核的資訊。因此，對於衰變和核輻射現象的研究，是了解原子核性質的核心手段。

[第四節] 核分裂

原子能的發現和利用可以說是二十世紀最重要的科技大飛躍之一，其中原子彈的發明雖然不能說是件好事，但客觀上確實讓第二次世界大戰提前結束。此外，核電廠的發明為人類提供一種全新、高效的能源獲取的方式，但隱患也不小。例如一九八六年蘇聯車諾比（Chernobyl）核電廠爆炸，以及二〇一一年日本福島（Fukushima）第一核電廠的核洩漏事件，都是人類歷史上的重大意外災害。

原子彈和核電廠釋放能量的方式都來自同一種核反應——核分裂。

核分裂

核分裂的發現其實是個偶然。

二十世紀三〇年代，幾位德國科學家試圖透過實驗來人工合成各種元素，可以說是新時代的煉金術。原子核無非是由不同數量的質子和中子所構成，原則上只要在原子核裡加入新的質子和中子，就能不斷造出新的元素。這個過程本來很順利，但進行到第九十二號元素鈾時，科學家們發現無論如何都加不進新的質子和中子且產生新元素。與此同時，一種新的核反應「核分裂」被發現了。因為德國科學家們發現，之所以到鈾就無法再透過轟擊原子核的方法使得更重的元素產生，是因為鈾元素發生核分裂，分裂成原子質量更小的元素。顧名思義，核分裂就是讓原子核分裂的核反應。用中子轟擊鈾元素的原子核會產生幾種分裂方式，常見的是分裂成鋇（barium）和氪（krpton），並釋放出三個中子，同時在分裂的過程中釋放能量。這些能量是哪裡來的呢？有兩種解釋，它們是等價的。

一、這些能量是原子核的質子和中子之間結合能的釋放。原子核的結合力是強相交作用，這種力十分強大。介子提供的強交互作用像一根彈簧，把質子和中子連在一起。由於強交互作用非常強，可以想像這根彈簧應該非常緊。被充分壓縮的彈簧裡面儲藏著彈性位能，原子核間靠強力連接的這根「彈簧」儲存的能量，就是原子核內的結合能，這種結合能就是核能的來源。分裂的過程本質上是讓重的原子分裂成輕的原子，這個過程可以理解為很多「強力彈簧」裡蘊藏的巨大能量被釋放出來。

二、基於愛因斯坦的狹義相對論。反應後物質的質量相較於反應前有所虧損，這部分虧損轉化成能量。由於 $E = mc^2$，只要虧損一點質量就有巨大的能量轉化。

連鎖反應

核分裂是攫取原子核能量的方式，但要製造一顆原子彈還需要其他條

件，就是連鎖反應（chain reaction）。當分裂發生時，重原子除了在中子的轟擊下會分裂成若干個輕原子並釋放出能量以外，還會放出新的中子。這些新的中子再去轟擊周圍的重原子，然後發生新的核分裂，新的核分裂又會放出新的中子，新的中子會繼續轟擊新的重原子。就像多米諾骨牌一樣，一路反應下去。這種反應模式像一根鏈條一環環相互連接，所以又稱鏈式反應。只有發生鏈式，核分裂才能從整體上釋放巨大的能量。

鈾元素能用來製造原子彈，就是因為鈾的同位素鈾 -235（鈾元素裡中子數為 143 的放射性同位素）能夠釋放擁有足夠能量的中子，開啟鏈式反應。正常的鈾元素 —— 鈾 -238，釋放的中子能量不夠高，即便打到其他鈾原子上，從機率上也無法進行整體的下一輪核分裂，所以原子彈的反應材料通常是鈾 -235。

臨界質量

有了核分裂和鏈式反應，理論上原子彈就能爆炸了。但實操層面上還需要達到一個條件 —— 臨界質量。因為存在反應機率的問題，一個鈾 -235 原子分裂放出的中子未必全都能打到鈾原子上，取決於它周圍的鈾原子是不是夠多。因此要完成完整的爆炸過程，必須要有夠多的鈾，這就是臨界質量。

原子彈的爆炸原理其實相對簡單：在原子彈中放置若干塊質量未達到臨界質量的鈾 -235，爆炸點火的過程就是把這些未達到臨界質量的鈾合併在一起。一旦達到臨界質量，原子彈就被引爆了。

中子減速劑

實際操作上，我們還可以透過技術手段增加中子與鈾原子的反應機率，這就是中子減速劑（neutron moderator）的功效。通常來說，核分裂產生的中子速度極快。儘管速度快是好事，能量夠高的中子才能夠把原子核打破誘發新的核分裂，但與此同時也存在一個問題：速度愈快愈難捕

圖 12-1　原子彈爆炸

捉，會降低中子擊中鈾原子的機率，因此需要減速劑。

　　減速劑通常是石墨和重水，重水（D_2O）就是把水分子裡的氫元素換成它的同位素氘，氘有一個質子和一個中子。這些物質放在鈾裡面，就可以充當中子的減速劑。減速劑的效果是讓反應的中子速度減慢，從而增加擊中率，但同時不會把中子的速度降到使分裂能夠發生的速度以下。

　　核分裂釋放的能量巨大，但對環境造成的汙染很嚴重。例如被原子彈汙染過的地區，輻射造成的影響百餘年都難以消散。核融合是一種更加清潔的核能，且釋放能量的效率更高。

[第五節] 核融合

　　〈極大篇〉第五章「宇宙裡有什麼」中說過：恆星之所以能發光發熱，靠的是核融合，核融合同時也是氫彈爆炸的原理。

核融合

　　核融合就是由原子質量比較小的元素融合成原子質量相對比較大的元素，且釋放出大量能量的核反應過程。例如氫彈的原理就是氘和氚發生融合生成氦，並放出一個中子，同時釋放出巨大能量。

　　核融合之所以能產生能量本質是因為結合能，可以用前面解釋核分裂產生能量的兩種觀點來理解這個原理。

一、氦的結合方式，其中質子和中子結合的能量比一個氕加一個氘的結合能低。根據能量守恆，氕和氘結合成氦時，有一部分能量就被釋放出來。由於原子核的交互作用力是強交互作用，強交互作用做為自然界已知強度最強的力，以其為主導的結合能被釋放出來時，產生的能量是巨大的。

二、由於反應後相較於反應前有質量虧損，它要轉化成能量。愛因斯坦的質能守恆告訴我們，質量轉化成能量要乘以光速的平方，這個數值也是巨大的。

點火溫度

實際操作中要讓核融合發生，氘和氚必須以非常高的能量相碰撞。這是因為強交互作用的強度太強了，要打開它們的核結構並形成新的結構，必須要有十分強勁的碰撞才可以做到。

核反應發生要求的環境溫度必須非常高。溫度的高低本質上表徵的是微觀粒子運動動能的大小，溫度愈高，意味著這些粒子的運動速度愈快。所以從機率上看，高溫下粒子發生核融合反應的機率會增大，從而形成大規模的融合反應。核融合不需要鏈式反應那樣的多米諾骨牌效應，需要的就是夠高的溫度以保證反應的進行。

製作一顆氫彈的原料非常容易取得，氘和氚在海水中就大量存在。因此想要讓氫彈爆炸，只要製造夠高的溫度就可以，這個溫度約攝氏一億度。如何獲取這麼高的溫度呢？原子彈爆炸的中心溫度就可以達到一億度。所以，氫彈的結構不複雜，就是把原子彈安置在氘和氚的周邊，原子彈先爆炸產生夠高的中心溫度，自然就會產生核融合，從而引爆氫彈。

為什麼會有融合和分裂？

為什麼會有核融合和核分裂這兩種核反應呢？核融合是輕的元素結合變重，核分裂則是重的元素分裂變輕。之所以會發生這些反應，最核心的

原因就是最小能量原理。

　　任何一個反應會發生，必然是因為反應後相對於反應前的能量更低，更低的能量更穩定。透過觀察可以發現：輕的元素想變重，重的元素想變輕。這隱約告訴我們：質量處在不輕不重的中間態時，應該是最穩定的。元素週期表的中段，存在一種最穩定的元素 —— 鐵，它的原子核的單位質量對應的能量最低。所以，其他元素原則上都可以透過分裂或融合的方式變成鐵元素。

可控核融合

　　科學家一直致力於用最好的方式來獲得最多的能量，相比於核分裂，核融合是更加理想的獲得能量的方式。

　　首先，氫彈比原子彈的能量大很多。這是因為同等能量的釋放，核融合需要的反應物從質量上來看更少，而且核融合的反應材料很容易取得（核融合從海水中就可以大量提取），而核分裂的材料則難以獲取，要嘛是人工合成鈽 -239，要嘛是提煉鈾 -235（自然界廣泛含有的鈾元素是鈾 -238，它難以開啟鏈式反應，鈾 -235 做為鈾 -238 的同位素，在鈾礦中的含量極少，不到一％）。

　　其次，分裂反應後產生的環境汙染比核融合要嚴重得多。融合的反應物中有輻射危害的不過是中子，中子的半衰期（half-life，一半的粒子發生衰變所需要的時間）是半個小時左右，比較容易消散。

　　如果能人工控制核融合，我們幾乎可以獲得取之不盡、用之不竭的清潔能源。可控核融合就是透過人工控制，使核融合穩定地釋放能量，而不是以原子彈點火的方式爆炸。目標可以說是人造太陽，以此獲得巨大的能源。

　　實現可控核融合的難度非常高，要產生核融合需要攝氏一億度的高溫，目前除了原子彈爆炸可以提供如此高的溫度外，還有一種辦法，就是雷射。但要把一億度的反應物用容器裝載十分困難，即便我們能把反應物

加熱到一億度，也沒有任何材料可以承受這麼高的溫度。

現在基本都是用磁約束技術來裝載如此高溫的物質，高溫的反應物處於等離子狀態，就是原子裡的電子都被拔出來了，所以是帶電的。既然帶電，它們只要運動起來就會受到磁場的作用。

可控核融合用的是一種叫托克馬克（Tokamak）的實驗裝置，形狀像甜甜圈，反應物都在「甜甜圈」裡旋轉。管道裡有超強且大致垂直於「甜甜圈」平面的磁場，帶電的反應物在勞侖茲力的作用下轉圈，因此可以被約束，不與其他物體產生實質接觸。但即便如此，要保持高溫點火十分困難，因為雷射要聚焦在反應物上，而反應物處在高速旋轉中，難以維持長時間的高溫狀態。可控核融合已經是被研究幾十年的老課題，至今還沒有明顯的進展。

不論是恆星中的核融合、氫彈爆炸的核融合，還是托克馬克裝置中的核融合，都是熱核融合，透過高溫使反應粒子的速度夠快，從而達到核融合的臨界點。但核融合發生的核心是要粒子運動速度夠快，高溫不過是使粒子運動速度夠快的手段。原則上，只要能夠使粒子運動速度夠快，就可以發生核融合，因此還有另外一種人工核融合的思想叫「冷核融合」，顧名思義，就是不借助高溫，依然可以使粒子加速到臨界點，例如使用粒子加速器。冷核融合不是主流的可控核融合的方案，甚至大部分科學家認為它從操作層面上不可行。值得一提的是，很多科幻作品中，冷核融合是一種常見技術，例如漫威的《鋼鐵人》系列，鋼鐵人胸口的方舟核反應爐應

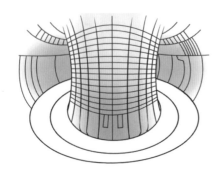

圖 12-2　托克馬克實驗裝置

當就是一種理想的冷核融合技術。

　　至此，對核子物理學的講解已經完畢。現在回顧一下，我們在極小這條道路上走了多遠。

　　首先，透過研究原子知道原子的構成，也知道可以透過量子力學，主要是透過解薛丁格方程式獲得的波函數來描述原子裡電子和原子核的關係。

　　到了核子物理學的章節，研究的尺度更小。透過對體積只有原子的幾千億分之一的原子核的研究，我們清楚原子核是由質子和中子所構成，也知道質子和中子之間依靠介子提供強交互作用，從而穩定原子核的結構。但我們最開始的目標，其實是去尋找構成萬事萬物的最基本單位。既然是基本，到質子、中子和介子這個層面是不夠的。既然性質各不相同，說明它們還不夠基本，應該繼續探索比質子、中子和介子還要小的基本粒子。

　　目前對基本粒子的探索，都局限於原子核內。我們已經事先假定原子核的結構。但如果要研究廣義上的基本粒子，不應當只局限在原子核內進行討論，而應當考慮廣義性質，例如我們還沒有討論過宇宙射線裡各式各樣的粒子。粒子物理學中，質子和中子不是最小的基本粒子，還有很多不存在於原子核內的新粒子，我們將用更加廣義的方式去研究它們。

第十三章

粒子物理學

[第一節] 粒子物理學的開端：反粒子

原子物理學、核子物理學的研究對象是原子和原子內部，而粒子物理學的研究尺度比核子物理學還小。為什麼要關注這麼小的尺度呢？首先，原子核以內顯然還有質子、中子和介子這種性質各不相同的微觀粒子，既然性質不同，勢必要追問它們有沒有更基本的組成單位。其次，二十世紀三〇年代，由於實驗水準進步，人類觀測宇宙射線成為可能。科學家們發現從宇宙輻射到地球表面的宇宙射線裡有很多奇特的粒子。粒子物理的範圍很廣，它把所有基本粒子都做為對象，研究它們的個體性質和它們之間的相互作用。

所以說，粒子物理學是更全面的研究基本粒子的物理學領域。

粒子物理學要考慮相對論

當我們開始廣泛地研究所有基本粒子，而不僅局限在原子核時，微觀粒子的物理規律就會複雜許多。例如宇宙中有大量的宇宙射線，這些射線中有各式各樣的微觀粒子。這些粒子的運動速度極快，甚至接近光速。在高速下，**必須考慮狹義相對論。**

根據狹義相對論，高速運動的粒子性質會大為不同。〈極快篇〉第一章「狹義相對論」的時間膨脹和長度收縮中提過：高速運動狀態下粒子的壽命會變長。因此，要從理論上全面探討粒子行為，必須把狹義相對

論的效果加入粒子物理的研究中。瑞典物理學家奧斯卡・克萊因（Oskar Klein）、德國物理學家沃爾特・戈登（Walter Gordon）和英國物理學家狄拉克率先做了這項工作。

狹義相對論與量子力學的結合

微觀粒子都滿足量子力學規律，它們的波函數可以用薛丁格方程式描述。凡是涉及相對論的理論，光速一定是運算式中的必備常數。但薛丁格方程式沒有光速，不考慮相對論效應，因此不足以描述快速運動粒子的量子力學狀態。

狄拉克率先把狹義相對論引入量子力學，但嚴格來說，他不是第一人，最早做這項工作的是德國哥廷根大學的戈登和克萊因。克萊因－戈登方程式研究的是自旋為零的玻色子，狄拉克方程式描述的則是自旋為二分之一的費米子〔除此之外，還有描述自旋為一的有質量的玻色子的布羅卡方程（Proca equation）〕。

狄拉克利用費米子的特性，成功把原本非線性的方程式變成線性方程式，使其求解變得非常容易，就是著名的狄拉克方程式。

$$i\hbar\gamma^\mu\partial_\mu\psi - mc\psi = 0$$

狄拉克方程是怎麼求解不是此處要關心的問題，要關心的是結論。狄拉克方程式解出的每種粒子除了都有一個對應的能量外，還會解出來一個與之對應的能量為負的粒子，且這種粒子的負能量的絕對值大小，與正常粒子的能量大小相同。這種情況下，一般人都會覺得這種負能量不符合物理學規律，應該被摒棄。

狄拉克的「反粒子」概念

狄拉克沒有就此作罷，而是非常認真地思考負能量的物理意義，於是他得出反粒子的基本假設。第十二章提過：β衰變的過程中，一個中子變

成一個質子，且釋放出一個電子，以及一個反微中子。這裡的反微中子就是微中子的反粒子。

再用電子舉例，電子帶負電，電子有一個帶正電的反粒子，叫做正電子。當電子和正電子碰撞時，它們會發生湮滅（annihilation），這是專有名詞，指正、反粒子結合在一起就消失了，但由於能量守恆，它們會轉化成能量，以電磁波的形式釋放。更廣義地說，反粒子是和原來的正粒子量子性質截然相反、質量相同的粒子。

但負能量不符合物理學邏輯，應該如何理解負能量呢？

狄拉克的解釋很有開創性，當我們說一個值是負或正時，其實有一個隱含假設：心中存在一個零點，比這個零點高的叫正，比它低的叫負。例如今天是負三度時，首先要有一個零度的概念。說一個粒子解出來的能量是負的，其實隱含我們認為存在一個能量為零的狀態，負能量只不過比能量為零的狀態能量更低。

首先看一下什麼是能量為零的狀態。

我們一般認為真空是空無一物，對應的能量應該為零。而談到負能量，會感覺它比真空的能量還低。其實這不過是參考基準的問題，我們完全可以認為真空的能量不為零。由於正、反粒子結合在一起會發生湮滅，可以認為真空是正、反粒子湮滅後的狀態，也就是正粒子加反粒子等於真空。基於簡單的加減，可以認為反粒子就是真空裡減去一個正粒子。也就是說，可以從真空裡挖出一個正粒子，剩下的坑就是反粒子。

例如晃動一瓶水，如果這瓶水是滿的，這時瓶中沒有氣泡。但如果從瓶子裡取走一滴水，會在瓶子裡留下一個氣泡。晃動水瓶時，氣泡也會動，它的運動形態就像一個粒子。反粒子就像這瓶水裡的氣泡，被取走的水是普通粒子，留下來的氣泡就是反粒子。如果把取走的水放回去，它會占據氣泡的空間，這瓶水就會變得非常平靜，像處在真空狀態。

這個過程可能比較難以想像，既然真空是空無一物，怎麼從裡面挖出東西呢？

真空對於人的存在，就像純淨的水對於一條一輩子活在水裡的魚一樣。魚認為充滿水才是空無一物的狀態，這時取走一部分水，在魚看來就是水裡產生一個氣泡。魚看到的氣泡還會往上漂，就像一個物體一樣。根據狄拉克的理解，反粒子就像真空這片水中被取走水滴留下的氣泡，這就是狄拉克對反粒子的解釋。所以有一個概念叫「狄拉克之海」（Dirac sea），說的就是可以認為真空好比是一片海洋，正粒子是海水，反粒子是海底，正粒子的海水把反粒子的海底鋪滿，所以真空才顯得空無一物，但其實就是被海水充滿的狄拉克之海。

不只是電子，每個基本粒子都有自己的反粒子，因為只要考慮相對論，必然解出負能量。反粒子之間的量子特性相反，例如粒子帶正電，反粒子就會帶負電。同種的正、反粒子相碰會發生湮滅，轉化成能量。

狄拉克率先提出反粒子的概念，且不久就被實驗驗證。人們在實驗室裡找到正電子，隨後是反質子，就是帶一個負電的質子也被找到了。

此處先強調一下，由於狄拉克方程式是描述相對論性的費米子的方程式，所以我們說的反粒子，特指費米子擁有自己的反粒子。玻色子也有自己的反粒子，但玻色子的反粒子往往是自己，如光子的反粒子是自己，膠子的反粒子也是自己，但並非所有玻色子的反粒子都是自己，如主導弱交互作用的 W$^+$ 與 W$^-$ 玻色子就互為反粒子。這些現在看來陌生的名字，後文將詳細介紹。

用「時間倒流」理解反粒子

關於反粒子的物理意義，還有一層更加大膽的理解：**反粒子無非是時間逆向流動的正粒子而已。**

我們說過，對微觀尺度下的粒子來說，時間的流向無所謂正向或逆向。空間是可上可下、可前可後、可左可右的。時空一體，和空間一樣，時間對微觀粒子來說就是個座標而已。

一個電子在時間正向流動的方式下從 A 運動到 B，和一個正電子在時

間倒流的情況下從 B 運動到 A，這兩個過程在實體層面上完全等價。薛丁格方程式中，能量和時間以乘積的形式同時出現，就是 $E \times t = (-E) \times (-t)$，因為負負得正。一個普通粒子在時間中運動，相當於一個能量為負的反粒子在時間逆向流動的過程中運動。所以說，反粒子無非是一個時間倒流的正粒子而已。

反粒子的發現，可以說是開啟研究粒子物理學的一扇大門。

這裡的邏輯是這樣：若要廣義地研究所有基本粒子，必定要討論宇宙射線，以及用對撞實驗把粒子加速到接近光速對粒子的結構進行研究；若討論宇宙射線，以及用加速器加速粒子，則必須考慮速度極快、接近光速運動的基本粒子；若討論接近光速，則必引入狹義相對論；若引入狹義相對論，則會透過狄拉克方程式推論出反粒子的概念。

因此，反粒子的概念極其重要，如果沒有它，很多反應根本無法解釋，例如我們將永遠無法知道 β 衰變過程中產生的是一個反微中子。

卡西米爾效應

拋開反粒子，單純看負能量的概念，它應當被理解為比真空的能量更低，也就是說，真空不是代表能量為零。真空零點能量的存在就很好地說明這一點，它是說真空的能量不為零，**真空不空**。

卡西米爾效應很好地證明真空零點能量的存在，實驗裝置很簡單，把兩塊金屬板靠得非常近，彼此就會有相互吸引的作用力，且這不是分子間作用效果。這種吸引效果就是卡西米爾效應，這種情況下，兩塊金屬板中間的能量就比真空的能量低，從比真空能量低的意義上來說，這是一種「負能量」。

卡西米爾效應基於量子力學，根據量子力學的不確定性原理，真空不是長期空無一物，而是不斷發生量子漲落，不斷有正、反粒子產生、合併在一起。這就像大海表面，如果你站在高處俯瞰海面，也許會覺得海面很平靜，但如果靠近看，會發現海面不斷會有水滴跳起來，又跳回海

面消失。真空和這個情況類似，不斷有正、反粒子，也叫正、反虛粒子（virtual particle）出現，叫虛粒子是因為它們是不能長存的實際粒子，實驗中無法探測捕獲，更像是量子過程的中間過程，轉瞬即逝。這些虛粒子的產生與消失伴隨著量子場（quantum field）的變化，例如電磁場。

　　兩塊金屬板中間，這些由量子漲落產生的電磁場會受到一定的限制，因為是金屬板，金屬中電場無法存在，所以存在於金屬板中間的電磁場、電磁波的波長是有限制的。金屬板的間隙必須是電磁波波長的整數倍，這樣的電磁波才能在兩塊金屬板中存在，否則無法滿足電磁波的振幅在金屬板處為零這個條件。就是在金屬板當中，只有特定頻率的電磁波（量子化的電磁場）可以存在。但金屬板的外部卻不一樣，金屬板外部是無限廣闊的空間，任何波長的電磁波都可以存在。所以這樣一比，就發現兩塊金屬板當中的能量比金屬板外的真空的能量低，這就是真空零點能量的體現。正因為如此，金屬板中的能量被認為是負能量。

[第二節] 夸克模型

構成質子和中子的更小粒子：夸克

　　原子核由質子和中子構成，介子提供的強交互作用克服質子之間的庫侖斥力，把質子和中子綁在一起，從而形成穩定的原子核結構。當然介子的種類很多，有帶電的，也有不帶電的。

　　質子和中子性質不同，質量卻差不多。它們有沒有什麼內部結構呢？答案當然是有，就是夸克。

　　夸克是被稱為「粒子物理學帝王」的美國物理學家默里・蓋爾曼（Murray Gell-Mann）於二十世紀六〇年代提出的理論，夸克理論說的是：質子和中子都有更小的構成單位。除了質子和中子之外，還有其他的重子，一共十種，分別由三個夸克構成。除此之外，介子應當有九種，已經有八種在蓋爾曼的年代被探測出來。不同的介子分別由一個夸克和一個

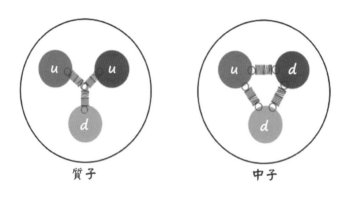

圖 13-1　質子和中子夸克結構示意圖

反夸克構成。

　　既然質子和中子的性質不同，包含的夸克種類也不同。根據蓋爾曼的理論，他認為夸克有三種，分別是上夸克（up quark）、下夸克（down quark）和奇夸克（strange quark）。具體性質的差異體現在質量和帶電數量上。其中上夸克最輕，下夸克比上夸克重一點，奇夸克比它們重。這些夸克都是費米子，自旋都是二分之一（完整表述是它們的自旋都是二分之一的約化普朗克常數，為了方便，只用數字表述自旋大小）。它們的帶電數量不同，上夸克有三分之二個正基本電荷，下夸克和奇夸克都有三分之一個負基本電荷。

　　這裡可能覺得奇怪，中學學過：基本電荷是電荷數量的最小單位。但基本電荷的概念是實驗測量出來的，不代表不存在比它更小的電荷單位。只要實驗上能測出這種電荷單位，就有可能。質子由兩個上夸克、一個下夸克構成；中子則由一個上夸克、兩個下夸克構成。下夸克比上夸克重，所以中子比質子重，這與實驗結果相符。上夸克帶三分之二個正電，下夸克帶三分之一個負電，質子電荷數剛好是 $2 \times (2/3) - 1/3 = 1$，中子電荷數是 $2/3 - 2 \times (1/3) = 0$，這與質子帶一個正電、中子不帶電的事實相符。

夸克如何構成質子和中子？

　　明明上夸克和下夸克可以形成質子和中子，奇夸克是做什麼用的？為

什麼蓋爾曼要提出奇夸克呢？這裡先說一下什麼是奇夸克。簡單來說，奇夸克就是奇異數（strange number）等於 −1 的夸克。什麼是奇異數？我要用接下來一段論證來回答這個問題。

要從粒子物理學的研究說起，二十世紀四〇年代開始，很多新粒子不斷被發現。可以按照質量把粒子的種類分為三種，分別是：重子，包含質子、中子等質量較大的粒子；輕子，包含電子和在 β 衰變中會產生的微中子這樣的粒子，質量很小；介子，質量介乎於重子和輕子之間的中等粒子。其中，電子的質量約是質子的一千八百分之一，介子的質量約是質子的六分之一。

隨著實驗的進步，有大量的重子和介子被發現。宇宙射線裡就有很多奇特的重子和介子，如 K 粒子、σ 粒子等。這樣的粒子，算上質子和中子，多達十種。為了歸類這十種粒子，物理學家們花費很多功夫。他們發現這些粒子之間能發生反應，還可以互相轉變。研究粒子反應的過程中，科學家們發現很多按照理論看來是可以發生，但實驗中做不出來的反應，就是有很多「被禁止」（forbidden）的反應。這裡的「被禁止」是物理學的說法，應該理解為在實驗室中無法實現這些反應，但我們不知道是什麼機制讓這種反應無法發生。

這裡可以借用化學反應進行類比，任何一個反應要能夠成功發生，都要遵循一些基本的守恆原則。例如一個化學反應因為不涉及核反應，其反應前後元素種類不能多、不能少，且反應前後質量守恆、每種原子的數量不變。除此之外，反應前後的總帶電量不變。例方鈉離子（Na^+）和硫酸根（SO_4^{2-}）結合生成硫酸鈉（Na_2SO_4），由於硫酸鈉不帶電，硫酸根有兩個負電，鈉離子有一個正電，因此最後的硫酸鈉的化學式必須是兩個鈉離子和一個硫酸根結合，這樣才能讓總體帶電量為零，就是所謂的化學方程式配平。

粒子的反應過程應當遵循一定的守恆定律，能量不能憑空產生，也不會憑空消失，所以反應前後必遵循能量守恆。除此之外，電荷數要守恆，

因為電荷不能憑空消失或產生。例如反應前是三個正電荷，兩個負電荷，總電荷是 3 − 2 = 1，反應後的正電荷和負電荷的總和也必須是一。當然還有類似於動量守恆、角動量守恆等其他守恆定律。

算上所有守恆，當時還是有很多反應無法發生。這就啟發我們：這些粒子應當有新的性質在反應中必須守恆，但我們還不知道，所以才會無法預測這些「被禁止」的反應。**因為守恆定律愈多，意味著約束愈多，能產生的反應愈少。**

為了解釋為什麼有些反應無法發生，我們人為發明奇異數這個概念。規定所有的粒子反應，其反應前後奇異數必須守恆。如果不守恆，例如反應前的奇異數加起來是 +2，但反應後的奇異數加起來卻是 +1，則這個反應無法發生。

有趣的是，後來粒子物理的發展中，科學家們發現很多粒子反應中，實際上奇異數沒有嚴格守恆，只是極其近似為守恆，所以蓋爾曼一開始的猜想不正確，但這依然幫助他提出夸克理論。

透過對存在的粒子反應和無法發生的粒子反應的歸納總結，科學家們發現，奇異數只需要用 1、−1 和 0 三個數字表達，就足以解釋所有的粒子反應。有了奇異數這個概念後，就需要奇夸克了。奇夸克就是奇異數為 −1 的夸克，奇夸克的反粒子，反奇夸克的奇異數則是 1，上、下夸克的奇異數都是 0。

為什麼會有夸克理論？

夸克概念的提出，恰好是因為當時發現的重子和介子數實在太多（重子有十種，介子有九種）。重子就是像質子、中子這種質量比較大的微觀粒子。最初的目標是尋找基本粒子，理想情況下，找到的應該是古希臘哲學家德謨克利特提出的真正意義上的「原子」。這個世界上應該只存在虛空和一種「原子」，萬事萬物都是由「原子」構成，怎麼會愈找愈多呢？

既然基本的重子有十種，介子有九種之多，怎麼還能說它們是基本粒

子呢？如果要繼續追求原子論，找到物質單一的基本組成單位，則這些重子必然有更加基本的結構。因此，蓋爾曼提出夸克理論。

他提出的三種夸克是更加基本的存在，如果仔細列舉就會發現：三個夸克在一起，每種夸克都有上、下、奇三種可能性。不考慮排列的先後順序問題，只考慮組合，三種夸克的組合，剛好給出十種重子；一個夸克和一個反夸克組成介子，每種夸克也有三種可能，可以給出九種介子。

如果你感興趣，可以自己列舉一下。

除此之外，介子都是玻色子，重子都是費米子。玻色子是自旋為整數的粒子，費米子是自旋為半整數的粒子。這裡還蘊含一層邏輯，因為費米子的自旋是半整數。半整數可以拼出整數，例如 $1 = 1/2 + 1/2$，但整數拼不出半整數，例如找不到兩個整數相加等於 $3/2$。由於重子是費米子，組成重子的更基本的粒子必然也是費米子，因此夸克必須都是費米子。既然重子是費米子，介子是玻色子，以此可以推測：重子裡的夸克數應該是奇

表 13-1　三種夸克組合成十種重子

夸克組成	電荷數	奇異數	重子種類
uuu	2	0	Δ^{++}
uud	1	0	Δ^{+}/p
udd	0	0	Δ^{0}/n
ddd	-1	0	Δ^{-}
uus	1	-1	$\sum^{++}$
uds	0	-1	$\sum^{*0}$
dds	-1	-1	$\sum^{*-}$
uss	0	-2	$\equiv^{*0}$
dss	-1	-2	$\equiv^{*-}$
sss	-1	-3	Ω^{-}

數，介子裡的夸克數就是偶數。所以，重子由三個夸克組成，介子由兩個夸克組成等構想，與所有實驗測量結果相吻合。

[第三節] 夸克的種類和性質

重子和介子都由夸克構成

有了夸克的概念，就可以討論它們如何構成重子。包括質子和中子在內，總共有十種重子。既然夸克之間可以相互結合，它們之間的作用力是什麼？簡單猜測一下，應該是之前說過的強交互作用，因為弱交互作用和電磁力與強交互作用相比都非常弱。夸克之間也有電磁斥力，而能把夸克鎖在一起的只能是強交互作用了。強相互作用把夸克綁在一起，三個為一組，形成重子。由於每一種夸克的性質各不相同，因此組合之下形成的十種重子性質各不相同。例如有一種重子叫 Δ^{++} 粒子，就有兩個正電荷，由三個上夸克組合而成。

有了夸克的概念，就可以理解介子如何提供強交互作用。介子都由一個夸克和一個反夸克組成。其中，反夸克是夸克的反粒子。當質子和中子接近時，它們內部的夸克相互作用形成介子，透過交換介子產生強交互作用力。這就是夸克形成重子、介子，以及產生強交互作用力的過程。且此處的夸克與反夸克結合而成介子，並非一定是同種的夸克和反夸克，可以是一種夸克和另一種夸克的反夸克在一起形成的介子。

但重子的種類遠不只十種，介子的種類也遠不只九種，只是在當時的條件下只發現這些。

此處你應當會有一個疑問，為什麼介子還可以由同種夸克的正、反粒子組合而成？互為正、反粒子的夸克在一起不應當湮滅嗎？為何還可以形成介子？這裡其實涉及量子力學中的一個概念 —— 束縛態（bound state）。

其實我們對於束縛態不陌生，原子中的電子就處在束縛態，透過求解電子在原子中的薛丁格方程式，解出來的就是量子化的能階，當電子處在

表 13-2　介子列表

夸克組成	電荷數	奇異數	介子名稱
u$\bar{\text{u}}$	0	0	π^0
u$\bar{\text{d}}$	1	0	π^+
d$\bar{\text{u}}$	-1	0	π^-
d$\bar{\text{d}}$	0	0	η
u$\bar{\text{s}}$	1	1	K^+
d$\bar{\text{s}}$	0	1	K^0
$\bar{\text{s}}$u	-1	-1	K^-
s$\bar{\text{d}}$	0	-1	$\overline{K}^0$
s$\bar{\text{s}}$	0	0	$\eta^{'}$

這些量子化能階時就處在束縛態。電子在原子核正電荷提供的電磁吸引力的作用下被束縛在原子之內。同理，一個夸克和它的反夸克，所帶電荷是相反的，同樣也可以把它們處理成類似於原子核帶的正電荷與電子帶的負電荷之間的吸引，唯一差別是原子核比電子重很多，所以在解原子中電子波函數時，我們把原子核看成處在中心不動，但夸克與反夸克則是雙方的運動都要考慮，因為它們的質量相等。但類似的處理方式會告訴我們，夸克和它的反夸克之間，由於所帶電荷大小相同，符號相反，所以它們可以形成類似於原子中電子和原子核的束縛態。只不過這種束縛態不穩定，傾向於發生湮滅，所以這也是為什麼像 π^0 介子這種粒子的壽命只是 π^+ 和 π^- 介子的三億分之一左右，因為 π^+ 和 π^- 介子不是由同種夸克的正、反粒子組成，沒有湮滅的傾向。

　　接下來就有一個問題：為什麼最多是三個夸克形成重子，兩個正、反夸克形成介子？為什麼不能是四、五個夸克組成更重的粒子呢？我們依然沿用之前的經驗回答。既然多了一個限制，就應該多一個約束條件。

夸克之間的強交互作用：色

為了創造新的約束條件，我們要為夸克增加新的性質。這個新性質叫做色荷，我們規定：每種夸克都可以帶一個量子屬性——色。類比於電荷，色也叫色荷。

色荷一共有三種，借用光的三原色概念，分別是紅、綠、藍。當然，這裡的「紅綠藍」只是三個名稱而已，不是真的紅色、綠色和藍色。夸克的大小遠小於光波波長，不會存在真實的顏色。

好比電荷的作用是提供電磁力，色荷的作用就是提供強交互作用，所以強交互作用又叫色力（color force）。這裡色提供強交互作用的機制，本質是因為它們交換一種叫膠子的粒子，我們將在第十四章中講解，研究色的性質的理論叫色動力學（chromodynamics）。我們有正電荷和負電荷兩種電荷，色荷有三種，就像地球上的生物大多有兩種性別——雌性和雄性，但可能某個外星上的生物有三種性別。著名科幻小說家以撒·艾西莫夫（Isaac Asimov）的小說《神們自己》（The Gods Themselves），描繪了一個平行宇宙中的文明擁有三種性別，其中每兩種性別交配都可以產生後代，三種性別一起交配就會產生最高級的生物。

有了色的概念後，我們規定：任何能夠在時空中存在的重子必須是白色的。這裡的白色類比三原色的概念，紅、綠、藍三色光混在一起就是白色。也就是說，任何一個重子裡面的三個夸克，必須分別帶紅、綠、藍三色，這樣的粒子才能穩定存在。這就是為什麼是三個夸克組成一個重子，因為如果是四個夸克，就無法湊成白色。介子是由一個夸克和一個反夸克組成的，反夸克的色是反色。如一個紅色的夸克，它的反夸克就是反紅色。紅色和反紅色結合在一起互相抵銷，最終也是白色。

這說明了為什麼在實驗裡從來都沒有發現獨立的夸克，恰好是因為單獨的夸克只有單色，它不是白色，所以無法獨立、穩定地存在。實驗裡從來沒有找到過獨立的夸克的想像，對應一個概念——夸克禁閉（quark confinement），也稱色禁閉（colour confinement）。色禁閉現象說的就是

夸克無法獨立存在，我們無法透過實驗手段分離出獨立的夸克，但也有理論預言，在能量極高的情況下（二萬億克耳文溫度的高溫），夸克有可能被分離出來，當然這還沒有被證實。

如果真的嘗試去分離夸克，例如我們想把一個介子裡的正、反夸克分開，分離的過程可以這樣認為：正、反夸克之間透過膠子連接，就好像有一根彈簧連接著它們，當你試圖往外拉，想把「彈簧」拉斷從而分離出兩個夸克時，彈簧不是被你拉斷了，而是會在中斷點處形成一對新的正、反夸克粒子對，與原來的正、反夸克兩兩配對形成兩個新的介子，但就是不會讓你得到一個單獨夸克。

夸克之間能相互轉化：味

我們現在知道：色負責提供強交互作用；夸克都帶電，所以能提供電磁力；夸克都有質量，因此也能提供引力，只不過這個引力非常弱。除此之外，第十二章提到一種核反應──β衰變，原因是弱交互作用的存在。既然β衰變是中子的行為，中子又由夸克組成，從夸克層面上看，β衰變的機制是什麼呢？換句話說，弱交互作用力和夸克有什麼關係？這就對應了夸克的另一個性質──味（flavour）。

就蓋爾曼的理論來說，夸克的種類有三種，分別是上夸克、下夸克和奇夸克。這裡的「上」、「下」、「奇」就是用來區分夸克種類的味。

夸克的味是主導弱交互作用的關鍵，所以β衰變的發生依靠味。β衰變的過程中，中子轉變為質子，本質是中子中的一個下夸克的味從下變成上。這個夸克的味發生轉變，所以才有β衰變。

六種夸克

本來到蓋爾曼這裡，一切看似很美好。夸克有三種，對應於三種味：上、下、奇。夸克有色荷，可以是三種：紅、綠、藍。獨立存在的粒子必須是白色，例如重子，以及由夸克和反夸克組成的介子。但一九七四年

時，粒子物理界發生一件大事，後來被稱為十一月革命。美籍華裔物理學家丁肇中與美國物理學家伯頓・里克特（Burton Ricthter）領導的兩個實驗小組，各自獨立發現一種非常奇特的介子，質量非常大，甚至是質子的三倍，完全不像一個介子，是前所未見的新介子。

這種介子後來被證明是由一種新的夸克和自身的反夸克所組成，這種夸克有不同的味，後來被命名為魅夸克（charm）。它有三分之二的正電荷和二分之一的自旋，但質量非常大，甚至比質子的質量還大。丁肇中把這種介子命名為「J 介子」，里克特則命名為「ψ 介子」，所以這種介子稱為「J/ψ 介子」，丁肇中與里克特因為這項發現，共同獲得一九七六年的諾貝爾物理學獎。但魅夸克還不是最後的夸克，隨著實驗水準進步，又有兩種新夸克被發現，質量更大的頂夸克和底夸克。這三種新的夸克，說明可能存在更多新的重子和介子，它們大多在實驗室被找到了。

至此，我們對基本粒子的理解又進了一步。原子核裡的情況都清楚了，甚至重子、介子都有所了解。總體來說，有六種夸克組成所有的重子和介子，每種夸克都可以擁有三種不同的色。當然，這裡還包含它們的反粒子。算上反夸克，一共有三十六種夸克。重子和介子可以統稱為強子（hadron），因為它們都是夸克透過強交互作用力結合在一起而形成的。

但不要忘了，除了強子以外還有其他種類的粒子。宇宙中不是所有粒子都由夸克組成，其他比較輕的基本粒子，例如電子，目前看來和夸克與強力沒有直接關係。透過對夸克的學習和了解，我們知道如何解釋質量較大且參與強交互作用的粒子。但還有一大批粒子不參與強交互作用，它們是另一批粒子，叫做輕子。

[第四節] 微中子

討論完夸克，來看看基本粒子家族中的另一組成員 —— 輕子。

按照質量大小，可以將基本粒子由重到輕分為三類，分別是

重子、介子和輕子。但隨著粒子物理學的發展，這種分類就變得不那麼合理，因為重子和介子都是由夸克和反夸克透過強交互作用聯繫在一起，根據夸克模型，它們都可以被歸類為強子。

實驗目前探測到的輕子一共有六種，都不參與強交互作用。如果算上它們的反粒子，一共有十二種，其中包括最常見的電子，以及在第十二章「核子物理學」中討論 β 衰變時講過的微中子和反微中子。

電子和微中子確實非常輕，但其他的輕子，如 τ 粒子，質量近乎質子的兩倍，所以再用質量的大小劃分粒子的種類就不合適了。既然不能用質量大小劃分粒子的種類，應該怎麼劃分呢？答案是透過作用力。夸克同時具有強交互作用、電磁交互作用和弱交互作用，就是夸克同時具有色、電、味。所以由夸克組成的粒子，原則上都同時具有這三種交互作用。輕子就不一樣了，只能參與電磁交互作用和弱交互作用。強子和輕子的主要區別就是強子可以參與強交互作用，輕子不行。

如果輕子只有電子，只要研究清楚夸克，粒子物理學的研究就差不多了。但微中子的發現，可以說是直接開啟粒子物理學的新篇章。

β 衰變中的詭異現象

微中子的發現道路非常曲折，因為它實在太輕、太小了。微中子的質量只有電子的幾百萬分之一，實驗中一開始根本無法直接探測到，且它的質量具體是多少還不清楚，只知道靜質量十分接近零，但又不是零。

既然實驗探測不到，又是怎麼意識到微中子的存在呢？這要從第十二章說到的 β 衰變開始。β 衰變現象最早被發現時，人們連中子的存在都不知道。只知道有這種反應：一種粒子 A 經歷一個核反應，可以轉化成粒子 B，並放出一個電子。根據電荷守恆，B 肯定比 A 多一個正電荷，這種

核反應就是 β 衰變。

　　但研究 β 衰變時，發生非常詭異的事情。任何反應都要遵循一定的守恆定律，例如反應前後的能量和動量必須守恆。但如果測量 β 衰變反應前後的能量，會發現有一部分能量憑空消失。從實驗結果上看，一個 A 粒子反應後只放出一個 B 粒子和一個電子，沒有其他粒子被放出來，但反應後 B 粒子的能量和電子的能量加起來卻比 A 粒子的能量小，這個現象十分詭異。

　　能量守恆定律雖然無法用演繹法證明，但一直被認為是條鐵律。據說當時著名的物理學家波耳，已經準備放棄能量守恆定律了。

微中子是什麼？

　　著名奧地利理論物理學家沃夫岡・包立（Wolfgang Pauli）認為，這種能量消失的現象應該被解釋為還有一種新粒子產生。只是這種粒子是電中性，且質量非常小，以當時的實驗手段根本探測不到。

　　包立一開始把這種粒子命名為「中子」，我們現在知道的中子在那時還沒被發現。直到查兌克發現中子，才把中子的名字給占據了。但這畢竟只是包立的猜想，沒有被證實，波耳還曾反對過這個假說。

　　後來，著名的費米提出弱交互作用的概念。他認為是弱交互作用主導 β 衰變，同時預言包立提出的新粒子的存在，且將其命名為微中子。這其實是義大利的命名規則，在一個性質後面加 -ino，表示很小的意思，因此 neutrino 被翻譯成微中子。後來我們才知道，β 衰變後產生的微中子其實是一個反微中子。

如何驗證微中子？

　　即便發展到費米的理論，長期以來，微中子、反微中子只是一種假說。不過是因為科學家們深深相信能量守恆定律的正確性，不得不加上去的。根據理論預言，微中子非常小，且不帶電，實驗中要找到它非常困

難。直到二十世紀五〇年代，兩位美國物理學家克萊德・科溫（Clyde L. Cowan）和弗雷德里克・萊因斯（Frederick Reines）才用大規模的實驗儀器找到它。

要透過實驗找到微中子，首先要推測它的性質。微中子很小、很輕，單個微中子和實驗儀器的反應非常弱。如果要直接找到微中子，必須要有大量微中子集中在一起才行。科溫和萊因斯的實驗就利用了核子反應爐來產生大量微中子。

核分裂本質上是發生大量 β 衰變的過程，因為 β 衰變發生的次數夠多，所以核反應釋放的能量極大。如果確實如理論預言，β 衰變有反微中子產生，核子反應爐產生微中子的數量應該是巨大的。

第十二章「核子物理學」說過，β 衰變本質上是一個中子在弱交互作用下變成一個質子，並釋放出一個電子和一個反微中子的過程。如果反微中子真的存在，用它以足夠的能量去撞擊一個質子，就有可能讓 β 衰變的過程逆向進行，生成一個中子和一個正電子。這個用來探測微中子的物理過程，最早由中國物理學家王淦昌提出，他於一九四二在美國的學術期刊《物理評論》（*Physical Review*）發表一篇名為〈關於探測微中子的一個建議〉的文章，其中便敘述了類似過程。

微中子探測的反應過程：

$$\bar{v}_e + p^+ \rightarrow n^0 + e^+$$

科溫和萊因斯實驗的目標，就是讓大量的反微中子撞擊質子，觀察是否能產生正電子和中子。首先，核子反應爐的 β 輻射產生大量的反微中子解決了微中子源的問題。接下來，需要大量的質子做為被反微中子轟擊的對象。很顯然，水分子裡有大量質子，於是科溫和萊因斯用一大缸純淨的水來提供質子。如果反應成立，實驗會產生中子和正電子。正電子是電子的反粒子，兩種粒子碰在一起會發生湮滅，放出兩個方向相反的 γ 光子。

科溫和萊因斯在水缸邊放置一種接收到 γ 射線會發光的特殊溶液來探

測實驗產生的光子，除此之外，還要探測反應放出的中子。中子的探測用的是一種特殊物質——氯化鎘，和中子反應後，鎘元素會變成鎘的同位素，再釋放一個 γ 光子。也就是一個反微中子的反應可以發出三個 γ 光子，前兩個反應較快，後一個反應較慢。正如兩位科學家所料，他們確實透過實驗探測到三種 γ 光子，前兩個幾乎同時出現，後一個的出現隔了幾微秒，由此驗證反微中子的存在。這項實驗開始於一九五一年，成果發表於一九五六年，科溫於一九七四年英年早逝，享年五十四歲，萊恩斯則於一九九五年獲得諾貝爾物理學獎。

　　至此，輕子家族又多了一員——微中子。但這還遠不是最終答案，微中子的種類可不只一種，且除了電子以外，還有非常像電子但又不是電子的其他輕子。

[第五節] 輕子的種類與特性

　　目前為止，人們一共發現六種輕子。電子和微中子是其中兩種，其他四種是怎麼發現的呢？這裡還要重新提一下第十二章中講到的日本物理學家湯川秀樹。

μ 子

　　湯川秀樹最早提出介子的概念，他認為質子和中子之間依靠介子的交換提供的強交互作用才結合在一起，形成穩固的原子核。透過計算，他得出介子的質量應該是質子和中子的六分之一左右。要驗證這個理論的正確性，就要透過實驗尋找介子的存在。但介子在實驗室中一直沒有被找到，甚至湯川都開始懷疑介子的理論是錯誤的。

　　最後，介子還是在宇宙射線中被找到了。為什麼是宇宙射線？介子在實驗室很難被找到的一大原因是壽命太短，很容易衰變成其他粒子。但宇宙射線裡的介子速度接近光速，根據相對論的時間膨脹，快速運動的介子

的壽命在地面觀察者看來會變長不少，所以可以被探測到。一九三七年，有兩個團隊分別透過對宇宙射線的研究，找到符合湯川描述的介子。

本來一切似乎都很美好，但一九四六年，羅馬的一項關於宇宙射線的研究，呈現出比較奇怪的結果。介子提供強交互作用，就是介子應當與原子核有非常激烈的反應，因為原子核存在的本質原因就是強交互作用。但羅馬的實驗結果顯示：宇宙射線中一些很像介子的粒子，它們與原子核的反應卻非常微弱。也就是說，這種很像介子的新粒子不參與強交互作用，很明顯，這不是湯川預言的介子。

經過仔細的研究，一種新粒子被發現了，就是 μ 子。這種粒子的質量和介子十分接近，帶一個負電荷，也是二分之一的自旋。除了質量比電子大許多外，其他性質基本和電子差不多。

μ 微中子

有了 μ 子後，輕子家族多了一個成員。μ 子可以進行衰變，例如 μ 子可以衰變成一個電子、一個微中子和一個反微中子。

但很快就出現一個新問題，一個粒子和它的反粒子一旦結合就會發生湮滅，放出光子。既然一個 μ 子可以衰變，反應產生的微中子和反微中子應當可以湮滅成光子。神奇的是，任何實驗中，我們都沒有發現一個 μ 子可以變成一個電子和兩個光子的情況。

說明這個反應裡產生的微中子和反微中子不屬於一個類別，微中子不應該只有一種。於是，科學家們發現一種新的微中子——μ 微中子，它是伴隨著 μ 子的微中子。這樣一來，輕子家族就有四個成員，分別是電子、微中子、μ 子和 μ 微中子。

β 衰變裡的反微中子，其實是一種更具體的微中子，叫反電微中子。由於它是第一個被發現的，所以說到微中子，不特別強調的情況下指的就是電微中子。電微中子在粒子的反應中總是伴隨著電子出現，μ 微中子總是伴隨著 μ 子出現。

τ子與τ微中子

一九七一年，華裔物理學家蔡永賜透透過理論預言提出一種新的輕子——τ子。相應的，τ子應該有自己的微中子——τ微中子。τ子和τ微中子分別在一九七四年和一九九七年相繼被找到。

τ子是一種非常重的輕子，質量接近質子的兩倍。τ子是透過電子和正電子的碰撞反應找到的。正電子是電子的反粒子，碰在一起時可能會發生湮滅。如果兩個粒子的能量夠強，有可能產生新的粒子，這種粒子就是正、反τ子。τ子帶一個負電，反τ子帶一個正電。正是因為τ子的質量夠大，所以必須要能量夠強的電子和正電子才能把這部分能量轉化成正、反τ子的質量。

至此，六種輕子都已經找到，它們和夸克家族一樣都有六種：電子、電微中子、μ子、μ微中子、τ子和τ微中子。

微中子振盪

六種輕子中的三種微中子（電微中子、μ微中子、τ微中子）非常神奇，它們之間可以相互轉換。一種微中子可以在一定時間後變成另一種微中子，這種現象叫做**微中子振盪**（neutrino oscillation），背後的具體原因目前還在研究中，沒有公認的定論。

微中子振盪的現象可以追溯到對太陽的研究，太陽內部的核反應，總體過程是四個氫結合成一個氦，當然中間有比較複雜的過程。要驗證太陽內部的反應是否真的是上述過程，需要透過實驗完成。其中一大驗證的方法，就是研究太陽內部核反應所產生的粒子。我們在地球上對太陽做研究只能研究太陽光，但由於太陽內部的反應過程非常多，中心核反應產生的光子要從內部射到表面，這個過程需要長達千年之久。

這些核反應的過程中，有大量的電微中子產生。為了方便，接下來說到微中子，指的就是電微中子。微中子非常小、非常輕，質量幾乎接近於零，且不帶電，不參與電磁交互作用，所以一旦產生微中子，可以不受阻

礙地從太陽內部射出運動到地球表面。微中子的速度非常接近光速，幾乎就是以光速運動，所以新產生的微中子射到地球上只要八分多鐘。透過計算，我們可以測出每秒鐘單位面積有多少微中子可以射到地球表面。這個結果是每秒有一千億個微中子射到一個指甲的面積，數量極其龐大。

如果真的測量從太陽裡射出來的微中子數，就可以判斷太陽內部的核反應過程到底是怎樣的，能幫我們更多地了解太陽內部的情況。最早在一九六八年，美國物理學家小雷蒙德·戴維斯（Raymond "Ray" Davis Jr.）提出第一個關於太陽微中子的實驗結果，但卻讓人十分意外。戴維斯探測到的微中子數量僅為理論計算的三分之一左右，就是著名的太陽微中子問題，三分之二的微中子在傳播過程中不見了。

當時大部分物理學家以為是實驗做錯，都沒當一回事。隨著實驗的精確度提高，大家開始認真對待這個問題──是真的有那麼多微中子不見了。一九六八年，義大利物理學家布布魯諾·龐蒂科夫（Bruno Pontecorvo）提出一個非常簡單的理論。他認為微中子存在振盪現象，就是隨著時間的推移，一種微中子會變成另一種微中子。太陽裡射出的微中子，傳遞到地球上的過程中，有一部分已經轉變成其他微中子（如 μ 微中子和 τ 微中子）了。所以，我們無法探測到像理論裡預測的那樣多電微中子。如果再讓它傳播一定時間，這些微中子又會轉回來，就像一個周而復始旋轉的時鐘。

微中子振盪的理論一開始僅是預言，直到二〇〇一年才被日本的大規模實驗設施驗證。這個實驗設施就是著名的超級神岡探測器，簡稱Super-K。建立在地下一千公尺深的廢礦井中，之所以在這個位置，是為了遮罩除了微中子以外的其他宇宙射線的影響，它在二〇〇一年證實了微中子振盪現象。

契忍可夫輻射

超級神岡探測器探測微中子振盪的方式，是透過微中子與質子反應後

產生的契忍可夫輻射實現。

契忍可夫輻射可以被理解為一種介質中的超光速，光在介質裡的傳播速度比真空中低，例如光在玻璃裡的傳播速度只有真空中光速的三分之二，光在水裡的傳播速度是真空中的四分之三。這樣的情況下，電子在水中的運動速度有可能超過水中的光速。

〈極快篇〉講過，在超音速過程中，會有新的阻力來源，叫做音障，原因是聲源速度突破音速，這時由於局部能量密度超高，會產生聲爆，是一種高能的機械衝擊波。

契忍可夫輻射就是當介質中的電子運動速度超過介質中光速時產生的一種輻射，原理和聲爆類似，電子在運動時產生電磁波，電子可以被認為是光源，它的運動速度超過電子在水中激發出的電磁波速度，就會產生契忍可夫輻射。核子反應爐中，契忍可夫輻射很常見，它會發出藍光。超級神岡探測器就是透過探測微中子和質子反應後產生的契忍可夫輻射的特性來驗證微中子振盪。

契忍可夫輻射現象是由蘇聯物理學家帕維爾・契忍可夫（Pavel Cherenkov）提出，他於一九五八年因該項研究獲得諾貝爾物理學獎。

[第六節] 粒子物理學的實驗方法：對撞機

夸克是如何被驗證的？

夸克模型剛被提出時，最大的問題就是無法做實驗驗證。從之前的推論可以看出，夸克模型的提出完全是為了應對重子數過多的問題湊出來的。湊數的過程中，不得不人為地加上很多測量中無法直接獲得的性質，例如奇異數、輕子數等。

夸克無法被直接探測，是因為獨立存在的粒子必須是「白色」的。夸克具有色荷，單個夸克不是白色，因為夸克禁閉的存在，無法直接在實驗室獲得。但可以透過間接的方法探測夸克，這就要回到最早發現原子核存

在時用的方法了。當時，拉塞福用氦核轟擊金箔，然後研究氦核的散射情況。他發現只有一小部分氦核是反彈的，大部分都穿過了，且有一些偏折的角度。因此他推測：原子不是葡萄乾布丁結構，而是絕大部分質量集中在核心，原子核非常小。

即便無法直接捕捉到夸克，也可以用類似的方法來證明它的存在。如果能證明質子或中子中確實有三個子單元存在，也能推論出夸克理論的正確性。

夸克理論是這樣被證明的：用能量極高的電子去轟擊質子，根據電子偏轉方向的結果，推理出質子當中確實有三個質量集中的團塊。如果確認了團塊的數量是三，且在質子和中子之內，比質子和中子更基本，其他的電性質、自旋性質大多是必然的匯出。

對撞機的基本原理

夸克理論的證明過程引出粒子物理學實驗的一個基本方法 —— 撞。原子核的結構非常穩定，要發生核融合需要夠高的溫度，本質上就是要讓原子核的動能極大。如此高的能量能打破原子核原本穩定的結構，迫使它們形成新的原子核。

粒子物理學做實驗的基本方法，就是把這些微觀粒子加速到非常快。快到什麼程度？極度接近光速，例如九九‧九九九％的光速，再讓粒子之間發生激烈碰撞。愈接近光速，粒子能量愈高，愈有機會撞出新東西。對撞機的作用是把粒子加速到能量極高的狀態，所以粒子物理學也叫高能物理學。

帶電粒子和中性粒子的加速原理完全不一樣，帶電粒子的加速比較簡單，因為它帶電，可以透過電場讓它不斷加速。但粒子被加速後的速度非常快，接近光速後能在很短時間內運動很長的距離。為了觀察這些高速粒子，我們不能讓它們加速完就飛走，要讓它們在一個有限範圍內活動。因此，對撞機主要是環形的（也有直線加速器，比較著名的是美國史丹佛大

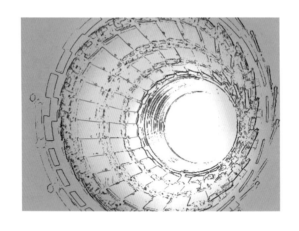

圖 13-2　LHC 的內部
管道圖

學的直線加速器），透過電場讓帶電粒子加速，且讓這些粒子在環形的管道中運動。

如何讓這些粒子轉圈呢？答案是磁場。帶電粒子在磁場裡會受到勞侖茲力的作用，從而做圓周運動。隨著粒子運動的速度愈來愈快，粒子旋轉的離心力就愈來愈大，這時需要更強的磁場約束它們。對撞機工作時，需要十分強大的電流提供強磁場，但普通導線無法支撐過大的電流，所以現代先進的加速器用的都是超導線圈。用液氦把線圈的溫度降到負二百七十度左右，使其變成超導線圈。超導線圈沒有電阻（resistance），不會發熱，因此可以承載十分強大的電流。

但強電流有限，為了讓粒子盡可能地被加速，達到更高的能量等級，對撞機的環行軌道半徑必須大，離心力就會減小，磁約束的難度就沒那麼大。現代最先進的對撞機是瑞士日內瓦的大型強子對撞機，周長約三十公里。

然而中性粒子不好加速，所以一般情況下，我們不加速中性粒子，而是讓它們做為帶電粒子的靶子。如果實在要加速，可以透過雷射與它們作用，讓雷射傳遞能量。

對撞機可以測什麼？

應該如何測量被撞開的粒子的性質呢？首先，電性質是好測量的。粒子在電場和磁場中會偏轉，透過電場和磁場可以了解粒子的質荷比，也就是電荷量與質量的比。除此之外，還有一個非常重要的指標——橫截面（cross section）。

可以想像兩顆經典小球的碰撞，假設一顆桌球撞擊另一顆桌球，撞完後，兩顆球的運動方向都會改變。具體改變多少和什麼有關呢？和兩顆球具體的碰撞角度與速度有關，也和它們的質量有關。

在對撞機中探測碰撞後粒子運動偏轉的角度，可以幫助我們獲得很多和粒子相關的資訊，例如質量。這是因為我們可以調節碰撞時粒子間的相對速度，透過分析不同碰撞情況下的橫截面，就是碰撞後粒子反應的機率在空間角中的分布，便能得到很多關於粒子的資訊。

但現在，粒子物理學的研究遇到很大的阻礙。隨著研究尺度愈來愈小，要讓粒子碰撞後還能產生一些效果，需要的能量愈來愈高，意味著對撞機必須愈造愈大。LHC 的周長長達三十公里，是世界上最大的對撞機，這臺對撞機造了二十多年，花費超過二百億歐元。

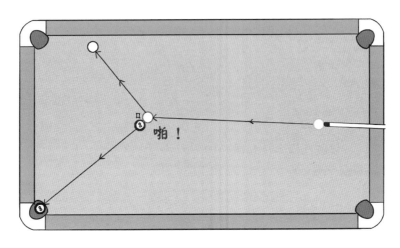

圖 13-3　桌球碰撞

每提升一個對撞能量等級，就要花很長時間和大筆金錢，投入巨大的人力、物力。即便如此，得到的結果還未必令人滿意。因為這樣的現實擺在面前，導致二十世紀八〇年代以後，粒子物理學的研究舉步維艱，因為需要投入太多了。但如果沒有實驗資料，理論要進步十分困難。

我們必須時刻牢記，物理學做研究的方法是：先歸納，後演繹，再驗證。實驗進步困難，會導致歸納和驗證都很困難，因為物理理論是解釋現實物質世界的，它不能是空中樓閣。

衰變測試

前文多次提到「衰變」，例如 β 衰變，本質上是中子當中的一個下夸克變成上夸克且釋放出一個電子和一個反微中子的過程，中子中的一個下夸克變成上夸克後，中子就變成質子。這種衰變之所以會發生，是因為最小能量原理。

基本粒子都有衰變成能量更低粒子的傾向，因為最小能量原理更有利於粒子處於穩定狀態。中子之所以傾向於發生 β 衰變，是因為質子的質量比中子小，根據質能守恆，質子蘊含的能量比中子低，所以質子比中子穩定得多。中子的半衰期約為三十分鐘，根據理論計算，質子的半衰期基本上比宇宙的壽命長，我們至今沒有在任何實驗中觀測到質子發生半衰變（根據理論預言，質子應當可以衰變成一個 π^0 介子和一個正電子）。衰變之後粒子的能量比衰變前粒子的能量低愈多，這種衰變愈容易發生，粒子的壽命愈短，例如 π^0 介子的壽命比 π^+ 和 π^- 粒子的壽命短很多（只有後兩者三億分之一壽命），就是因為介子衰變後變成光子，直接就沒有靜質量了，這種程度的能量降低是劇烈的，因此相應的衰變也是劇烈的。

當然，對衰變的發生來說，質量的減小不是唯一參考因素，有很多看似能夠使粒子質量減小的衰變無法發生，因為這些衰變過程違背一些守恆定律。

此處有一個值得注意的事實，就是 Δ^{++} 粒子是由三個上夸克組成，按

理說上夸克的質量比下夸克小，為什麼 Δ^{++} 粒子的質量反而比兩個上夸克和一個下夸克組成的質子，以及一個上夸克和兩個下夸克組成的中子的質量還大呢？因為這些強子的質量，不是由夸克的靜質量相加得來，而這些夸克透過強交互作用結合在一起，具有結合能。就好像夸克之間有相互連接用的傳遞強交互作用的「彈簧」，好比彈簧被壓縮和拉伸就會儲存彈性位能，夸克之間的這種結合能，體現在強子的靜質量上，也就是強子的靜質量等於夸克的靜質量加上結合能除以光速的平方，因為 $E = mc^2$。很顯然，Δ^{++} 的結合能高於質子和中子當中夸克的結合能，所以很容易衰變成質子和中子。

對於衰變過程的研究，也是粒子物理實驗的一大手段。我們可以研究粒子的衰變率（decay rate），例如將一束粒子射出，沿途探測粒子束的成分，看看射出距離與粒子衰變率的關係，從而反推粒子的性質。

至此，我們對基本粒子的探索已經來到比較高資訊的層次了。不管是重子還是介子，本質都是由六種夸克和它們的反夸克組成。夸克是非常基本的粒子，甚至無法獨立存在。除此之外，還有六種輕子和它們的反粒子。

除了六種粒子以外，還有四種交互作用，我們已經提到強交互作用、電磁交互作用、弱交互作用，再結合〈極大篇〉討論過的交互作用。

粒子和力的關係是什麼？有沒有更好的辦法，把這些粒子統合在一個框架裡？畢竟六這個數字離我們追求的終極，也就是德謨克利特說的萬物唯一的組成單位，還有很長一段距離。這實際上是量子場論要研究的領域。你會發現，所謂粒子不過是量子場這盆肥皂水上的肥皂泡而已。

第十四章

標準模型

[第一節] 粒子之間如何交互作用？

　　粒子物理學在一定程度上把所有基本粒子的種類都辨別清楚了，組成重子和介子的基本粒子都是夸克，夸克總共有三十六種（三色、六味、正反粒子，$3 \times 6 \times 2 = 36$），它們無法獨立存在。夸克有色荷、味荷和電荷。其中色荷能夠發生強交互作用，味荷發生弱交互作用，電荷用來發生電磁交互作用。它們都有質量，可以發生重力交互作用。味的種類決定夸克的質量，從小到大分別是上夸克、下夸克、奇夸克、魅夸克、底夸克、頂夸克。

　　夸克是可以發生全部四種交互作用的基本粒子，除了夸克以外，輕子也有六種，分別是電子、μ子、τ子，電微中子、μ微中子、τ微中子和它們的反粒子。其中，電子、μ子、τ子帶電，這三種粒子對應了三種不帶電的微中子。這三種微中子的質量不精確為零，但十分接近零，所以它們參與極其微弱的重力交互作用，除此之外，它們只參與弱交互作用。

夸克模型的遺留問題

　　如此看來，我們已經在實驗室發現眾多粒子，粒子物理學對粒子種類的研究已經相當成功。但目前人類對它們的理解還不夠徹底，還記得在〈極重篇〉第七章「廣義相對論的基本原理」的開篇就提出的兩個問題嗎？

一、萬有引力具體是如何作用？

它們看似沒有作用的媒介，後來我們知道這種媒介就是時空本身。

二、引力的作用是不是超距作用？它的傳播是否需要時間？

根據廣義相對論，引力的作用不是超距的。它的傳播速度，或者說時空扭曲情況的傳播速度，等於光速。

夸克之間的色，是發生強交互作用的關鍵，味是發生弱交互作用的關鍵，電是發生電磁交互作用的關鍵。同樣的，我們可以提出這些問題：這三種交互作用的作用機制是什麼？作用的媒介是什麼？傳播是否需要時間？

經典物理如何解釋交互作用？

經典物理中對交互作用，例如電磁交互作用和重力交互作用，是用電磁場和重力場的概念去描述。可以回顧中學怎麼學的，一個電荷會在它周圍建立電場，這些電場可以用電場線表示。電場線密度高的地方表示電場強度大，反之則表示電場強度弱，磁場也可以用類似的磁場線表示。

但仔細一想就會發現，這種場的表述方式，在微觀層面上是不抓本質的。**電場線、重力線的概念其實是人為創造出來**，我們無法用任何實驗證明有電場線、磁場線的存在。

之所以會創造這樣的概念，完全是為了方便理解和計算。例如為了了解一個電荷產生的電場，可以用一個檢驗電荷放在它周圍的任何地方，記錄檢驗電荷在這些地方感受到的力的大小和方向，再根據每個位置受庫侖力的大小和方向，人為地加上電場線的概念來描述檢驗電荷放在被檢驗電荷周圍時所受庫侖力的情況。

經典電磁學認為電磁場是連續的，但由於微觀物理世界是量子化的，因此用經典的觀點來解釋是不抓本質的。基本粒子的交互作用，應當時時伴隨著量子力學的規律。例如不確定性原理永遠應該擺在首位，光這一條，你就會發現其實穩定連續的電場在微觀的時空尺度上根本不可能存

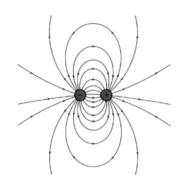

圖 14-1　一個正電荷與
一個負電荷的電場線

在，因為如果要滿足不確定性原理，電荷不可能處在位置和速度都確定的狀態。即便我們依然沿用庫侖定律描述一個電荷產生的電場，它在微觀層面上也不可能產生一個靜止、穩定且連續的電場。因此，我們需要重新定義交互作用的本質。連續的經典場表述，在量子系統的層面上，尤其是小到夸克這個尺度就太粗糙了。

什麼是力？

　　粒子物理對交互作用的定義，基本思想還是從實驗出發，用測量到的物理量對量子系統進行描述。這裡能測量到的無非就是基本粒子的各種性質，例如電荷、質量等。也就是說，我們能測量到的無非就是粒子的各種物理性質的集合，這些集合定義了不同種類粒子的存在。

　　在粒子實體層面，**如果一種交互作用的本質是交換了粒子**（此處還應包含虛粒子 virtual particle），**我們就說這種交互作用是一種力**，例如電磁力的本質是電荷之間交換了光子。

　　舉個例子，愛因斯坦和普朗克兩個人穿著溜冰鞋站在冰面上，手上各抱著一顆鉛球，現在他們把鉛球扔給對方，同時接住對方扔過去的鉛球。這個過程中，他們交換手中的鉛球。可以想像，拋出和接到對方鉛球時都會向後退，從宏觀上看，他們之間就像產生了排斥力，但他們和鉛球做為一個個體，都沒有發生變化。

　　這就是粒子的交換，產生的效果等同於受到力的作用。

圖 14-2　愛因斯坦和
普朗克的鉛球遊戲

引力到底是不是力？

　　明確了力的本質是粒子的交換，接下來就要研究目前已有的四種交互作用：色荷產生的強交互作用、味荷產生的弱交互作用、電荷產生的電磁交互作用，以及質量產生的重力交互作用，看看它們之間有沒有粒子的交換。如果有，交換的粒子是什麼？它們的性質是怎麼樣？

　　強交互作用、弱交互作用和電磁交互作用都交換了粒子，強交互作用交換的是膠子，膠子有八種，且每一種膠子都是自己的反粒子。弱交互作用交換的粒子有三種，分別是 W^+、W^- 和 Z^0 粒子。其中 W^+ 和 W^- 互為反粒子，Z^0 是自己的反粒子。電磁交互作用交換的是光子，光子也可以被認為是自己的反粒子。這些用來交換的粒子都是玻色子，自旋都是一。

　　根據愛因斯坦的廣義相對論，引力只表現為時空的扭曲，不是一種力，但這只是宏觀上的解釋。要判斷引力在微觀層面上是否是一種力，要看它是否交換了粒子。有很多理論認為引力如果是一種力，它交換的應該是重力子（graviton），重力子也是玻色子，且根據引力只體現為吸引，並無排斥的效果，以及量子場論的理論預測，重力子的自旋應當為二。但引力實在太弱，重力波如此宏觀的現象都那麼難以探測，更不要說是微觀的重力子了。

　　這裡有很多新的概念，例如膠子、W^+、W^- 和 Z^0 玻色子等。接下來的任務就是去研究這些用來交換的粒子到底是什麼？它們如何產生？性質是什麼？這就進入一個新的領域 —— 量子場論。

現在，已經在粒子物理的層面，清楚三十六種夸克和十二種輕子，它們之間有交互作用。

由於引力太弱，強度約是弱力強度的 $1/10^{29}$，所以此處先不關注引力。力的本質被定義為粒子的交換，現在的目標是把三十六種夸克、十二種輕子，以及它們之間用以交換的粒子統一到一套理論框架中。因為物理學的任務是追求終極，既然是終極，就要尋找最基本、最統一的道理。粒子的種類既然有這麼多，就預示著一定有更基礎的理論去解釋它們。

我們把夸克、輕子和力的定義做為歸納性的起點，在這個基礎上進行演繹，用一套理論把它們之間的交互作用解釋清楚。這就像研究原子的過程：先清楚原子的組成結構是電子和原子核，下一步就是研究電子和原子核的關係，以及它們的運動狀態。認識了最基本的夸克和輕子，下一步就是將其統合，研究它們的交互作用力，這就需要用到量子場論的知識。

為了理解量子場論，我們要先做一些知識鋪墊，就是守恆量（conserved quantity）與對稱性（symmetry）的關係。

諾特定理

前面已經講過很多守恆的概念，例如能量守恆、動量守恆、角動量守恆、電荷守恆等。在一個變化或反應前後，不變的量叫守恆量。

除了守恆量以外，還有一個概念叫對稱性。什麼是對稱性呢？中學學過類似的概念，例如：將一個正三角形旋轉 120°、240° 或 360°，這個三角形都能轉回去；將這個三角形沿自己的對稱軸進行翻轉，也能翻轉回去；一個圓圍繞它的圓心不管轉多少度還是和原來一樣的一個圓。一個物件在某個操作下，原本的狀態不發生改變，我們就說這個物件具有某種操

作下的對稱性。

對比守恆量和對稱性的描述，可以發現它們很像。守恆量是指變化中不變的量，對稱性是指操作中不發生變化的性質。總體來說，都是變化後不變的東西。

二十世紀初，德國的女性數學家埃米·諾特（Emmy Nother）提出了諾特定理（Nother theorem），可以說是劃時代的偉大定理。直接奠定所有場論的基礎，不論是經典場論，還是量子場論。這條定理說的事情十分簡單，就是**對稱即守恆**。把守恆定律和連續對稱性完全等價，也就是說，任何一條守恆定律的背後，都對應著一種連續對稱性，反之亦然（所謂連續對稱性，就是在對物件做操作時，這種操作帶來的變化必須是連續的，例如移動一個物體，它的位置變化必須是連續的。因此上述案例中，讓一個正三角形進行 120°、240° 轉動，這種非連續對稱性，不對應守恆量）。

這樣說還是太抽象，我們舉幾個例子。

空間平移對稱性：動量守恆

先看動量守恆，對應的是空間平移對稱性。例如有一個物理系統的動量恆定，把它從臺北拿到屏東，這個系統的動量不變，也就是臺北和屏東的空間性質幾乎一樣，所以動量守恆。但如果把系統移動到太空就不一定了，因為太空中的引力和地球表面不一樣，時空扭曲的程度不同。

空間平移對稱性說的就是在移動的過程中，時空的扭曲程度沒有發生變化。如果從一個平坦的時空移動到一個扭曲的時空，空間平移對稱性被打破，動量守恆定律就失效了。

時間平移對稱性：能量守恆

能量守恆定律對應的是時間平移對稱性，是指：不管時間怎麼流逝，物理定律不變。例如所有物理定律三百年前是這樣，三百年後也是這樣。然而所有的物理定律都顯性或隱性地和能量有關聯，所以物理定律不隨時

間變化而變化，本質上對應的是能量守恆定律，這也是諾特定理透過數學推導得出的直接結論。

鏡像對稱性：宇稱守恆

正三角形前面放一面鏡子，鏡子裡的正三角形和鏡子外面的正三角形相同，這叫鏡像對稱，對應的守恆量叫宇稱（parity），這個概念和中學學過的奇函數與偶函數很像。一個偶函數圖像左右對稱，就說它的宇稱是 1。一個奇函數，例如 $y = x^3$，圖像左右不對稱，而是剛好相反，就說它的宇稱是 -1。

鏡像對稱性對應的守恆量是宇稱，也就是說，如果原本的研究物件（例如量子系統的波函數）宇稱是 1，它的鏡像圖像的宇稱一定是 1；如果你的波函數宇稱是 -1，再構造一個與它完全成鏡像的物理系統，其對應的波函數的宇稱也一定是 -1。

廣義來說，宇稱守恆說的是物理定律不分左右，為任何物理過程做鏡像系統，這個鏡像系統裡的物理定律應當和原系統相同。

宇稱不守恆定律

說到宇稱守恆，不得不談一下由物理學家楊振寧和李政道於一九五六年提出的宇稱不守恆定律，說的是：弱交互作用的過程中，宇稱不守恆。

宇稱不守恆定律的提出，最早是因為一個粒子物理學中的難題，叫做「$\theta - \tau$ 之謎」（Theta-Tau puzzle）。有兩種奇怪的介子，當時叫 τ 介子和 θ 介子，這兩個介子的所有性質幾乎都完全一樣，例如同樣的質量、電荷量、自旋等。唯獨發生衰變後的結果不同，τ 介子會衰變成另外三個介子，而 θ 介子只會衰變成兩個介子。

楊振寧和李政道提出，因為在弱交互作用過程當中，宇稱不守恆，所以這兩種粒子其實根本就是同一種粒子，現在我們知道它叫 K+ 粒子，只不過以兩種衰變方式的其中一種衰變，前後宇稱不守恆。

如何理解呢？假設有一面鏡子，根據生活經驗可以想像一個波函數照鏡子，它會在鏡子裡看到一個鏡像的波函數。根據直覺，鏡像的波函數應該和鏡子外的波函數擁有一樣的宇稱。如果波函數是個偶函數，鏡子裡的波函數應該是個偶函數；如果波函數是奇函數，鏡子裡的波函數應該是個奇函數，感覺上這是理所當然的結論。

　　宇稱不守恆定律認為，弱交互作用過程中，宇稱不守恆。好比本來是偶函數，照鏡子就變成奇函數。再舉個例子，有一輛正常的汽車，踩下油門就會往前走。這時在車邊上放一面鏡子，鏡子裡的汽車是鏡子外汽車的鏡像。根據直覺，踩油門讓汽車往前走時，鏡子裡的汽車應該往前走。但宇稱不守恆說的就是踩油門時，車子確實往前開，但鏡子裡的汽車卻是倒著開。

　　這是一個非常違反常識、違反直覺的結論，所以宇稱不守恆定律剛被提出時，學界的主流聲音表示反對。包立甚至說：「我不相信上帝是左撇子。」他認為這個宇宙裡的物理定律不分左右，左和右應該是完全對稱。但宇稱不守恆定律似乎在告訴我們：**這個宇宙裡的規律是分左右的。**

　　宇稱不守恆定律很快就被物理學家吳健雄用實驗證明，這個實驗很困難，但原理很簡單。這個實驗研究的是鈷 -60 的 β 輻射，因為 β 輻射就是弱交互作用主導。先讓鈷 -60 原子在某個特定的磁場裡排列，這些鈷 -60 原子的自旋指向在磁場作用下是沿著磁場方向排列。再準備另外一些鈷 -60 原子，在另外一個與先前磁場反向的磁場裡排列。由於這次的鈷 -60 原子的磁場和剛才的方向相反，所以它們的自旋是相反的。從旋轉的視角來說，兩組鈷 -60 原子分別是順時針和逆時針旋轉。對比一下，會發現順時針和逆時針旋轉的鈷 -60 原子，剛好形成互為鏡像的兩種鈷 -60 的排列，這個鏡面方向就是磁場的方向。

　　不信可以試著看一下，你的手錶指針是順時針旋轉，但鏡子裡的手錶指針是逆時針旋轉。根據剛才汽車的例子，如果宇稱守恆，汽車前進，鏡子裡的汽車應該前進。鈷 -60 會發生 β 衰變，由於磁場的存在，它的 β 輻

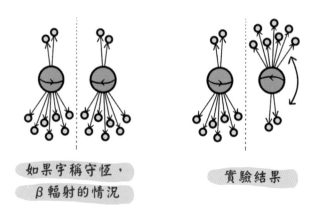

如果宇稱守恆，
β 輻射的情況

實驗結果

圖 14-3　宇稱不守恆定律下的 β 衰變

射應該平行於磁場方向，就是和鏡面平行。如果宇稱守恆，不管順時針還是逆時針的鈷 -60 的 β 輻射都應該是同一個方向。但實驗結果卻令人驚訝，順時針和逆時針的鈷 -60 的輻射方向居然剛好相反，就好像一輛前進的汽車的鏡像居然是後退的，這充分證明弱交互作用中的宇稱不守恆。

上帝是左撇子：左旋性微中子

　　微中子的一個神奇特性充分證明弱交互作用中的宇稱不守恆，就是微中子的螺旋性（helicity）。微中子的螺旋性可以說是讓包立對宇稱不守恆定律的那句評論一語成讖，看來上帝還真是個左撇子。

　　先來說說什麼是螺旋性，微中子的靜質量極小，幾乎趨近於零，因此在各種反應中產生的微中子的運動速度非常接近光速。可以沿著微中子的運動方向建立一個座標軸，定義微中子的運動方向為 z 軸的正向。微中子是費米子，自旋是二分之一。可以嘗試測量微中子沿著 z 軸方向的自旋是指向 z 軸正方向還是沿著 z 軸負方向。如果微中子在 z 軸方向上的自旋指向是沿著 z 軸正方向，我們就說這個微中子的螺旋性是右旋（right-handed），相反的，如果微中子在 z 軸方向上的自旋指向是沿著 z 軸的負方向，則螺旋性是左旋（left-handed）。

神奇的是，就目前來說，實驗裡探測到的所有微中子都是左旋微中子，所有反微中子都是右旋微中子。微中子不帶電，沒有色荷，除了引力之外，微中子只參與弱交互作用。生成微中子的反應，都是弱交互作用主導，如 β 衰變中，中子衰變成質子，並放出一個電子和一個反微中子。也就是弱交互作用中宇稱確實不守恆，如果宇稱守恆的話，弱交互作用中應該產生等量的左旋微中子和右旋微中子，但事實是，弱交互作用只偏好左旋微中子。這恰好說明，宇稱不守恆是弱交互作用的一個基本特性，弱交互作用的物理規律是個區分左右的物理規律。

其實微中子的螺旋性回答了一個問題，就是如何區分微中子和反微中子。β 衰變中，我們怎麼知道產生的是反微中子而不是微中子？微中子不帶電，也沒有色荷，微中子和反微中子質量相同，也沒有電荷、色荷的區別，如何區分正反？這裡的螺旋性就是一個區別，它們必然具備相反的螺旋性。

實驗確定微中子的手性很有趣，我們其實無法直接探測微中子的自旋方向，因為它不帶電，無法參與電磁交互作用。微中子的手性測量是間接測量。一個 π^+ 介子可以衰變成一個反 μ 子和一個 μ 微中子。π^+ 介子的自旋是零，反應前後系統總自旋不變，μ 子和反 μ 子是帶電的，所以我們可以透過測量反 μ 子的自旋來推理微中子的自旋方向，從而得出微中子的手性。

正是因為宇稱不守恆定律的結論太違反常識，且糾正學界長久以來的錯誤認知，在一九五七年，論文發表的一年後，楊振寧和李政道便獲得諾貝爾物理學獎。

總而言之，諾特定理讓對稱性對應了守恆量。接下來，我們來看看粒子物理學當中那些守恆量到底是怎麼來的。為什麼電荷守恆？背後對應的是一種對稱性 —— 規範對稱性。

[第三節] 規範對稱性與規範場

闡明守恆量與對稱性的關係，要如何理解這些基本粒子之間
不同的作用力呢？它們交換的粒子之間的關係是什麼樣的呢？

什麼是量子場？

不管這些基本粒子交換的是什麼粒子，如何交換，我們先把基本粒
子，也就是夸克、輕子當成一個整體來研究，它們都應該滿足量子力學。

原子裡的電子運動範圍小，數量不多，可以用薛丁格方程式去研究一
個電子的運動情況。但在一般情況下，我們感興趣的是廣義上由多個粒子
組成的量子系統的整體性質。先不從粒子交換的物理過程去理解粒子之間
的交互作用，可以先把粒子之間的交互作用抽象成一根根彈簧，想像粒子
和「彈簧」系統織成一張大網。

這張大網有彈性，上面還存在波動，有各種運動模式。但與一張普通
的彈性網不同，這裡所有的粒子都是量子化的，都要滿足不確定性原理。
所以這張網上代表一個粒子的不是一個點，而是一團波函數。這團由波函
數組成的巨大網格，就是量子場。場是一個數學概念，定義是**以時空座標
為參數的函數**。

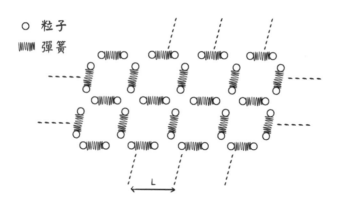

圖 14-4　量子場的物理圖像

量子場論需要融入狹義相對論，根據質能守恆 $E = mc^2$，能量與質量可以互相轉化，因此薛丁格方程式中有一個條件在考慮狹義相對論的情況下未必成立，就是粒子波函數的歸一條件。還記得量子力學的章節中講到，波函數的分布代表粒子在全時空範圍中任何一個位點出現的機率密度，但如果把整個時空範圍的所有機率加起來必然等於一，因為這個粒子存在，所以在全時空範圍內必然能夠找到它，這個「必然」使得它在全時空範圍被找到的總機率是一〇〇％，即一。但如果考慮狹義相對論，粒子的質量可能轉變為能量，因此歸一條件未必成立，這也導致薛丁格方程式不足以描述相對論性粒子的量子規律，量子場論是廣泛意義上統一討論粒子物理的必備工具。

楊－米爾斯場

　　量子場這張大網裡的「彈簧」是什麼做的？性質是什麼？現在對量子場還是一無所知，得到的一些歸納性的結論其實就是一系列守恆量。例如量子化的電磁場必須保證電荷守恆，由諾特定理可以知道，這種守恆必然對應於某種對稱性。於是這裡的思路就變成：找出對應於守恆量的對稱性，從對稱性出發，了解量子場中「彈簧」的性質。

　　這就要說到著名的規範場論（gauge theory），也叫楊－米爾斯理論。該理論於一九五四年由楊振寧與羅伯特・米爾斯（Robert Mills）共同提出。它的基本思路相對比較複雜，需要一定的數學知識才能明白。

　　這一切還要從波函數說起，先前一直說量子系統的波函數代表粒子出現的機率。波函數的數學運算式，可以是一個複數。高中時學過一個概念——虛數 i，它被定義為 $\sqrt{-1}$，即 $i^2 = -1$。複數就是一個實數加一個虛數，複雜的數的意思。實數代表可測量值，例如測量一個東西的大小、高低、快慢、質量、電量等，這些物理量都是實數，而虛數是一種人造數字，沒有實際意義，至少自然中沒有任何可測的物理量可以用虛數表示，做實驗得到的結果必須是實數。實驗測量在數學公式上的表達，對應的是

對波函數這個複數做各種數學操作，且要保證操作完後得出的結果是個實數，否則這個結果沒有物理意義。

我們說波函數表徵粒子出現機率的大小，這個說法其實沒有完全說完，應該是波函數的「模」（modulus）的平方大小，正比於粒子處在某狀態的機率的大小。例如波函數是 a + bi，其中 a 和 b 是實數，i 是虛數。這個波函數不能代表機率，而它的模 $\sqrt{(a^2 + b^2)}$ 是實數，這才是一個有意義的數字。

既然如此，只要最終算出來的 $a^2 + b^2$ 不變，不管波函數是 a + bi，還是 a + bi 乘以一個模是一的複數，都不影響最後機率的大小。保持最後測量結果不變的情況下，可以任意選取波函數的形式，因為最終測量的只能是和波函數的模相關的物理量。保持模不變的情況下，可以選取無數種波函數的運算式來表達同一個狀態。

這裡就出現對稱性的特點，我們對波函數做的操作，就是在保證模不變的情況下，可以任意變換它的波函數。每次變換都不會改變對它的測量結果，這就是一種對稱性，叫規範對稱性。同一個物理狀態，可以用無數個波函數去描述它，這裡的每個波函數都是一個規範。但也不是所有波函數都可以，必須滿足一定的條件。例如對描述電荷的波函數來說，條件就是波函數不管怎麼變，模不能變。好比你替孩子取名字，可以取無數名字，但為了讓別人從名字裡看出他是臺灣人，總要用中文字為他取名。這裡的無數個名字，就是孩子的無數個規範。必須用中文字，就是為一個臺灣孩子取名字的規範對稱性。

和前面說的對稱性（如空間平移對稱性、時間平移對稱性）不同，規範對稱性不是一種時空對稱性，它是微觀粒子內部的內在對稱性。一個量子場必須滿足整體的規範對稱性，也就是整個量子場的不同時空位置，如果同時發生一個規範的變換，不會影響系統的任何性質，因為最終取的是波函數的模。好比全臺灣人都改名，都在原來的名字前加個「王」字，不會影響大家分清楚誰是誰。

但這明顯不夠，因為量子場的交互作用是局域化（localized）的。兩個粒子在 A 地發生交互作用，肯定不會馬上影響到幾光年以外的粒子的行為，所以規範對稱性不應該是整體、全域的對稱性，而應該是局域化的。也就是說，量子場中，每一個電荷的波函數都應該能自由選取一個規範。一個地方換了規範，不會影響全域。好比你替孩子取名，不用管鄰居替他的孩子取什麼名字，這叫局域規範對稱性。一旦要求量子場的波函數必須滿足局域規範對稱性，神奇的事情就發生了。

　　如果要滿足局域規範對稱性，就會發現必須有一個額外的量子場存在，就是規範場。如果只研究電荷，我們會發現，為了滿足局域規範對稱性，必須存在電磁場。也就是說，電磁場在量子力學的框架內，無非就是電荷波函數的規範場而已。電磁場的存在，是被局域規範對稱性牢牢約束的。

　　原本我們對電磁場的理解是歸納性的，用實驗發現存在電磁場，但有了規範場，就把歸納法的源頭推到局域規範對稱性。局域規範對稱性是歸納的第一性原理，為了滿足它，必須存在一個規範場，這個規範場在物理性質上就體現為電磁場。也就是說，電磁場成為局域規範對稱性演繹的必然匯出。

　　如何理解電磁交互作用呢？只是這個規範場的擾動而已。什麼是擾動？就是讓規範場的能量往上提升一個單位，激發規範場的能量單位提升一個單位，就出現一個規範玻色子（gauge boson）。

　　規範場就像一盆肥皂水，攪動一下就會產生泡沫。這些泡沫叫做規範玻色子，它們就是基本粒子之間相互交換的粒子，到這裡其實就可以回答這些基本粒子是如何交互作用了。

　　這裡要換成對稱性的語言，色荷、味荷、電荷，這三種荷的本質不是因為測量得出它們是三種不同的荷，只不過它們的波函數對應於三種不同的局域規範對稱性，這就要求存在三種不同的規範場。就像一盆肥皂水，這三種荷的作用就是在肥皂水裡攪動產生三種不同的肥皂泡。這些荷之間

交換肥皂泡導致的效果，體現為它們之間的作用力。

這三種對稱性是用數學中的群論來描述的，具體的是用群論中的李群（Lie group）進行描述。它們都有不同的名字，電磁場是 U（1）規範場，弱交互作用場是 U（2）規範場，強交互作用場是 U（3）規範場。這三種對稱性的數學性質完全不同，其中 SU（2）、SU（3）是真正的楊－米爾斯場。

這三種規範場的「肥皂泡」，到底是什麼呢？

U（1）規範場被激發起來的「肥皂泡」就是光子，SU（2）被激發起來三種粒子，分別是 W$^+$、W$^-$ 和 Z^0 玻色子，其中 W$^+$ 帶正電，W$^-$ 帶負電，Z^0 不帶電。SU（3）被激發起來的是膠子，膠子本身攜帶色荷，傳遞強交互作用力。這些用來交換傳遞的粒子都是玻色子，具體來說，它們被稱為規範玻色子。

根據諾特定理，這幾種規範對稱性對應的守恆量都可以計算出來。算出來的結果自然而然就有各式各樣的守恆量，例如 U（1）規範場用來描述電磁交互作用，它的規範對稱性給出電荷守恆。其他規範場的守恆量相對複雜，但都很好地解釋為什麼會有那麼多守恆量。

漸進自由

楊－米爾斯理論可以說是一個極具美感和根基性的強大理論，之前談過夸克禁閉，是指無法分離出獨立的夸克，做為一種現象，目前雖無確定的理論解釋，但依據楊－米爾斯理論的研究所得出的「漸進自由」（asymptotic freedom），比較好地佐證夸克禁閉這種現象。

首先看一個簡單的問題，經典電磁學中，兩個電荷之間的庫侖力正比於二者電荷量的乘積，反比於二者距離的平方。現在想像讓兩個電荷之間的距離開始縮小，庫侖力的形式告訴我們，隨著二者距離不斷趨近於零，庫侖力的大小將趨向於無限大，這就說明經典電磁學庫侖力的數學形式是無法精確描述微觀尺度下電磁交互作用規律的，因為兩個電荷距離為零這

個點，是庫侖定律這條物理定律的「奇點」，庫侖定律在電荷距離趨近於零的情況下破潰了，要描述電荷距離極小的情況，必須要對庫侖定律進行修正，這說明庫侖定律不是最根本的描述電磁交互作用的理論。

以夸克和膠子為研究對象，研究強交互作用的學說叫量子色動力學（quantum chromodynamics），色動力學是用 SU（3）楊－米爾斯場對強交互作用進行描述。如果兩個夸克之間的距離極其接近，夸克之間的作用力也趨向於無窮大，就是假如 SU（3）楊－米爾斯場也遇到上述類似於庫侖定律的問題，則說明楊－米爾斯理論不夠有根基。但在一九七三年，美國物理學家弗朗克·韋爾切克（Frank Wilczek）、大衛·葛羅斯（David Gross）和休·波利策（Hugh David Politzer）發現的 SU（3）「漸進自由」現象，恰好證明楊－米爾斯理論是根基性的理論，因為「漸進自由」現象告訴我們，楊－米爾斯理論根本不會遇到類似於庫侖定律那樣的破潰。

漸進自由的結論其實很簡單：當夸克之間很接近時，交互作用非常弱，直至夸克之間的距離趨近於零，交互作用強度也趨近於零，相反的，當夸克之間遠離時，交互作用變得強烈。這個結論讓夸克禁閉顯得自然，當夸克之間的距離增大時，強交互作用的趨勢是阻止它們的距離變得更大，三位提出漸進自由現象的物理學家於二〇〇四年獲得了諾貝爾物理學獎。

漸進自由現象突顯楊－米爾斯理論的根基性與普適性。

從邏輯上應該如何理解楊－米爾斯場的思想呢？我們用實驗測量出電荷、色荷、味荷的存在，本質上是對其存在的一種歸納性理解。但規範場論告訴我們：電荷之所以表現得像電荷，色荷之所以表現得像色荷，是因為它們以波函數存在的具體形式，滿足不同的規範對稱性。

規範場論把我們對於各種荷和基本作用力的理解推進了一層，這幾種荷和它們的交互作用其實可以用演繹法推出來，規範場論告訴我們，**力源自對稱**。

至此，我們了解如何用規範場（楊－米爾斯場）理論理解這些基本粒子之間的相互作用，以及它們如何被統合到同一個理論框架內。然而楊－

米爾斯場理論並非萬能，它在解決實際問題的過程中有無法解釋的問題，這就引出上帝粒子的理論，後面將繼續討論如何統合幾種基本作用力的問題。直到上帝粒子，就是希格斯理論和標準模型的提出，粒子物理學才真正在一定程度上達到統合。

[第四節] 楊－米爾斯場理論的未解之謎

質量問題

楊－米爾斯場理論用規範對稱性、規範場的思想全面解釋基本粒子之間如何交互作用，刷新我們對於基本粒子的認知。我們通常從粒子具有的性質（如色荷、味荷、電荷）出發認知基本粒子，但如果不討論這些荷的交互作用，只討論它們本身是沒有意義的，因為它們只是個名字，甚至如果沒有這些交互作用，我們根本意識不到它們的存在，因為感知到它們的存在本質上是我們能與它們發生交互作用，交互作用才是更本質的。

在規範場論之前，我們實際是用反向的邏輯順序去認知這些基本粒子。正確的順序應該是：這些不同的荷的波函數對應於不同的規範對稱性，不同的規範對稱性揭示必然存在不同的規範場。這些荷的本質是在不同的規範場中激發起不同的規範玻色子，規範玻色子在色荷、味荷、電荷中相互交換，從而產生力的效果。我們透過對作用力的認知，認知幾種荷的存在且反向定義了色荷、味荷、電荷。

這裡面的核心理論就是楊－米爾斯場，也就是規範場論的思想。是楊－米爾斯場用局域規範對稱性將這一系列的性質聯繫在一起，雖然楊－米爾斯場的思想是正確的，但它在實際應用中遇到了問題。

例如透過三種規範場，可以解出三類用以交換的粒子，從而產生三種作用力。楊－米爾斯場精準預言了這三種粒子的性質，但有一件事情單用楊－米爾斯理論解釋不了。透過楊－米爾斯場的計算，這三類用以交換的粒子的質量都應該是零，它們的運行速度都應該是光速。不過，根據實驗

的測量，雖然光子和膠子質量確實是零，運動速度為光速，但 W⁺、W⁻ 和 Z⁰ 這三種負責弱交互作用的規範玻色子質量不為零。這和楊－米爾斯理論的描述不相符，也就是楊－米爾斯場理論無法解釋弱交互作用的三種規範玻色子的質量是怎麼來的。

最小作用量原理

為了解決這個問題，要先介紹量子場論的基本研究方法。它對應一條原理——最小作用量原理（principle of least action）。

為了說清楚最小作用量原理，必須把時間倒回到牛頓時代。牛頓運動定律描述了力學系統的運動狀態，原則上只要解牛頓法，多複雜的經典力學系統都可以解出來。但有比牛頓力學更為具有統合性的方法，就是約瑟夫・拉格朗日（Joseph-Louis Lagrange）和威廉・哈密頓（William Rowan Hamilton）的理論力學體系。

首先，對於一個系統，我們可以定義一個量，叫做拉格朗日量（Lagrangian），用字母 L 表示。一個力學系統的拉格朗日量可以簡單地理解為它的動能減去它的位能，假設系統有一個初始狀態和一個最終狀態，作用量（action）就定義為系統的拉格朗日量在初始狀態到最終狀態這兩個狀態之間時空路徑的積分。就是把這條路徑上每個點的拉格朗日量加起來，用字母 S 表示。

最小作用量原理可以表述為：一個系統的運動軌跡，就是那條讓作用量 S 最小的軌跡，這就是理論力學對於牛頓力學的統合。這套最小作用量原理放在任何系統，哪怕是量子系統也適用（量子場論中，最小作用量原理表述在費曼的「路徑積分」中，本書不對路徑積分的思想做單獨講解，建議感興趣的讀者可自行研究）。把量子系統的動能減去位能，在時空維度上做積分，得到作用量 S。再將 S 最小化，就能得到量子系統運行的規律，最小作用量原理像是最小能量原理的推廣。

從計算角度來看，要求解量子場的問題，本質上是要找出不同量子場

正確的拉格朗日量，但對於複雜的量子系統，拉格朗日量不容易寫出來。除了實驗能測量到的一些數值以外，我們不知道有哪些東西還對拉格朗日量有貢獻。

楊－米爾斯場的研究方法，本質上是讓量子場的拉格朗日量滿足局域規範對稱性。所以拉格朗日量的形式中，必須包含一個新的規範場，這才推出不同規範場的存在。規範場裡激發起來的就是交換用的規範玻色子，它對應於不同種類的力。但在楊－米爾斯場的拉格朗日量裡，沒有規範玻色子質量的蹤影。

就是在楊－米爾斯場的拉格朗日量裡，不存在規範玻色子的質量。根據楊－米爾斯場的計算，規範玻色子的質量必須為零。所以在楊－米爾斯場方程式中，被激發起來的粒子都應該是零質量、以光速運動的粒子，這對於強交互作用和電磁力來說是對的。但對於傳播弱力的 W^-、W^+ 和 Z^0 這三種粒子，它們透過實驗測量出來是有質量的，就無法用楊－米爾斯場解釋。因為它們的拉格朗日量裡，壓根沒有質量。

自發對稱性破缺

這個問題的解決非常曲折，最初日本物理學家南部陽一郎提出一個非常神奇的概念，叫做自發對稱性破缺（spontaneous symmetry breaking）。

根據之前所述，這些量子場的拉格朗日量裡根本沒有質量。如果有質量，這些拉格朗日量在數學形式上就無法滿足局域規範對稱性。楊－米爾斯場理論的核心，是因為滿足局域規範對稱性，所以存在規範場。規範場的激發，提供用來交換的粒子。如果楊－米爾斯場理論正確，這些量子場的拉格朗日量就必須要滿足規範對稱性。**如果要滿足對稱性，這些規範玻色子就不能有質量。**如果有質量，就破壞了規範對稱性，楊－米爾斯理論的根基就不穩了。

要嘛楊－米爾斯理論錯誤，要嘛這些規範玻色子不能有質量。但實驗測出來的弱交互作用的三種玻色子確實有質量，也就是說，質量的存在與

局域規範對稱性從根本上是矛盾的，二者只能選其一。

　　自發對稱性破缺本質上就是去融合這兩個看似矛盾的條件，做到有質量的同時不破壞規範對稱性的。自發對稱性破缺講的是對稱性確實沒了，就是質量其實就體現為對稱性的破缺和丟失，且這個破缺的過程是「自發」的，接下來解釋什麼是「自發」。

　　系統實際的運行方式是讓作用量最小的運行方式，有沒有可能系統的拉格朗日量滿足規範對稱性，但在實際的運行過程中表現為破壞對稱性的方式呢？描述系統的拉格朗日量是個方程式，確實是滿足規範對稱性的。但真實的運行方式是要去解這個方程式，如果解不滿足規範對稱性，也就是真實的運動方式不滿足規範對稱性，這不就與有質量不矛盾了嗎？方程式對稱但解不對稱，所以真實的運動方式表現為有質量。而實驗去測量的是真實的運動方式，不是方程式。

　　好比一桌人圍著圓桌吃飯，每兩個人中間都放一副碗筷。由於是張圓桌，所以每個人左邊和右邊都各有一副碗筷，這種安排，碗筷的數量和客人的數量相等，每個人都可以有一副碗筷。吃飯前，整個系統非常對稱。這就像在真實運行前，整個系統的方程式非常對稱。但開始吃飯時，由於有的人是左撇子，有的人是右撇子，一定會有人去拿左手邊的碗筷，有人去拿右手邊的碗筷。所以最終的結果，高機率會有人因為左邊的和右邊的碗筷都被人拿了而拿不到碗筷，於是這個系統在真實運行時變得不對稱了。

　　這就是自發對稱性破缺想要闡明的道理，它提供一個解決楊－米爾斯理論問題的辦法，讓它保持對稱性。但**真實的運行軌跡卻破壞對稱性，導致質量的產生**。這裡的自發說的就是這種對稱性的破壞並非體現在方程式裡，而是體現在真實的運行方式當中，不是人為設置。自發對稱性破缺機制和上帝粒子的提出，切實解決弱交互作用中規範玻色子存在質量的問題。

[第五節] 標準模型與上帝粒子

本節繼續深入討論楊－米爾斯理論中遇到的質量問題是怎麼解決的。南部陽一郎提出自發對稱性破缺機制所引出的希格斯理論，徹底解決這個問題。

最小作用量原理

回顧楊－米爾斯理論的方法論，嘗試寫出這些量子場的拉格朗日量。根據楊－米爾斯理論，這些拉格朗日量應當要滿足局域規範對稱性。根據局域規範對稱性，可以得出存在各式各樣的規範場。不同的規範場其實就是不同的荷提供的場，例如電荷滿足的 U（1）規範對稱性，可以推導出必然存在一個 U(1) 規範場。這個規範場就是電磁場。根據規範對稱性，我們得到一個比較正確的拉格朗日量。有了拉格朗日量，就可以定義另一個量，叫作用量。這個作用量就是將在不同時空位點的拉格朗日量做積分加起來。有了作用量，就可以去求解系統的真實運動方式。這個真實的運動方式，對應於讓作用量最小的那些運動方式。

自發對稱性破缺認為這個作用量的方程式固然滿足規範對稱性，但那個真實的、讓作用量最小的運動方式，就是這個方程式的解的對稱性是破缺的。

希格斯玻色子：質量的成因

有了自發對稱性破缺的機制，就能解決質量問題。一九六二年和一九六三年，三個小組、六位物理學家，幾乎同時提出解決質量問題的機制——著名的希格斯機制（Higgs mechanism）。

希格斯機制說的是：存在一種彌漫全空間的量子場，叫希格斯場。弱交互作用的規範場會與希格斯場發生交互作用。作用的過程中，有自發對稱性破缺機制，破缺後就導致 W^+、W^-、Z^0 三種玻色子獲得質量。弱交互

作用的規範玻色子本身沒有質量，且從弱交互作用的本質上來說，它的強度應該該比電磁力強一點，但由於它們會與希格斯場進行交互作用，會產生一個新的拉格朗日量。這個新的拉格朗日量的解，會發生自發對稱性破缺，破缺後就體現為有質量了，且由於獲得質量，等效的弱交互作用就變得極弱。這個物理過程可以如此定性理解：強交互作用、電磁力交換用的膠子和光子都是靜質量為零、以光速傳播的，因此強交互作用和電磁力交換粒子的效率高，導致強交互作用和電磁力的強度強；弱交互作用交換的 W^+、W^- 和 Z^0 玻色子有質量，所以體現為交換效率低，從而導致弱交互作用的強度弱。

質量這個性質透過希格斯機理有了全新的解釋，粒子的質量，其實體現為與希格斯場的交互作用。如果一個粒子不與希格斯場相互作用，則體現為沒有質量，運動速度為光速。例如光子沒有質量，運動速度就是光速。

粒子只要與希格斯場有交互作用，就體現為有質量。粒子與希格斯場交互作用的效果，其實是希格斯場對於粒子運動的阻礙。這種與希格斯場的交互作用，體現為希格斯場與相應的粒子作用後發生的自發對稱性破缺。

希格斯場是一種量子場，也像一盆肥皂水。希格斯場被激發起來的粒子叫希格斯玻色子（Higgs boson），它是萬事萬物質量的成因，沒有質量，就沒有引力，沒有引力，天體就無法形成，更不會有恆星、行星、地球，甚至生命。正因為希格斯玻色子提供質量，才能讓我們的宏觀世界存在，就像西方宗教體系說的「上帝創造世界」，所以希格斯玻色子也被稱為上帝粒子。

希格斯機制在一九六四年就被提出，但到二〇一二年才被證實。因為要在實驗中探測到希格斯玻色子，需要非常高的能量等級。瑞士的大型強子對撞機建成才能做如此高能量等級的實驗來證實希格斯玻色子的存在，希格斯等物理學家於二〇一三年獲得諾貝爾物理學獎。

標準模型

　　隨著希格斯玻色子被證實，二十世紀的粒子物理學基本封頂。希格斯玻色子，以及之前所有關於基本粒子的研究，被統合成一個相對終極的理論，叫做標準模型。研究出標準模型的物理學家主要有三位，分別是史蒂文・溫伯格（Steven Weinberg）、謝爾登・格拉肖（Sheldon Lee Glashow）和阿卜杜勒・薩拉姆（Abdus Salam），他們於一九七九年獲得諾貝爾物理學獎。

　　標準模型的核心資訊是什麼呢？做的事情其實是以楊－米爾斯理論為根基，把實驗室裡能夠探測到的所有基本粒子做集中描述：

　　第一，標準模型不討論引力，只討論強交互作用、弱交互作用和電磁交互作用。

　　第二，色荷參與強交互作用，味荷參與弱交互作用，電荷參與電磁交互作用。

　　第三，夸克是參與所有四種交互作用的基本粒子，總共有三十六種。三十六種夸克對應於三種色荷與六種味荷，分別是紅、綠、藍三色和上夸克、下夸克、奇夸克、魅夸克、頂夸克、底夸克。它們都是費米子，都有各自的反粒子。

　　第四，電子、μ 子和 τ 子參與除強交互作用以外的其他三種交互作用，電微中子、μ 微中子和 τ 微中子，這三種微中子則只參與弱交互作用和重力交互作用（有理論預言微中子也許極其微弱地參與電磁交互作用，但實驗上沒有實證）。

　　第五，三種交互作用是靠不同的荷之間交換規範玻色子實現的。強交互作用是一種力，由色荷之間交換膠子實現。膠子也攜帶色荷，一共有八種。之所以是八種，是因為色荷有三種，排列組合形成的量子疊加態有八種，對應八種膠子。弱交互作用也是一種力，由味荷之間交換 W^+、W^-、Z^0 三種規範玻色子實現。電磁交互作用同樣是一種力，由電荷之間交換光子實現。

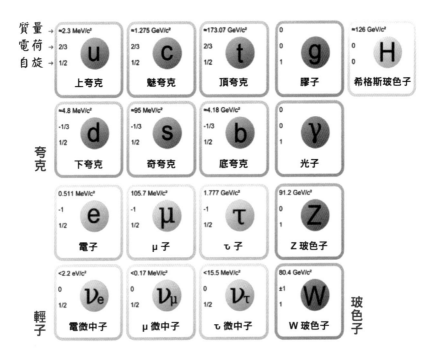

質量 →
電荷
自旋 →

| ≈2.3 MeV/c² | ≈1.275 GeV/c² | ≈173.07 GeV/c² | 0 | ≈126 GeV/c² |

u 上夸克　　**c** 魅夸克　　**t** 頂夸克　　**g** 膠子　　**H** 希格斯玻色子

2/3 1/2　　2/3 1/2　　2/3 1/2　　0 1　　0

| ≈4.8 MeV/c² | ≈95 MeV/c² | ≈4.18 GeV/c² | 0 |

d 下夸克　　**s** 奇夸克　　**b** 底夸克　　**γ** 光子

-1/3 1/2　　-1/3 1/2　　-1/3 1/2　　0 1

| 0.511 MeV/c² | 105.7 MeV/c² | 1.777 GeV/c² | 91.2 GeV/c² |

e 電子　　**μ** μ子　　**τ** τ子　　**Z** Z玻色子

-1 1/2　　-1 1/2　　-1 1/2　　0 1

| <2.2 eV/c² | <0.17 MeV/c² | <15.5 MeV/c² | 80.4 GeV/c² |

νₑ 電微中子　　**ν_μ** μ微中子　　**ν_τ** τ微中子　　**W** W玻色子

0 1/2　　0 1/2　　0 1/2　　±1 1

夸克　　輕子　　玻色子

圖 14-5　標準模型中的所有基本粒子

　　第六，膠子是因為色荷的波函數滿足 SU（3）對稱性，因此膠子本質是由 SU（3）規範場激發出來的，膠子沒有質量。光子是因為電荷的波函數滿足 U（1）對稱性，因此光子本質上是由 U（1）規範場就是電磁場激發出來的，光子也沒有質量。W^+、W^-、Z^0 三種規範玻色子是因為味荷滿足 SU（2）對稱性，因此這三種玻色子是由 SU（2）規範場激發出來的。這三種玻色子有質量，是因為它們與希格斯場交互作用經歷自發對稱性破缺。

　　第七，存在一種彌漫全空間的場，叫希格斯場。希格斯場激發出來的粒子叫希格斯玻色子，它是質量的成因，其他基本粒子有質量是因為與希格斯場發生交互作用。

　　標準模型一共描述以下六十一種基本粒子。

夸克有六種味，分別是上、下、奇、魅、頂、底，且每種夸克都可以有三種色——紅、綠、藍，於是夸克有十八種。對應的，夸克都有反夸克，所以夸克和反夸克總數是三十六種。

輕子有六種，算上它們的反粒子，總共有十二種。

膠子有八種，它們的反粒子就是自己，W^- 和 W^+ 互為反粒子，Z^0 是自己的反粒子，算上光子，光子也是自己的反粒子，規範玻色子一共有十二種。

再加上希格斯玻色子，總共有 36 + 12 + 12 + 1 = 61 種基本粒子。

標準模型無法解釋的問題

標準模型可以說是二十世紀粒子物理學極其成功的理論模型，因為它與實驗的結果符合得非常好。但標準模型還有不少沒有解決的問題，甚至可以說，標準模型幾乎一定是一個暫時性的理論。

標準模型解釋四種交互作用當中的三種，用楊－米爾斯場和希格斯場，描述三種交互作用，把它們統一在同一個理論框架內。但我們知道，強交互作用比電磁力強得多，電磁力又比弱交互作用強得多。雖然標準模型沒有解釋引力，引力又比弱交互作用弱得多。為什麼這四種交互作用的強度會差那麼多？這是標準模型沒有從原理上回答的。

標準模型把這幾個力的強度當成既定事實，引力的強度是用萬有引力常數表徵。萬有引力常數 G 非常小，數值上為 6.67×10^{-11}。電磁力的強度用庫侖常數表徵，數值上為 9×10^9，非常大。標準模型裡，表徵強交互作用、弱交互作用和電磁交互作用的作用常數，是三個不同的數值。這三個不同的數值，是依靠實驗測量出來的，不是透過標準模型經過演繹法推導出來的。也就是說，標準模型無法解釋為什麼這幾個作用常數差別那麼大。真正意義上對於幾種力的統一，應當在運算式中只有一些最基本的常數是靠實驗測量的，其他的東西都應該由演繹得來。而標準模型當中需要實驗測量的參數太多了，有三十多個。因此，標準模型一定是一個不夠基

本、不夠終極的理論。

除此之外，標準模型依然無法解決最初的問題：存不存在德謨克利特意義上的原子？標準模型裡的基本粒子還有很多：三十六種夸克、十二種輕子、十二種規範玻色子、希格斯玻色子。也就是說，標準模型遠還不能回答最初的問題：什麼是終極的、單一的、萬事萬物的基本構成？

雖然有很多問題無法回答，但在目前能夠做實驗的層面上，標準模型已經是最先進的理論。再去探索，必須讓實驗水準跟上。只是在二〇一二年，我們才驗證了希格斯玻色子。如果要繼續追求終極，恐怕短時間內實驗水準是跟不上的，但科學家在這條道路上還是有非常多的理論性嘗試，它們指向終極的理論。例如大一統理論、超對稱理論和弦理論，這些理論都是對終極問題的探索。但目前沒有一個理論得到任何實驗證據，且指向終極。還不只這些，正是因為沒有實驗的論證，才導致可能的理論非常多。對於終極理論的探索，科學家們還有很長一段路要走。

極熱篇
The Hottest

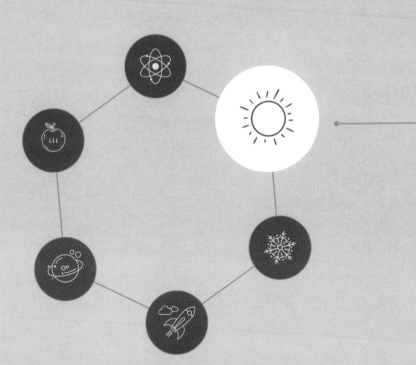

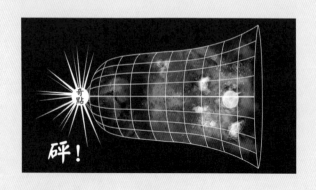

[導讀]
亂中有序的真實世界

　　說到熱，指的自然是溫度的高。前四篇討論的對象大多是單個物件，例如〈極快篇〉討論的速度快，大多是指單個物體運動速度極快；〈極大篇〉討論的是單個天體的特性，最多不過是兩個天體之間的交互作用規律；〈極重篇〉中廣義相對論討論的是時空性質，時空做為一個整體也是單獨的研究對象，對於黑洞的研究不過局限於單個天體如何成為黑洞；〈極小篇〉從單個原子的結構開始討論，直到核子物理、粒子物理學和標準模型，我們研究的都是一個或若干個物件的物理狀況。

　　但現實世界中，我們面對的通常是由大量的分子、原子和更多比原子還小的次原子粒子（subatomic particles，原子核、質子、中子都被稱為次原子粒子）組成的研究對象。如果把眼界拓寬到現實世界裡真實存在的物理系統中，我們要用實驗去探測的大多是多粒子系統。例如研究一瓶水、一罐氣體，裡面的分子數（number of particles）都極其巨大，大到亞佛加厥常數（Avogadro constant），就是 10^{23} 數量級。大約二十毫升的氧氣中，就含有亞佛加厥常數數量級的氧氣分子。

　　多粒子系統這個叫法其實不夠清晰，它的另一層意思是粒子的數量多

於一個，所以這個稱謂不能充分表達亞佛加厥常數這個數量級。粒子很多的系統用專業術語來表達，叫系綜（ensemble），是指那些粒子數大到亞佛加厥常數數量級的系統。

內容安排

對於一個系綜，溫度就是必須要面對的首要物理性質。因此在第十五章，我們要先明白什麼是溫度。

溫度是只有面對系綜時才真正有效的概念，它體現為正比於大量粒子運動動能的平均值。單個粒子的運動動能不體現為溫度，只有當粒子數夠多時，把它們運動的情況做統計平均值，才能讓溫度這個概念有充分的意義。當然，粒子少時不是不能有溫度的定義，只是這種情況暫時不在我們的討論範圍內。

有了溫度的概念，就可以討論一個系綜可被測量的其他物理性質與溫度有什麼關係。物質有不同形態，例如水在溫度不同的情況下有固態、液態和氣態。根據生活經驗，水的不同形態與它的溫度有關，溫度愈高愈傾向氣態，愈低則愈傾向固態。例如燒水會讓水沸騰，放在冰箱冷凍室則會結冰。

研究系統物理性質與溫度關係的學科叫熱力學，這是一門比較古老的學科。熱力學的理論有不少是經驗性的，例如可以透過生活經驗知道：氣體的壓力與它的溫度成正相關，用壓力鍋燒水，溫度愈高，鍋裡的氣壓愈大。

熱力學的發展相對來說比較紛亂，不像前文提到的相對論、量子力學的發展過程那樣清晰。熱力學的研究成果很多是在十九世紀工業革命的大環境下，對工程學的研究發展所得出。因此，熱力學會出現很多過渡性的、經驗性的結論，像熱力學第二定律（second law of thermodynamics）的表述方式就至少有四種。其中三種是宏觀表述，是在研究不同領域問題的過程中被總結出來。再例如卡諾定理就是尼古拉・卡諾（Nicolas

Léonard Sadi Carnot）在對熱機（heat engine）的研究當中總結出來的，但它與其他兩種宏觀表述，也就是克耳文表述和克勞秀士（Clausius）表述完全等價。透過較為複雜的演繹，可以證明它們說的是同一件事情。

直到十九世紀末、二十世紀初，熱力學才全面發展成為演繹性的學科，就是統計力學（statistical mechanics）。統計力學是透過機率論和統計學來研究系綜性質的學說，透過一條最基本的定義——路德維希·波茲曼（Ludwig Boltzmann）關於熵（entropy）的定義，以及一條原理——熱力學第二定律，也叫熵增加原理，就可以推導出整個統計力學的龐大系統。統計力學至今還是非常活躍的學術領域，因為變化足夠複雜。

了解系統物理性質與溫度的關係，以及在微觀解析層面透過統計力學了解系綜的物理規律後，第十六章再來看看把溫度從低推到高，物質會有哪些不同形態。從室溫開始逐漸把溫度升高到攝氏上億度，你會發現除了常見的固體、液體和氣體外，還有等離子體（plasma）這種特殊物質形態。

當溫度達到一億度，核反應就變成可能。但從人工角度，如何才能製造這種高溫呢？除了原子彈爆炸的中心溫度，還可以利用雷射達成。

第十七章，溫度愈高代表系統內粒子運動的方式愈混亂，也就是說系統會變得愈發複雜。隨著熱力學、統計力學的發展，誕生一個重要的學科——複雜科學。例如三體問題（three-body problem）、蝴蝶效應（butterfly effect）、混沌系統（chaotic system），這些問題都屬於複雜科學的研究範疇。雖然複雜科學嚴格來說已經可以自成一脈，不劃歸在熱力學和統計力學的範疇，但對它進行一定的介紹還是非常有必要的。第十七章，你會發現複雜系統的運行方式才是真正接近我們這個世界的真實運行方式。

第十五章

熱力學與統計力學

[第一節] 什麼是溫度？

溫度的宏觀定義

要討論「極熱」，自然是指溫度的高。什麼是溫度？中學將溫度描述為「物體的冷熱程度」。

物體的冷熱程度是人體的一種知覺，每個人對冷熱的感受不同。南方人通常比北方人耐熱，有些人洗澡喜歡用四十度以上的水，有些人則覺得太燙了。於是我們需要一個客觀、定量的定義來描述溫度的高低。

溫度是用一些處在恆定狀態的物理系統來確定的，冰水混合物的溫度被定義為零度，一個大氣壓下水沸騰時的溫度為一百度。定下零度和一百度後，把溫度計一百等分，就有不同的溫度定義。

溫度的微觀定義

以上用溫度計做定義，測量的是物體的宏觀溫度性質。宏觀物體由微觀粒子組成，將溫度具體分配到每個粒子上，它在微觀世界的定義是什麼呢？一個粒子的溫度如何定義？

不如由一個物理現象出發，猜測從微觀層面來定義的溫度應該是什麼樣子。我相信你應該有過泡奶粉、泡咖啡或泡茶的生活經驗，都需要熱水，如果用冷水很難化開。化開得快，本質是分子之間相互滲透的速度快。因為熱水溫度高，水分子運動速度快，所以化開得快。這就告訴我們，溫度的本質和分子的運動速度快慢有關，分子運動速度快體現為溫度高。這樣就

引出溫度的微觀定義，溫度的高低，具體數值是多少現在不用在意，因為它無非是一個人為確定的標準而已，我們探究的是溫度的本質。

溫度的本質是微觀粒子的運動，但如果用微觀粒子的運動速度來定義溫度不太方便，為什麼？因為速度是向量，不光有大小，還有方向，但溫度是一個標量，只有大小，沒有方向。所以可以把溫度定義為正比於微觀粒子運動動能的平均值，因為動能和微觀粒子運動速度的平方成正比，是只有大小，沒有方向的量。

一個宏觀物體的溫度**正比於組成它的所有粒子動能的平均值**。這裡的關鍵是平均值，就是說溫度是一個宏觀概念，單個粒子不存在溫度的概念，只能描述它的動能。假設現在有一罐氧氣，它的溫度恆定為二十度。這裡的二十度，正比於所有氧氣分子微觀運動動能的平均值。但如果真的去觀察每個氧氣分子的運動，會發現它們還在碰來碰去，不可能每個分子的運動速度完全一樣，所以運動動能不可能完全相等。因此只能說，溫度正比於所有微觀粒子運動動能的平均值。就像你問一個班級裡學生的平均身高是多少，可能是一百五十公分，但不可能每個學生的身高都是精確的一百五十公分（此處說溫度正比於動能的平均值，是因為還存在波茲曼常數 k，k ≈ 1.38×10^{-23} J/K，J 代表焦耳，是能量單位；K 代表克耳文，是溫度單位。溫度 T × 波茲曼常數 k，結果就是能量單位）。

因此，討論微觀系統，尤其是單個粒子或較少數量粒子的溫度沒有意義，只需要用動能就可以描述它。**溫度是一個統計概念，用來描述的對象必須是一個系綜**，系綜是指那些粒子數大到亞佛加厥常數數量級的系統。溫度是一個用來研究多對象、大體系的物理量。它的研究對象必須有非常多個體，多到無法描述單個個體，而只能描述整體的平均性質。這就引出熱力學的適用範圍，它研究的是巨大數量個體組成的整體性質，數量多達亞佛加厥常數的數量級。

真空中的溫度是多少？

有了溫度的微觀定義，就會發現「溫度是物體的冷熱程度」這個描述不夠準確，至少是不全面的。把一個溫度計扔到一個地方，給出一個讀數，未必是溫度的定義。就像我問你真空的溫度是多少，此處是指理想的、真的空無一物的真空。現實的真空是不空的（前文描述的卡西米爾效應告訴我們真空中的虛粒子對讓真空有「真空零點能量」）。

理想真空溫度是多少呢？科幻電影經常有太空很冷的場景，生物到太空中會凍住。但**理想的真空是不存在溫度的**，因為沒有粒子，沒有東西在運動，為什麼感覺上很冷呢？

拿一個溫度計放在太空裡，它會顯示讀數，這是因為散熱效果。太空是空的，一盆熱水放在太空裡，熱量會透過熱輻射的方式散失掉。這個散熱過程帶走能量，所以溫度計的讀數是低溫，體感溫度是低的。體感溫度低只能說明散熱效果好，與溫度低之間還是有一定區別。好比光腳踩在瓷磚地面和木板地面上時，雖然二者溫度肯定相同，但明顯感覺瓷磚地面更冷，因為瓷磚地面散熱更快，能從腳上更快地帶走熱量。

可見，用物體的冷熱程度來定義溫度，不是一個抓住本質的定義。

什麼是絕對零度？

大家一定聽過一個概念叫絕對零度，而且是達不到的。根據溫度正比於粒子微觀運動的動能平均值，我們把這個狀況推到極限，當粒子完全不動，動能為零時，就應該對應於絕對零度。

根據熱力學第三定律，絕對零度無法達到，這是一條原理性質的定律，沒有演繹性的證明。但如果把背景拓展到量子力學層面，儘管還不是很清楚，不確定性原理可能可以給出一些側面解釋。

從不確定性原理的角度看來，因為粒子無法停止運動，一定有最小限度的運動。不確定性原理是說，一個符合量子力學規律的微觀粒子，它的位置和速度無法同時確定。

如果一個粒子真的能停止運動，說明它的速度為零，且位置不會發生任何改變，它的位置和速度就被同時確定了，就滿足不確定性原理，因此不可能出現粒子完全停止運動的情況。當然，熱力學討論的粒子還是經典意義的粒子，它描述粒子的基本模型與量子力學不一樣，所以不應這樣簡單草率地解釋，熱力學意義上的絕對零度不可達是一條原理性的結論。

雖然絕對零度達不到，但可以為它定義一個數值。我們把粒子動能為零的那條線定為絕對零度，以動能為零的點做為基準點，動能每增加一點，就定義增加一度。依此類推，就是克耳文溫度（又稱熱力學溫度thermodynamic temperature）。

克耳文溫度是以粒子的微觀運動動能定出來的溫度體系，所有熱力學的計算，都是依據克耳文溫度進行。克耳文溫度和我們平時用的攝氏度有一個轉換關係，零度冰水混合物裡的水分子還是有動能，計算出零度水的動能，遞減溫度到絕對零度，就能得出換算關係 —— 克耳文溫度＝攝氏度＋273.15。

我們規定克耳文溫度的溫度間隔與攝氏度的溫度間隔相同，就是一百克耳文比九十九克耳文高多少平均能量，攝氏一百度也比攝氏九十九度高多少能量。絕對零度如果寫成攝氏度，就是攝氏負二百七十三・一五度。除此之外，還有華氏溫度（Farenheit），現在全世界範圍內，絕大部分國家都使用攝氏溫度，美國使用華氏溫度，華氏溫度與攝氏溫度的換算關係是 F＝9×C/5＋32。當美國人抱怨「天氣太熱，一定有一百度」時，不是誇大其詞，因為華氏溫度的一百度約是攝氏三十七・八度，確實很熱。

[第二節] 理想氣體

熱力學的研究對象

有了溫度的定義，就可以開始進行熱力學的研究。

首先要明確熱力學研究對象的範圍，溫度正比於一個系統內所有分子

運動動能的平均值，所以研究的對象必然是一個多粒子系統。幾個粒子這種情況，用量子物理處理就可以了。亞佛加厥常數數量級的粒子系統，才是熱力學的研究對象，因為熱力學研究的都是整體的宏觀性質，是做過平均值之後的性質。

所以你會發現粒子極少時，我們有量子理論可以研究，粒子多時，可以用熱力學，甚至量子場論研究。

熱力學的適用範圍

這就引出熱力學研究範圍的第二個規定：除了粒子數量極其龐大之外，必須假設研究的是已經經過極長時間，達到充分穩定態，不再發生變化的系統，這種狀態叫熱力學平衡（thermodynamic equilibrium）。像奶粉溶化在水中的過程，熱力學是不研究的，因為太複雜、參數太多，很難描述清楚。

因此，熱力學的適用範圍，我們已經確定：

一、要有亞佛加厥常數數量級個粒子的宏觀系統；

二、必須熱力學平衡。

理想氣體

設定研究系統的性質，再來看看現實生活中的真實研究對象是什麼樣子。現實中能接觸到的物質基本有三種形態：固態、液態和氣態。例如水的固態是冰，液態是水，氣態是水蒸氣。

氣體的體積在升溫、降溫的情況下會變化得很明顯，而液體和固體的體積與溫度的關係則不那麼簡單。我們通常關注液體的流體性質，是透過流體力學去研究。對於固體，我們更加關注的是它的晶體結構、材料性質和電學性質。因此，〈極熱篇〉主要討論的是氣體。

要研究氣體的什麼性質呢？現在有了溫度的定義，就可以把溫度當成一個最主要的參數，就要看從氣體的溫度出發，還可以把它的哪些性

質關聯起來。氣體有氣壓，大氣的壓力約是一百千帕（kPa，帕是壓力單位），一帕相當於一牛頓（N，力的單位）的力平均分配在一平方公尺的面積上。除了氣壓以外，我們也關注特定氣體的體積和密度，這些都是氣體的物理性質。除此之外，還有氣體的化學性質。不同氣體混合發生反應，會有反應速率的問題，這屬於物理化學的研究範疇。

能夠測量到的關於氣體的物理量，有氣壓、體積、密度和溫度。想知道氣體這幾種性質之間有什麼聯繫，它們的變化規律是什麼樣，就需要用一個模型去描述它的行為。此處密度和體積其實是兩個相互關聯的量，同樣質量的氣體體積愈小，密度愈大。所以，可以把密度換成氣體的分子數。這樣一來，這幾個量就相互獨立了。

既然要研究氣體，就要打造一個可以用物理學進行定量研究的模型。對氣體性質研究進展最為迅猛的時期是十九世紀，當時很多物理學家、化學家都研究氣體的性質。例如〈極小篇〉開篇講過的道爾頓，他證明了原子的存在。道爾頓對氣體的研究貢獻卓著，提出著名的道爾頓分壓定律（Dalton's law of partial pressures）。該定律的大意是，把兩種氣體（如二氧化碳和氮氣）混合在一起後，混合氣體的總氣壓等於兩種氣體各自的氣壓之和。不光是兩種氣體，多種氣體也滿足這個定律。

根據一系列的經驗定律，對氣體的研究有一個最好用的模型叫理想氣體（ideal gas）模型。這個模型是說：氣體的氣壓 × 它的體積，正比於它的分子數 × 它的溫度。這就是描述理想氣體狀態方程式 —— 克勞修斯 － 克拉佩龍方程（Clausius–Clapeyron relation）。

$$PV = NkT$$

P：壓力　　V：體積　　N：粒子數　　k：波茲曼常數，1.38×10^{-23} J/K　　T：溫度

所謂理想氣體就是把氣體分子當成完全獨立的個體，假設氣體的分子和分子之間沒有任何相互作用，且把氣體分子當成完全彈性的小球，它們和容器壁進行碰撞時完全沒有能量損失，是彈性碰撞。

氣體中分子間的距離非常大，相比之下分子的直徑小到可以忽略。所以，氣體分子間的碰撞機率非常小。我們可以假設氣體分子之間沒有顯著的交互作用，這種假設雖然不能完全描述實際情況（實際情況是分子和分子之間不可能完全沒有交互作用，它們會相互碰撞和相互吸引），但之所以能做這個假設，是因為它是氣體，氣體分子之間的平均距離非常大，所以它們之間交互作用的影響很小，因此，即便忽略這種交互作用，不會對結果有重大影響。

而液體和固體肯定不能這樣假設，液體有一個現象叫表面張力（surface tension）。例如一杯水完全倒滿，哪怕水的表面比杯子表面高一點點也不會溢出來，靠的就是水的表面張力，表現為水的黏性，這就是水分子之間的作用力，因此對於液體不能忽略分子之間的作用力。對固體就更加不能了，之所以為固體，就是因為分子間作用力占據主導，分子的自由運動無法打破固體的固定結構。

理想氣體模型的有效性

可以根據生活經驗或物理直覺，檢驗克勞修斯－克拉佩龍方程。假設現在有一罐氣體，罐子的大小不變，密封得很好，不會有氣體進出，根據生活經驗，替這罐氣體加熱，內部壓力肯定會增大。克勞修斯－克拉佩龍方程裡，V不變，T升高，P肯定增大，所以理想氣體狀態方程式能描述這個現象。

假設溫度一直不變，可以把罐子放在恆定溫度的水裡以保持恆溫，然後緩慢往罐子裡充氣。這裡必須強調緩慢，因為熱力學研究的是穩定態的系統。緩慢充氣可以保持作用過程中溫度一直恆定，氣充得愈多，壓力愈大。所以在體積恆定的情況下，氣壓和分子數成正相關。克勞修斯－克拉佩龍方程裡，T不變，N增大，P也增大。

如果這個罐子可以壓縮，想辦法把體積壓小，其實就是讓氣體的體積減小，壓縮後，氣壓會隨之增大。也就是說，在溫度恆定、粒子數恆定的

情況下，體積愈小，氣壓愈大。克勞修斯－克拉佩龍方程裡，對應的就是 T 不變，N 不變，V 減小，P 必須增大。

這樣就驗證克勞修斯－克拉佩龍方程至少在幾個物理性質之間定性的關係上是一致的。理想氣體滿足的克勞修斯－克拉佩龍方程，可以充分描述理想氣體的行為，它和我們實際的氣體相差不大。

[第三節] 如何從微觀上理解氣體？

壓力的本質

理想氣體的行為是由克勞修斯－克拉佩龍方程把幾個氣體的宏觀性質聯繫起來進行描述，但本質上，這些都是由理想氣體中微觀粒子的性質綜合得出。所以，要從微觀粒子的性質出發來解釋宏觀性質。只有從微觀性質出發推導出來的宏觀性質，才能說是演繹的結論，才能從本質上理解氣體的行為。

首先來討論氣體壓力的本質是什麼？一個罐子裡裝著氣體，氣體有擴散的趨勢，但被罐子束縛住，所以感覺罐子的內壁上會有氣壓。

從微觀層面看，氣壓是什麼呢？我們說有溫度，是因為微觀粒子在做無規則運動。罐子的內壁不斷有粒子在撞擊它，這種快速且頻率非常高的撞擊在宏觀看來就變成一個持續的力，這種撞擊力的感受就是氣壓，氣壓的本質就是微觀粒子存在運動。這個壓力如此穩定，恰好是因為我們研究的是穩定態的理想氣體。

氣壓怎麼算呢？〈極快篇〉第三章曾計算過空氣阻力正比於速度的平方。這裡的計算完全相同，只不過計算壓力時，空氣分子碰撞容器壁的速度是各個方向都有的，不像風阻將空氣的流速視為一個方向。我們要做的是取一個平均值，因為對於穩定氣體，關心的都是平均值，所以要得到的是空氣分子撞擊罐子內壁的力的平均值，也就是單個分子撞擊容器壁的力正比於它速度的平方。

速度的平方正比於什麼呢？當然是它的動能，因為動能就是質量乘以速度的平方再除以二。壓力就是正比於單位時間內所有分子撞擊容器壁單位面積的動能的平均值。分子動能的平均值又是什麼？不就是前面說的正比於氣體的溫度嗎？經過一系列推理，單位面積的力，也就是壓力，正比於溫度。分子數量愈多，壓力愈大，因為敲擊的次數多，所以壓力正比於氣體分子數。由此，大致驗證理想氣體狀態方程式的形式。

凡得瓦力

實際情況當中，理想氣體真的完全準確嗎？未必。理想氣體的模型有個基本假設，就是氣體分子之間沒有交互作用。因為氣體分子之間的距離很大，所以分子之間碰撞的機率不大，但不大不等於不存在。分子靠近後，除了碰撞，還有其他交互作用力。例如把碳和氧混合在一起，溫度高一點，就會發生反應形成二氧化碳。也就是說氣體分子之間不可能沒有交互作用，否則化學反應就不可能發生。分子和分子之間除了碰撞以外，肯定還有其他交互作用。

這就引出一個概念——凡得瓦力（Van der Waals force）。每個分子由原子組成，原子裡又有電子和原子核。兩個原子靠近，它們各自的電子之間有電磁交互作用，會互相感受到對方原子核的作用。因此分子間肯定有電磁交互作用，只不過分子、原子的結構導致這種交互作用的總效果比較複雜。

凡得瓦力是由荷蘭物理學家約翰尼斯‧凡得瓦（Johannes Diderik van der Waals）於十九世紀後半葉提出，他認為在分子層面上，普遍存在複雜的交互作用規律。當然，這種力只是電磁力在比較複雜的電荷分布情況下給出的集中總效果。因此它的形式比較複雜，在不同距離上規律不一樣，有吸引的表現，也有排斥的表現。這就是中學學過，但沒有詳細解釋的分子間作用力。例如壁虎可以在牆壁和天花板上爬，靠的就是腳趾和牆壁分子之間的凡得瓦力。

凡得瓦力可以解釋不同的化學鍵的性質差異為什麼那麼大，當然，它們本質上都是量子力學層面電子波函數的不同表現形式。

如果考慮凡得瓦力，理想氣體的描述就不準確了，尤其在氣體密度很大的情況下，理想氣體模型就愈發不準確。

但如果考慮凡得瓦力，效果不過是對理想氣體狀態方程式的形式有一點修正而已。因為我們分析氣壓的部分，從原理上來說依然適用，依然是氣體分子撞擊容器壁的過程，因此可以想像，凡得瓦力的引入，無非是讓理想氣體狀態方程式有一定的修正而已。

修正的物理量是什麼呢？很明顯分子數不會變，溫度是一個參數，也不用變。相同分子數、溫度恆定的情況下，氣體由於存在凡得瓦力的吸引，體積會傾向於縮小。體積縮小的情況下，壓力應該會增大一些。因此，凡得瓦方程式和克勞修斯－克拉佩龍方程比，只是有一些修正。但在體積特別大，氣體密度特別小的情況下，凡得瓦方程式的修正可以被忽略。

$$(P + \frac{a}{V^2})(V - b) = NkT$$

a 和 b 是兩個需要測量的修正數值，與系統中的粒子數 N 有關。

至此可以說，我們對恆溫、穩態的氣體的研究已經比較全面，它的氣壓、體積、分子數和溫度之間的聯繫已經非常清楚。但它只是氣體的靜態性質，真實世界的氣體都是流動的，都處在動態，哪怕不是動態，也不是溫度都一樣的穩態。微觀氣體分子的運動也是多變的，所以要嘗試對動態的宏觀氣體和微觀的氣體分子規律進行進一步研究。

[第四節] 用統計學理解熱力學系統

擲骰子

已經理解氣體的穩定態有什麼樣的性質，總體來說，可以用理想氣體

狀態方程式描述它的宏觀性質，當然，更加精確的模型是凡得瓦氣體模型，它在理想氣體的基礎上，對壓力和氣體體積做了一些修正。

但宏觀是由微觀構成，氣體的穩定態下，微觀粒子的狀態是穩定的嗎？來看一個生活例子。

假設你去擲骰子，會得到從一至六其中一個結果。擲十個骰子全部都是一的機率是多少呢？$(1/6)^{10}$，一個很小的數字。如果是一百個、一千個呢？全部都是一樣點數的機率就更小了。

隨著骰子的數量增多，最終的結果會呈現什麼規律呢？擲的骰子數量愈多，例如擲十萬、一百萬個，最終的結果一定是出現一～六這六個結果的數量基本相同。

大數法則

擲骰子是隨機過程，獲得一～六這六個結果的機率都是六分之一。這裡要介紹大數法則（law of large numbers）：當一個隨機過程的樣本數量愈大，最終得到的結果愈接近這個隨機過程的機率分布。例如擲六次骰子，最後點數分別是一～六點，六個結果的機率非常小。但如果你繼續擲，擲六十次、六百次、六千次，擲的次數愈多，樣本數量愈大，最終的結果就應該愈接近機率的分布，擲骰子的機率分布就是每個結果對應六分之一的機率。

再來看看氣體，氣體的溫度正比於它所有粒子運動動能的平均值。如果單看一個氣體粒子，可以說它在做無規則運動。對於處在恆溫的一個體系內的氣體分子，絕不可能每個分子都精確地以同一個動能在運動，但它們的平均值卻是確定的。說明雖然單個粒子的運動可能毫無規律，但總體來看一定是有規律。

〈極小篇〉說過，之所以用機率幅描述粒子的運動狀態，是因為單個粒子的運動雜亂無章，但在整體上呈現為一個機率的分布。氣體也應該一樣，雖然目前還沒有引入量子力學的規律，它們從個體上看沒有什麼規

律，但整體上，一罐恆溫氣體中的氣體分子所具有的運動動能應該滿足一個機率分布。可以說某個動能範圍內分子的數量占總分子數量的百分比是多少，這就是氣體的動能或速度分布函數。

根據大數法則，宏觀氣體中的分子數量極其巨大。它的分布函數應該相當穩定，如果真的測量每個分子的運動動能，得出的實際情況應該與這個分布函數相吻合。正是因為宏觀事物中微觀粒子的數量極其龐大，所以我們可以非常放心地使用分布函數來描述它們的性質。

雖然無法具體描述單個粒子的行為，但可以知道行為的分布。如果氣體所有分子的動能有一個分布狀態，應該是什麼樣呢？這個分布狀態是依據什麼原則來確定呢？

熱力學第二定律

此處就引出熱力學最核心的定律 —— 熱力學第二定律，可以說是目前物理學中最核心的鐵律之一。

熱力學第二定律最主要的表述方式有兩種，分別是從宏觀層面和微觀層面來描述。宏觀層面的表述叫克勞修斯表述，魯道夫·克勞修斯（Rudolf Clausius）是十九世紀的物理學家。克勞修斯表述是這樣的：熱量無法自發地從低溫物體流向高溫物體而不產生其他影響。第二種表述是微觀表述，也叫波茲曼表述，說的是一個封閉系統的熵永遠不會自發減小。所以，熱力學第二定律也叫熵增加原理。

第一種表述很好理解，拿一個熱的東西和冷的東西接觸，熱量一定會自發地從熱的流向冷的，直到二者溫度相同，熱量才會停止流動。這又對應了熱力學第零定律：兩個溫度不同的物體進行熱量交換，最終結果一定是兩個物體的溫度相等。除非是空調這種非自發的情況，你會發現空調外面的壓縮機會散發出很多熱量，也就是空調製冷需要外部輸入能量才能做到，不是一個自發過程。

第二種表述提到一個概念叫熵，表徵一個系統混亂程度的物理量。

總體來說，一個穩態的熱力學系統，它的熵一定處於可能的最大狀態。有了這條熱力學系統的第一性原理，就能夠求出宏觀系統裡微觀粒子動能的分布規律。這些微觀粒子的速度分布必須滿足一個條件，一定是所有可能的分布中讓系統總體的熵最大的一種。

到底什麼是熵，如何定量地衡量一個系統的混亂程度呢？

[第五節] 熵增加原理

什麼是熵？

熵是用來描述物理系統混亂程度的物理量，一個系統愈混亂，熵愈高。一個沒有能量的輸入和輸出，處在封閉狀態的系統，熵在自發演化的過程中永遠不會主動減小，這就是熵增加原理。

就像房間如果不打掃，就會愈來愈亂，打掃相當於為房間輸入能量，打掃房間的能量需要透過吃飯來補充。但房間的混亂與否，完全取決於個人的主觀感受。

物理學如何定義系統是否混亂呢？十九世紀末著名的奧地利物理學家波茲曼提出，熵最根本的定義與微觀態數有關，其微觀定義運算式是 $S = k \log W$（k 是波茲曼常數，W 是微觀態數）。

圖 15-1　波茲曼的墓誌銘：
$S = k \log W$

什麼是微觀態數呢？是指一個系統可能存在的狀態的個數。舉個例子，現在有一高一矮兩個玻璃杯，給你一顆綠豆，綠豆必須在杯子裡。這兩個杯子和一顆綠豆組成的系統，有幾種可能的狀態？答案是兩種，綠豆必須在其中一個杯子裡。如果多一個不同的杯子呢？就會有三種狀態。如果再多一顆綠豆呢？答案是六種，兩顆綠豆在同一個杯子裡，這就有三種情況，也可以將綠豆分別放在兩個不同杯子裡，就是有一個空杯子，也有三種情況。

　　假設兩顆綠豆完全一樣，所以不存在兩顆綠豆發生交換，會產生兩個不同狀態情況。隨著杯子和綠豆的數量增多，這個系統可能存在的狀態愈來愈多。有多少種擺綠豆的方法，就對應多少種系統的微觀態數。微觀態數的對數 × 波茲曼常數，就是熵的微觀定義。如果一個系統只有一種狀態，熵是多少？答案是零，$k \log 1 = 0$。

　　類比玻璃杯和綠豆的例子，對於一個系統的氣體來說會怎麼樣呢？把氣體分子可能處在不同的能量狀態的數量，類比於上面例子裡杯子的數量，氣體分子可以達到的能量狀態愈多，就好比杯子愈多。把氣體分子比做綠豆，氣體分子數量愈多，就好比綠豆的數量愈多。

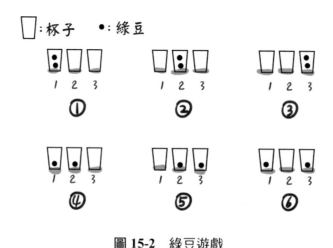

圖 15-2　綠豆遊戲

分子動能的分度

有了熵的定義，就可以講什麼是熵增加原理，是指**一個封閉系統的熵無法自發減小**，隨著時間的推移，一個系統達到最穩定的狀態，一定是這個系統可能存在的熵的最大的狀態，這就是熵增加原理，也叫熱力學第二定律。

有了熵增加原理，就能回答上一節的核心問題：處在穩定態的氣體分子的運動速度大小的分布是什麼樣的？答案是馬克士威速率分布（形態與常見的正態分布較為相像），這是兩邊小、中間大的分布函數。速度大小剛好在氣體分子平均速度（對應平均動能）附近的分子數最多，速度特別小和特別大的粒子數都比較少。

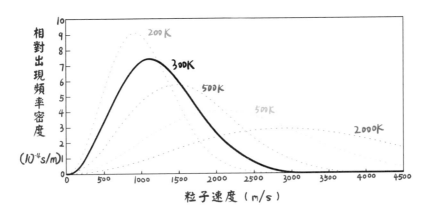

圖 15-3　不同溫度下，粒子速度的分布圖

為什麼是這樣的分布函數？因為在這種分布方式下，氣體總體的熵才是最大的。這就是透過熵增加原理推導出來的微觀層面氣體分子的速度分布的最重要規律。

熵增加原理的普適性

這只是透過熵增加原理得出的氣體分子運動動能的分布，但原則上，

透過熵增加原理可以得出任何穩態統計學系統的能量分布，不局限於氣體、液體、固體，它們都滿足熵增加原理。它是普適的定律，在一切條件下都成立，科學家至今沒有發現過違反熱力學第二定律的現象。

對任何一個熱力學系統，都可以透過寫出它的微觀態數，算出它的熵，從而得出讓熵最大化的辦法。這裡就對應波茲曼分布，即一個系統內微觀的部分可能有各種能量狀態，與平均能量差得愈多的能量狀態，在整個系統裡的占比愈低。一個能量狀態在整個系統裡的占比，和整體系統的溫度與這種特定能量狀態的能量大小有關。

有了這個分布，就可以計算系統裡的各種物理性質。一個系統裡可以有各式各樣的物理參數，例如替一塊材料加一個磁場，這個磁場就會和材料裡的原子發生關聯，這種關聯會影響到整個材料的能量。最終這塊材料所表現出來的整體磁性，就是把裡面所有可能出現的磁性所對應的能量按照波茲曼分布求和，再取平均值得到的結果。

至此，我們對熱力學的基本思想，以及統計力學裡的基本原理做了介紹。熱力學和統計力學研究的是同一種物理學系統，只不過它們的方法論不同。熱力學是從現象出發，透過熱力學系統的宏觀性質預言它的行為；統計力學則是從微觀出發，先定義諸如熵這一類的物理量，再從微觀構造宏觀，例如氣體的能量分布函數。二者實際上是相互融合，可以認為熱力學是統計力學的前身。因此，熱力學做為一門獨立學科，在現代物理學中的地位幾乎已經被統計力學取代。

第十六章

高溫的世界

[第一節] **物質形態的改變：相變**

總體來說，熱力學和統計力學研究的都是微觀粒子數量極其龐大的系統。熱力學是對宏觀的經驗性結論進行研究，而統計力學則是從微觀粒子的特性出發，由微觀得出宏觀規律，因此統計力學是研究得更加徹底的。到了二十世紀，熱力學這個學科做為理論物理學的前沿研究基本結束，被統計力學所統合。

統計力學的第一性原理是熵增加原理，說的是一個封閉系統的熵不會自發減小，它的混亂程度只會愈來愈大，直到達到最終的穩態，對應的是該封閉系統熵最大的狀態。

這一章，我們來看看物質在不同溫度下會以什麼樣的物質形態存在。

物質的三種常見形態

我們很熟悉現實生活中的物質形態變化，水降溫會凝結成冰，在大氣壓下，升溫到一百度會沸騰成水蒸氣，當然，就算不加熱，水也會蒸發成為水蒸氣。大量水分子在溫度變化的情況下會有不同的物質形態。

一種物質通常有三種狀態：固態、液態和氣態。之所以會形成這三種狀態，主要是因為溫度不同。溫度的本質是因為粒子做微觀運動，溫度愈高說明粒子的微觀運動愈劇烈。

如果粒子不做微觀運動，基本上所有物質都是固體，因為物質的分

子、原子之間有交互作用，凡得瓦力在大部分物質分子中呈現吸引性。固體當中分子、原子的作用比較強，分子、原子之間的相對位置比較固定。因此，溫度只體現為微觀粒子在固定位置周圍的振動，就好像分子之間有「彈簧」，溫度只能讓「彈簧」伸縮，但不會斷裂。例如氯化鈉（鹽）是一種晶體，結構是靠鈉離子帶一個正電荷，氯離子帶一個負電荷相互吸引形成離子鍵。然而微觀粒子在運動，運動愈劇烈，微觀粒子愈容易擺脫粒子間的相互吸引力的束縛，所以隨著溫度的升高，固體有可能成為液體和氣體。

液體分子和分子之間的交互作用很明顯，但沒有強到讓分子之間的相對位置固定的程度，液體中分子、原子可以自由活動。很顯然是溫度高到可以打破分子之間的「彈簧」，但還不夠讓分子徹底擺脫對方，氣體則是溫度高到讓分子的動能強到幾乎可以擺脫對方的地步。

傳統意義的相變

我們關注物質形態變化的規律，中學學過冰融化成水，水蒸發變成水蒸氣，這些現象都叫相變（phase transition）。固態、液態、氣態叫物質不同相（phase），是指分子間的交互作用關係發生顯著變化。

但這個定義，就最前沿的物理學看來不準確。如果要用一種精確的物理語言定義物質的不同形態，必須要做到定義清晰、沒有歧義。也就是說，如果要定義一種相，不應該局限於只針對某種特定的物質，而是只要處在這個形態的一類物質，都可以用這種相的特性描述，同一種相的不同物質的分子排列結構應該類似。

如果只按照固體、液體、氣體劃分物質不同的相，就會出現一個對應若干種不同分子連接形態的情況。例如冰和玻璃看似都是透明的固體，但它們分子間的相互關係截然不同。再例如鑽石和石墨都是固體，且都是碳，但因為碳原子的排布方式截然不同，導致兩者性質差異極大。也不是所有液體和氣體當中微觀粒子的關係都類似，例如超流體（superfluid）從

鑽石微觀層面　　　　　石墨微觀層面
碳原子排布結構　　　　碳原子排布結構

圖 16-1　鑽石和石墨的碳原子排布結構

宏觀上看是液體，但其實性質和水、液氮等普通液體截然不同。

晶體的熔化

　　固體的熔化分為晶體的熔化和非晶體的熔化兩種，冰是晶體，玻璃是非晶體。晶體的熔化和非晶體的熔化的最大區別，就是晶體在還沒有全部熔化時溫度是恆定的。只有當所有晶體都熔化完後，溫度才會繼續升高，但非晶體在熔化的過程中逐漸升溫。為什麼？因為晶體有內部結構。如果研究冰的微觀結構，會發現水分子是以規則的幾何形狀進行排布，它們以特定的方式被規則地連接在一起。玻璃雖然也是固體，但玻璃分子在微觀上是隨機、雜亂地聚集在一起的。

　　晶體就是那些分子在微觀上做規律排列的固體，晶體的分子之間會形成分子鍵，因此當晶體升溫熔化時，熱量的作用，先是用來打斷這些晶體分子之間的分子鍵，等全部的分子鍵都被打斷，成為液體後，才開始整體升溫。

　　但非晶體就沒有這個問題，熱量可以用來替分子直接升溫，因為它沒有分子鍵的結構需要破壞。這也是冰的密度比水小的原因，因為冰有內部結構，水分子像搭積木一樣把冰的體積撐大了。之所以把冰水混合物的溫度定為零度，正是因為晶體在熔化過程中是恆溫的，冰水混合物可以被看

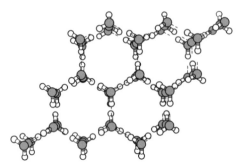

圖 16-2　冰晶體中水分子的排列結構

成冰融化到一半的狀態。

　　冰和玻璃從宏觀上看雖然都是固體，但它們的微觀規律不相同，所以不能籠統地被劃歸為固體這一單一的相。

相變的本質

　　從上文可知，物質不同的相應當用微觀規律去劃分。到了二十世紀中葉，蘇聯物理學家列夫・朗道（Lev Landau）提出一種劃分不同相的方法，就是依據物質形態的對稱性去劃分，一種對稱性對應於一種相。

　　什麼是對稱性？〈極小篇〉第十四章中說過，當你對一個物件做一項操作後，它不發生改變，就說這個物件具有在這種操作下的對稱性。如何定義物質形態的對稱性呢？與它的內部結構有關，非晶體擁有的對稱性是空間平移對稱性。例如在玻璃裡找一個點，從這個點出發，移動任意距離到一個新的點，新的點的性質和剛才的點完全一樣，因為它們都是隨機運動的玻璃分子。

　　但對於氯化鈉晶體不一樣，從一個鈉原子出發移動特定距離，碰到的可能是一個氯原子，再移動一個距離，碰到的可能又是一個鈉原子。也就是說，隨便在氯化鈉晶體裡選取一個點開始移動，不是移動任意距離都可以回到和剛才狀態一樣的點，一定要選擇特定的移動方式才行，這就是一種週期平移對稱性。

　　不同類型的晶體，對應於不同類型的空間對稱性。因此，可以用不同

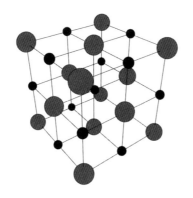

圖 16-3　氯化鈉中鈉原子
與氯原子的排列結構

的對稱性劃分不同物質的相。透過這種劃分方法，科學家發現二百三十種不同的空間對稱性，也就是二百三十種不同的微觀晶體結構。透過這種方法，物質的相可以被研究得很透徹。

　　有了對稱性，就可以把物質升溫的相變研究得非常透徹。從固態出發，升溫最終變成氣態，中間可以經過液態，可以不經過液態，具體由物質固態時的性質決定。如果晶體態中原子間的束縛非常強烈，例如鑽石，這種晶體加熱後傾向直接昇華。如果要讓它們產生相變，一定要讓原子獲得夠強的能量，一旦束縛被打破，這些分子的動能已經非常大了，會直接形成氣態。

　　但這樣的描述，真的包括所有可能的物質形態嗎？還有兩個極端情況沒有討論。一是溫度極高，氣態再往上會有什麼形態？二是溫度極低，晶體結構再往下，會有什麼奇特性質？

[第二節]　物質的第四形態：等離子體

火到底是什麼？

　　首先回答一個問題：火到底是什麼？火是所有人都很熟悉的，但估計沒有多少人知道火到底是什麼。其實火不是一種具體的物質，而是一個過程，是一個化學反應（主要是氧化反應）發生的過程中所產生的光和熱。

　　燃燒的氧化反應發生過程中，伴隨著原子的電子結構發生改變，由於

溫度高，原子會獲得更多的微觀劇烈運動的動能，這種動能會讓電子變得很活躍，從而自原子中逃脫，形成離子的形態。這就對應了物質的第四種形態——等離子體（又稱電漿）。

等離子體是指當溫度升高到一定程度，電子變得極其活躍，原子核的電磁束縛無法再綁住電子，電子從原子裡逃逸，進入游離狀態。

等離子體的特性

除了導電以外，等離子體還與磁場有交互作用。因為電荷一旦運動，就會受到磁場的勞侖茲力，且運動的電荷會形成電流，也會產生磁場，所以等離子體對物質的磁性會產生影響。一般的物質，溫度達到六千度左右就可以成為等離子體。例如太陽表面的溫度在六千度以上，所以太陽當中的物質大多處於等離子體。

除了高溫，透過外加強電場一樣可以獲得等離子體。可以考慮把一個原子放在電場中的情況，由於原子核和電子的電荷相反，所以當置身於電場中時，原子核受到電場的作用力，一定與電子受到的相反，所以把原子放在電場裡會有被向兩個不同方向拖拽的趨勢，當電場強到一定程度，原子會被撕裂，電子被電場從原子裡拔出來，這就是電離的過程，也叫擊穿（breakdown），閃電的原理就是如此。

空氣原本是絕緣的，閃電的本質是雲層積累的電荷導致雲層和地面產生強大的電壓，這個電壓會建立一個強大的電場，達到擊穿的程度，使空氣被電離，由絕緣變成導電，從而形成閃電，是一次大規模的放電過程。

等離子體在日常生活中的應用不少，例如老式的日光燈和霓虹燈，本質上就是透過製造暫態高電壓，把燈管裡的絕緣氣體擊穿成為等離子體，再利用等離子體的特性進行發光。

核融合

如果在等離子體的基礎上繼續升溫，有可能發生核反應，就是第十二

章介紹過的核融合。核反應過程的思路，與分析等離子體類似。等離子體的形成本質上是高溫或強電場破壞原有的中性原子結構，等溫度繼續升高到一定程度，就要開始破壞原子核的結構。

核融合就是一種原子核結構被破壞的反應，當然，高溫不是核融合的本質，只是一種實現核融合的手段。核融合是透過高溫把原子核的運動速度變得極快，使原子核之間的強烈碰撞破壞原有的原子核，從而形成新的結構。

到了核融合這個層面，溫度再升高產生的主要區別就是可以啟動不同類型的核反應。例如氫核反應的要求比較低，太陽內部有攝氏一千五百萬度就可以開啟。這是因為太陽內部壓力大、密度高，所以一千五百萬度就夠了，但正常情況下要一億度。氫融合成氦，氦要繼續融合，就需要更高的溫度。即便在恆星高壓強的環境下約要一億度，氦結合成碳和氧，再往下就更加困難。

至此，已經梳理隨著溫度由室溫到極高，物質的各種形態。但要怎樣獲得高溫呢？我們學習過天體的質量可以產生高溫，原子彈爆炸可以產生高溫。但如果想要獲得人造可控高溫，應該怎麼辦呢？用燃燒的方式獲得的高溫有限，幾萬度基本到頂了。如果想要獲得千萬度、上億度這樣的高溫，不用核反應，有什麼辦法可以做到呢？答案是雷射。

[第三節] 人造高溫的極限：雷射

要想獲得高溫，尤其是局部高溫，雷射是最有效的方式。雷射的原理，最早是由愛因斯坦提出，他透過對量子力學的研究，提出產生雷射的可能性，但等到五十年後，也就是二十世紀六〇年代，雷射才被真正發明出來。

光的干涉現象

為了理解雷射的原理，首先複習〈極快篇〉、〈極小篇〉都提過的物理現象──波的干涉。

波的干涉就是當多於一束波傳遞到同一個位置時，振幅之間發生相互關聯的作用。這種干涉效果，在兩束頻率相同的波之間最為明顯。

當兩束光的波峰同時抵達某處，這裡的振幅就是波峰振幅的疊加，變成之前的兩倍。由於兩束波的頻率相同，今後的時間裡，兩束波的步調完全一致，也就是說，這個地方的振幅永遠都是單束波的兩倍。波的能量正比於其振幅的平方，所以當振幅變為原來的兩倍時，能量就變成原來的四倍，這就是相長干涉的情況。如果兩束波到達時剛好差半個波長，也就是波谷碰到波峰，這時這裡的振動直接為零，兩束波就相互抵銷。

光是電磁波，所以當兩束光發生干涉現象時，如果是差整數倍的波長，則顯得極其明亮，反之則十分暗淡。此處要注意，兩束光波疊加，振幅變為原來的兩倍，能量變為四倍。但根據能量守恆，不會出現總能量是原來四倍的情況，此處應當是亮處與暗處綜合考慮，局部的亮度變得極高，這種能量的極高應當被理解為局部能量密度的極高，然而總能量依然守恆。

什麼是雷射？

可以想像，如果不是兩束光，而是 N 束光一同發生干涉現象，振幅就會是原來的 N 倍，功率變成原來的 N^2 倍。十束光進行相長干涉，功率會是沒有干涉時的一百倍。這就得到雷射（Light Amplification by Stimulated Emission of Radiation），翻譯過來叫受激發射。

如果透過一種方式，使得大量的光子以完全一致的頻率、步調射出，就得到一束雷射，它的功率非常高。宏觀的光子數量就不只十個光子那麼簡單，它是亞佛加厥常數數量級的數字的平方，功率高得令人難以置信。如果把這些雷射聚焦在非常窄的範圍內，將獲得極高的能量密度，就會產

生極高的溫度。

如何製造雷射？

如何製造這種大規模數量的同步調光子呢？答案是雷射。可以考慮一個原子裡電子的運動情況。熱輻射的本質是原子中處在高能量態的電子不穩定，根據最小能量原理和能量守恆，它需要掉落到能量比較低的能階，且有一個能量等於兩個能級差的光子會被放出。

讓我們考慮一個過程：這個被放出的光子，如果遇到周圍另一個也處在高能階的電子，這個電子的能量狀態和放出這個光子的原子放出光子前的能量狀態一樣，在這個入射光子的擾動下，這個電子也會放出一個光子。這是因為電子在高能階時不穩定，好比一個小球放在坡頂，它可以停留在那裡，但只要有外界的擾動，就會從山坡上滾下來。高能階電子的情況和小球完全類似，如果沒有光子擾動它，它的趨勢也是要往低能階走，但光子一旦對它進行擾動，這種往低能階跳躍的情況就會立刻發生。

電子被擾動後放出的光子的步調和剛才入射的光子完全一致，這樣一來就有兩個步調和頻率完全一致的光子，它們是雙胞胎光子，也會去擾動其他電子，依此類推，變成三胞胎、四胞胎……N 胞胎。這樣就獲得大量的同步調光子，這就是雷射的雛形。

問題是，如何保證有那麼多高能階的原子可以被激發呢？這就需要提升大量原子的能量。保證這些原子是同一種類原子的情況下，只要使它們升溫，原子的能量就會提升上去。當溫度不太高時，還是處在低能階的原子個數比較多，也就是單位時間內被激發到高能階的原子的數量不如由高能階掉下來的原子數量多。因此，無法存在足夠多的高能階的原子以產生受激發射。

但當升溫到一定程度，處在高能階的原子數量比處在低能級的原子數量多時，就會出現大規模的輻射現象。這是因為這個時候已經有太多的高能階原子，這會讓受激發射更占據主導，有點像高能階原子的「雪崩效

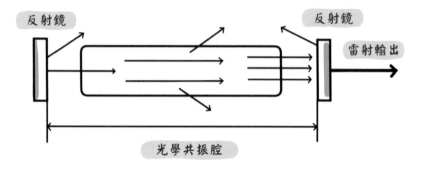

圖 16-4　雷射系統共振腔

應」。這裡還要解釋得細一些，雷射發生的條件，是處在高能階的原子數量比處在低能階的原子數量多。

　　為什麼呢？如果大部分原子還處在低能階，高能階的原子放出的光子，主要還是被低能階的原子吸收，無法形成穩定的雷射輸出。但如果高能階的原子比低能階多，受激發射放出的光子，不能全部被低能階原子吸收，剩餘不被吸收的光子就成為雷射的來源。

　　受激發射發生後，這堆原子中會產生射向各個方向的雷射。但從應用的角度來說，我們希望雷射更加聚焦。因此，還要用一個特殊裝置來獲得單向聚焦的雷射。

　　這個裝置的結構比較簡單，像一個圓柱形的桶，桶內是發生受激發射的原子，桶的兩個底邊是被調節得非常平行的鏡子。可想而知，只有垂直於鏡面方向射出的光才能在腔體裡穩定回彈，否則就會射到圓柱體的外面。

　　可以透過調節圓柱形的長度來控制射出雷射的波長，原理很簡單，光要在兩面鏡子之間形成穩定的振動，鏡子間的距離必須是光波波長的整數倍。因為鏡面是金屬材質，金屬當中不能存在電場，因此光波的振幅在鏡面處必須為零。

　　要使兩端都為零，兩面鏡子的距離必須為半波長的整數倍。但又因為回彈出來的光不能與入射的光抵銷，所以就排除半波長奇數倍的情況。為

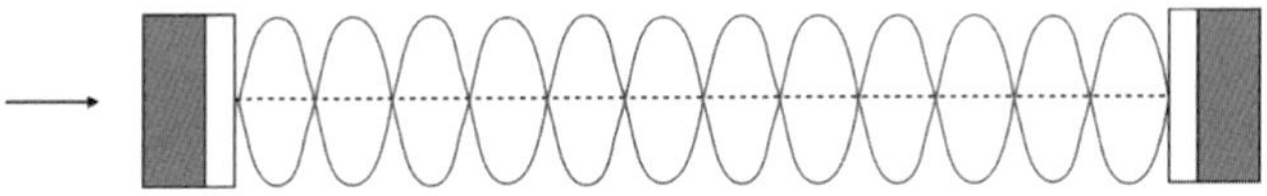

圖 16-5　雷射在共振腔中形成駐波

了保證光波在腔體裡的回彈能進行，還要增強光波的強度，則腔體長度必須是波長的整數倍。由此，射出來的雷射單色性極好，也就是說，它的頻率非常統一。只有當頻率極其一致時，才能形成振動步調完全一致的雷射。

雷射的用途非常多，例如雷射切割、雷射手術刀，包括可控核融合的點火都是依靠雷射。這是因為雷射的高功率可以在短時間內把一個小區域內的溫度加熱到極高，上億度都能做到。雷射除了能夠在短時間內提供極高的溫度外，還能冷卻，機制複雜一些。

[第四節] 雷射冷卻

雷射除了可以提供超高的溫度外，還能冷卻。只不過雷射冷卻（laser cooling）的原理，用的不是雷射的高功率，而是高精確度。關於冷卻的知識，理應放到〈極冷篇〉進行講解，但雷射冷卻做為一門單獨的技術，甚至是物理學中比較獨立的學術方向，還是放在雷射的知識中講解比較有連貫性。

日常生活中的光幾乎不可能只有單一頻率，都是夾雜著各種頻率的混合光，它們都有比較寬的頻譜。例如太陽光的頻譜非常寬，紅、橙、黃、綠、藍、靛、紫，但雷射選擇器導致它的單色性非常好，也就是說，雷射光束中的光子的頻率十分集中，誤差非常小。我們可以透過雷射去人為選擇光子的能量，做到精確控制。

雷射冷卻的本質和過程

雷射冷卻是依靠雷射頻率的單一性做到的。冷，就是溫度低，溫度低就是微觀粒子的運動動能極小。由於存在量子力學的不確定性原理，我們無法得到絕對零度的微觀粒子，但可以透過實驗手段把溫度降到極低，十分接近絕對零度。

雷射冷卻的本質，就是把原子的運動速度降到極慢。還是考慮一個原子的情況，當一個原子中的電子處在能量較高的狀態時，原子不穩定，傾向於掉落到能量較低的狀態。掉落的過程中，由於能量守恆，會釋放出一個光子，這個光子除了有能量以外，還有動量。原子和光子做為一個整體，總體動量在放出光子前後守恆。也就是說，放出光子後，原子的運動速度會發生改變。光子放出時，對原子產生反作用力，讓原子減速，這就是雷射冷卻的基本過程。

具體的操作是這樣：用雷射發出一個光子，調節雷射的頻率，使發出光子的能量剛好比原子能階之間的能量差低一點。用這個光子打在原子上，就會有以下情況。

第一種情況，原子的運動和雷射同向。根據都卜勒效應，相對於原子來說，光源是在遠離它。因此，它接收到的光子的頻率比原本雷射的頻率低。也就是對原子來說，這個光子的能量比之前小，甚至比不上原子內部能階的能量差。這種情況下，光子無法把原子裡的電子激發到更高的能階。所以對原子來說，不會與之發生交互作用。

第二種情況，原子的運動方向和雷射方向相反。根據都卜勒效應，原子接收到的光的頻率比原頻率略高，如果原子的運動速度比較快，我們知道雷射原頻率是比原子能階差小一點點，如果原子接收到光子的能量高過原子能階差，原子內的電子就會被激發到高能階，我們就說這個原子吸收了這個光子。

由於光子不穩定，所以要被釋放出去，光子的釋放也有兩種情況：

第一種情況，光子釋放的方向偏向於原子運動方向這邊。由於原子射

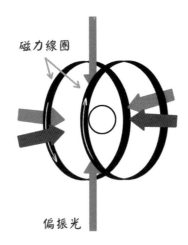

磁力線圈

偏振光　　　　　　　　　　　圖 16-6　　雷射冷卻裝置

出一個和自己同向運動的光子，因此獲得減速，就達成冷卻。

　　第二種情況，光子射出的方向和原子運動方向相反，原子反而被加速，再重複上一輪的過程。這個被加速的原子一定會吸收一個雷射光子，然後進行光子的釋放，原子最終一定會能量逐漸降低而達到穩定態。根據上一章波茲曼的分布規律，能量愈高的原子在系統裡存在的比例愈小，所以原子射出光子反而被加速的比例也會愈來愈小。從總體上，就達成冷卻的效果。

　　實際操作過程中，被冷卻的原子是用六束雷射分別從上、下、左、右、前、後六個方向全面地約束原子的運動。最終原子的運動動能會被雷射的頻率限制。原則上，雷射光子能量比原子能階差的能量低，低的程度愈小，原子就能被降到更低的溫度。換句話說，雷射的單色性愈好，就能把原子降到愈低的溫度。

　　雷射冷卻徹底催生物理學中一個新的研究領域，叫冷原子物理。目前它能把原子的溫度降低到 1 nK，也就是只比絕對零度高出一度的十億分之一。

冷原子的應用

冷原子在凝聚態物理中非常新穎，且具有活力的研究領域。冷原子為研究不同材料的量子性質提供很重要的實驗手段，對量子電腦的研究也大有說明。

// 延伸閱讀 // ［第五節］宇宙暴脹理論

原子彈爆炸的核心溫度可以到一億克耳文，太陽的中心溫度約一千萬克耳文，氫閃的中心溫度能到一·五億克耳文。人類在實驗室中能製造出來的溫度約攝氏四萬億度，這是由美國的布魯克黑文國家實驗室在實驗儀器中製造出來的，他們試圖模擬宇宙大爆炸之初的溫度環境，四萬億寫成科學記號是 4×10^{12}。

然而如此高的溫度離宇宙大爆炸之初還差得很遠，宇宙大爆炸之初的溫度，根據計算可以達到 10^{27} 克耳文。在如此高的溫度下，現在的物理學定律大多無法適用。極致的高溫代表早期宇宙的物質都是高度相對論性的，且由於早期宇宙體積小，物質的密度極大，所以當中的引力極強，不能被忽略。這樣的物理環境下，必須要使用全新的物理學理論去描述。

宇宙學對這個時期的宇宙有一個專門的理論，叫做宇宙暴脹理論（cosmic inflation theory），可以說把宇宙大爆炸理論描述得更加精確。宇宙大爆炸理論是說，宇宙是由一個緻密的奇點爆炸得來，但這只是一個定性的描述，宇宙暴脹理論則定量地描繪宇宙具體是怎麼爆炸的。

宇宙暴脹理論認為，宇宙在最初的極短時間，約 10^{-32} 秒內經歷極速的膨脹，體積直接膨脹 10^{30} 倍，這段時間內時空膨脹的速度遠超過光速。暴脹結束後，宇宙的膨脹規律才和今天觀察到的宇宙膨脹規律類似，暴脹結束後，宇宙的膨脹速度比暴脹過程

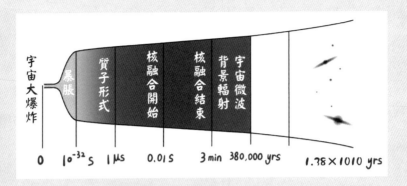

圖 16-7　宇宙暴脹理論

慢很多。所以，根據宇宙暴脹理論，宇宙的膨脹不是線性的。

　　既然在宇宙大爆炸之初，現有的物理學定律都不適用，溫度的定義在這個環境下未必有效，因此要重新審視溫度的定義。宇宙暴脹理論裡，宇宙處在暴脹時期，沒有溫度概念，只有當宇宙結束暴脹後，傳統對溫度的定義才開始有效，是前文提到的 10^{27} 克耳文。

　　宇宙暴脹理論可以用來解釋很多之前無法解釋的問題，如宇宙學三大問題。

視界線問題（horizon problem）

　　宇宙微波背景輻射的存在，可以說充分地佐證宇宙大爆炸理論的正確性。它是一百三十八億光年以外的宇宙深處傳來的微波輻射，按照都卜勒紅移倒推回去，就會發現宇宙在一百三十八億年前確實十分炎熱。但宇宙微波背景輻射存在一個難以解釋的問題，就是溫度，基本上可以說全宇宙極其一致，宇宙深處不同方向的溫度差異非常小。

　　我們必須要清楚，宇宙深處不同方向的位置之間的距離極其遙遠，它們之間不可能有任何資訊的交流，例如地球上北極方向對應的宇宙深處和地球上南極方向對應的宇宙深處，這兩個位置的距離約二百七十億光年，

也就是宇宙存在的一百三十八億年間，這兩個位置不可能有任何接觸和任何資訊交換，因為宇宙中最快的速度是光速，光都沒有足夠時間跨越這麼長的距離，所以宇宙深處各個位置應該沒有交流的可能。

不同溫度的物體接觸在一起，最終溫度會相同，為什麼宇宙深處明明不可能相互接觸，但溫度卻一致呢？宇宙暴脹理論很好地回答這個問題，因為暴脹階段的宇宙膨脹速度遠超過光速，宇宙的邊緣是在 10^{-32} 秒這樣短的時間內擴 10^{30} 倍，所以這些區域本身是接觸的，只不過相互遠離的速度遠超光速，才會使宇宙微波背景輻射的溫度各個方向幾乎一致。

磁單極子問題（magnetic monopole problem）

根據很多先進理論，例如弦理論和大一統理論（grand unified theory），磁單極子（magnetic monopole）應該是存在的，就是單純的 S 極或 N 極的磁荷。電荷分正電荷和負電荷，而且可以單獨存在，但目前能獲得的磁場都是依靠電流所產生，永磁體都是南極和北極共存。一根磁鐵有南北極，切成兩段，每一段都分別擁有南北極。磁單極子雖然被各式各樣的理論預言，但我們從未真正發現過磁單極子。

宇宙暴脹理論部分解釋了為什麼我們尚未探測到磁單極子，根據宇宙暴脹理論的計算，即便磁單極子存在，也因為在極速暴脹的過程中，密度被快速稀釋，以至於磁單極子在當前宇宙中的密度低得無法被探測到。

宇宙平坦性問題（flatness problem）

質量的作用是扭曲時空，全宇宙裡有那麼多物質，包括各式各樣的天體和射線電磁波，甚至還有理論預言存在的暗物質，這些物質都以質量和能量的形式存在，它們從總體上會讓宇宙有一個總體的曲率，但同時宇宙又在膨脹。可以想像，宇宙中如果質量、能量特別多，宇宙整體的趨勢應該是收縮，儘管現在的可觀測宇宙是在膨脹，但最終宇宙應該收縮回宇宙大爆炸的那一點。這種情況下，我們說宇宙是封閉的，它的時空結構就像

一顆球。

　　第二種情況，宇宙裡的物質不夠多，膨脹的趨勢占據主導地位，宇宙最終的狀況應該是膨脹得愈來愈快。我們說這種情況宇宙是開放的，時空結構就像一個馬鞍。

　　第三種情況，就是宇宙裡的物質恰到好處，宇宙處在均勻的膨脹狀態，我們就說這種情況宇宙是平的（flat），基本沒有什麼曲率，時空結構就像平面一樣。

　　根據現在的觀測和計算，我們發現宇宙在大尺度範圍內的時空曲率基本上是零，宇宙基本是平的。如果宇宙在大爆炸時沒有經歷暴脹，則根據宇宙現在的膨脹規律進行推算，會發現宇宙開始時必然比現在更加平坦。這就與基本假設相違背，宇宙剛開始時體積非常小，能量密度極高，這種情況下的時空無論如何也不可能是比現在平坦。但如果使用宇宙暴脹理論，經過計算就會發現，不論宇宙剛開始多麼不平坦，到後來的發展趨勢必然是愈發平坦。

　　至此，已經了解不同溫度情況下的物質形態，以及如何獲得極高的溫度。結合第十五章，我們對熱力學和統計力學都有比較全面的了解。但還是沒有拋棄一個大前提，討論的大多是穩態系統的物理性質，也就是說，

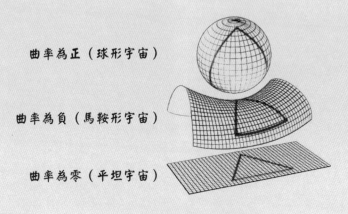

曲率為正（球形宇宙）

曲率為負（馬鞍形宇宙）

曲率為零（平坦宇宙）

圖 16-8　宇宙的終極猜想

研究的都是等了夠長時間、系統已經不會再發生變化的穩定態，這是一種靜態。所有的物理過程，例如加溫、加壓，我們都會假設這個參數變化的過程極其緩慢，以保證過程中整個系統時時刻刻處在穩定態。

但要知道，現實世界中大部分的真實系統都是非穩態系統，加熱是非穩態的，例如燒水時水的沸騰極其劇烈，發動機的工作是非穩態，且是十分迅速的過程。非穩態的研究比穩態的複雜許多，就目前來說，還是一個開放領域。有相當多古老的非穩態系統的問題，至今都沒有被解決。

第十七章

複雜系統

[第一節] 三體問題

　　世界是流變的，現實世界中物理系統的狀態往往都是非穩態。例如不同天氣交替變化，氣象系統就是非穩態；涉及運動的情況，設計生活中的各種交通工具時都要考慮與流動的空氣間的交互作用。空氣的流動大多是非穩態，必須要研究非穩態系統的規律，才能更好地解釋世界。

　　因為變化太多，非穩態系統通常很亂，亂其實就是熵值高。隨著溫度的變化，熵值會發生變化，所以就將極亂的情況歸到〈極熱篇〉一起討論。研究極亂情況的科學領域，叫做複雜科學。

三體問題

　　先來看複雜系統最早的問題之一，就是著名的**三體問題**。三體問題因為著名的科幻小說《三體》而變得廣為人知，最早研究三體問題的是十九世紀的法國大數學家亨利・龐加萊（Jules Henri Poincaré）。

　　三體問題的設置極其簡單，當時人們已經清楚天體之間的作用是萬有引力。假設有三個質量相當的天體，天體之間兩兩存在萬有引力。三體問題就是在已知天體交互作用規律的情況下，如何解出三個天體的運行軌跡。當然，如果拓展到四體、五體，這個問題的難度更高。

　　這裡要知道，所謂三體問題不是局限於三個天體之間兩兩以萬有引力的形式交互作用，如果是其他更加複雜的交互作用形式，例如用廣義相對

論方程來描述三個天體的運動，都同樣複雜。三體問題聚焦的問題，其實是個數學問題。

什麼是解析解？

龐加萊很快發現，要把三體問題中天體運動所滿足的方程式寫出來非常容易，但這個方程式完全無法用解析的方式進行求解。

三體問題方程式：

$$m_1 \ddot{\vec{r}}_1 = \frac{Gm_1 m_2}{r_{12}^3} \vec{r}_{12} + \frac{Gm_1 m_3}{r_{13}^3} \vec{r}_{13}$$

$$m_2 \ddot{\vec{r}}_2 = -\frac{Gm_1 m_2}{r_{12}^3} \vec{r}_{12} + \frac{Gm_2 m_3}{r_{23}^3} \vec{r}_{23}$$

$$m_3 \ddot{\vec{r}}_3 = -\frac{Gm_1 m_3}{r_{13}^3} \vec{r}_{13} - \frac{Gm_2 m_3}{r_{23}^3} \vec{r}_{23}$$

有解析解（analytical solution）就是指一個方程式的解可以用函數形式清晰地表達出來，例如一個一元二次方程式的求根公式就是它的解析解。沒有解析解的意思就是一個方程式不存在求根公式，例如一元二次、三次、四次方程式都有求根公式，到五次方程式及以上就沒有求根公式了。

什麼是數值解？

如何理解什麼是沒有解析解？例如超越方程（transcendental equation）就沒有解析解。$x^2 + \sin x = 0$，就是一個超越方程。這種方程的特點是它的解在數軸上的分布非常散亂，無法用已知的函數統一表達。我們確實可以用電腦一個個試出來解大概有哪些，但這些解不能對應於一個具體、已知函數的規律。

沒有解析解代表一個方程式過於複雜，導致沒有已知規律可以描述。

對於這種方程式，我們能追求的最多就是數值解（numerical solution），就是只能給出這些解在數值上等於多少。

透過三體問題中物體的運動方程式，寫出三個物體的座標，如 x、y、z。其中，x 的受力情況與 x、y、z 三個位置都有關，另外兩個物體的受力情況也是如此。每個參數都是另外兩個參數的函數，這三個方程式是高度糾纏在一起的。

這種高度糾纏在一起的方程式非常複雜，雖然單個方程式的形式看上去都很簡單。一個三元方程組的標準解法是代入法，將三個方程聯立，消掉兩個未知數，最後剩下一個未知數。但由於方程組相互糾纏，導致最後消掉未知數的方程形式特別複雜，因此沒有解析解。

對於三體問題，似乎只能謀求數值解，用電腦代入數值去試出答案。

複雜系統對誤差的敏感性

遺憾的是，從原理上也無法解出三體問題的數值解。因為三體問題對初始條件和誤差過於敏感，導致方程式解出來與正確答案相去甚遠。如何理解呢？這就要說到數值解的基本方法。

對於只能謀求數值解的方程式，求數值解時的基本方法就是先猜，再比對，再修正，然後循環往復，直至逼近答案。例如面對一個方程式，方法是先猜一個數值解，然後看它能否使方程式成立，當然，高機率是無法成立；下一步，就是看看猜的這個數值距離讓等式成立差多少。如果差二，就再猜下一個數字。將它代入方程式後，發現距離等式成立變為差三，就說明第二個數值猜的方向錯了。這時可以換一個方向猜，猜完再代入，如果發現偏差縮小，就繼續往剛才的方向上猜。每次猜完後，都要代入方程式去看差值是變大還是縮小。這樣的過程循環往復，總能找出正確答案。

但對三體問題卻做不到，為什麼呢？因為對初始條件的敏感度。猜數值時，只要猜錯就會產生誤差。你以為可以猜第二個數值，但猜第二個、第三個數值……不斷代入的過程中，會發現將每次猜的數值代入方程式得

出的誤差值，根本不能提供應該怎麼去猜數值的方向。也就是先猜後代入的過程給出的數值結果太敏感、太跳躍了。可能第一次猜一個數值，誤差是二，第二次猜一個數值，誤差是一，你覺得方向對了便繼續往這個方向猜，但將第三個數值代入時，誤差變成二十，完全失去做數值計算的方向，使數值解法根本無法得出正確答案。這就叫對初始條件和誤差的敏感度，初始條件在這裡就應該理解為誤差。

可以想像一下，三個天體在時間等於零時被釋放，在萬有引力作用下開始運動。初始條件是我們清楚三個天體被釋放時的具體位置，也知道它們被釋放時的速度。初始條件敏感是指開始運動的位置和速度，只要稍有一點偏差，哪怕是極小的偏差，最終也會導致完全不同且毫無規律的運動軌跡。

做數值計算時的敏感性，會導致我們根本無法用猜數值的辦法逼近正確答案。如果用電腦程式模擬三體運動，你會發現它的運動規律雜亂無章。哪怕初始條件設定一樣，電腦類比的運動軌跡將與真實世界的三體運動完全不同，因為電腦的類比總有誤差。

三體問題的特殊解

這樣一來，三體問題是不是完全無解了呢？其實在一些特殊情況下有特殊解。例如把三個完全相同的天體組成一個正三角形，讓它們圍繞著三角形的中心以一定速度旋轉，只要旋轉的速度合適，確實可以形成一種三個天體等速旋轉的運動模式，或者三個天體連成一條直線，圍繞中間的天體以一定角度旋轉的運動模式，這些都是特殊三體系統的特殊運動模式。

再例如三體中兩個特別輕，一個特別重。這種情況下穩定的運動模式則是兩個小天體繞著一個大天體旋轉。這也是為什麼在太陽系這樣穩定的恆星系中，恆星的質量要遠大於其他天體的質量，這樣才能讓恆星的引力成為主導，讓其他的天體圍繞它旋轉，否則太陽系不可能穩定。如果八大行星和太陽的質量相當，太陽系的運動將極其混亂。

小說《三體》描繪的三體人所在的星系，就是因為有三個太陽，導致它們的天體運動極其不穩定，所以三體星沒有穩定的氣候，導致三體人不得不出去征服其他星球。

當然，三體問題只代表一個大學科中的一個典型問題。三體問題尚且不可解，可見這個學科非常龐大、複雜，這就是複雜科學。

[第二節] 亂流問題

三體問題其實只是複雜科學中最典型的問題之一，現實生活中的複雜科學問題比比皆是，甚至可以說比簡單系統多得多。

流體動力學

有一門古老的學科叫流體動力學（fluid dynamics），研究氣體、液體在流動狀態下的物理學規律。流體力學的應用非常廣泛，例如航空、航太，本質上就是深入鑽研空氣的流動；造船技術則是研究水的流動。空氣、水流動中的運動規律，微觀層面上可以用牛頓運動定律描述，但不可能每個分子都可以用牛頓運動定律描述。儘管它的運動從原理上來說很早就清楚，但其中一些懸而未決的問題卻已困擾科學家幾百年。

流體力學的研究方法

流體力學的標準研究方法，是用流速去描述流體中每個位置的運動情況。我們不追蹤每個流體分子的運動，而是把流體當作一個整體進行研究，關注流體會通過的區域內，每個具體位置的流體流速。流體流動過程中，雖然每個位置流過的流體分子一直在換，但這裡不關心每個具體的分子，只關心分子的「流」，也就是區域內每個位置流體的流速。

〈極快篇〉第三章「人類提速之路」提過白努利定律，即流速愈快，壓力愈小，白努利方程式提出流速與壓力的關係。只要了解每個位置流體

的流速，就能了解每個區域內的壓力。也就是說，置身於流體中的物體的受力情況，可以根據流體的流速計算出來。

N-S 方程

結合白努利定律和牛頓運動定律，原則上，只要解出流體的速度分布的方程式——納維－斯托克斯方程（Navier–Stokes equations），英文縮寫為 N-S 方程，流體的行為就能被徹底理解。

$$\rho \frac{Du}{Dt} = -\nabla_p + \nabla \cdot \tau + \rho g$$

但到目前為止，N-S 方程沒有被徹底解決，只有一些特殊情況下的 N-S 方程有解析解。大部分情況下，N-S 方程甚至連數值解都沒有。為什麼呢？其實和三體問題類似，因為 N-S 方程裡有黏滯力，數學上體現為參數的平方項，這在數學上叫非線性（nonlinear）。但凡速度有點偏差，就會被這些非線性的項無限制放大。也就是一個非常微小的擾動，就會導致最終的結果南轅北轍。

著名的法國數學家讓‧勒朗‧達朗貝爾（Jean le Rond d'Alembert），曾透過研究流體力學得出知名的達朗貝爾佯謬（d'Alembert's paradox），是指如果流體是不可壓縮且無黏性阻力（viscosity），則流體對於置身其中的物體的拖拽力為零，這意味著一艘船在水中行駛將不會受到任何阻力，簡直就和超流體一樣，這與事實完全不相符，因此研究流體必須把流體的黏性阻力，甚至密度隨壓力的變化考慮進去。

N-S 方程是數學界的「千禧年大獎難題」之一，美國的克雷數學研究所（Clay Mathematics Institute，CMI）在二〇〇〇年列舉七個數學問題，對每個問題懸賞一百萬美元，稱這七個問題是千年難題，N-S 方程的解就在其中，就引出流體力學當中一個至今都無法徹底解決的物理現象——亂流。

什麼是亂流？

亂流，也叫湍流，這種現象很常見。例如搭飛機時導致顛簸的氣流就是亂流，國際航班的廣播裡直接說的就是「turbulence」。

亂流就是一種毫無規律的空氣流動，由於毫無規律、變化劇烈，所以搭飛機時感受到的是顛簸。亂流，就是 N-S 方程非線性的體現。

歷史上很多前沿的物理學家和數學家都嘗試解過亂流問題（turbulence problem），可見其難度之高。例如海森堡的博士論文就企圖解亂流的問題，可他解了幾年發現完全無法解出來，只給出一些特殊情況，可見亂流問題有多難。

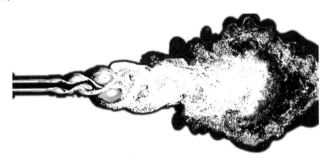

圖 17-1　亂流的形態

亂流中有一些相對比較穩定的特殊情況，例如空氣和水會以轉圈的形式開始運動，形成流體的渦旋。但這都只是 N-S 方程的特殊解，不是全貌。

雷諾數

亂流問題目前還無法精確求解，也就是說無法解出亂流情況下，一塊區域內每一個位置的流速依什麼規律變化。即便無法精確求解，也可以考慮其他情況。例如可以解釋為什麼會形成亂流，以及什麼情況下會形成。

於是就有一個概念叫雷諾數（Reynolds number），首先，一般的流體之間有黏性阻力，就是有交互作用。如果描述流體的模型中沒有黏性阻力，就不會出現亂流。

沒有黏性阻力的情況下，流體的行為非常順滑。也就是說，一個區域內各個位置流體速度雖然不同，但不同流速流體之間的交互作用只體現在流體的壓力上，而壓力的方向垂直於流體流速方向，所以不會影響流體的速度。但一旦有黏性阻力，流體的運動就會受到黏性阻力影響。所以，N-S 方程的一般形式裡都有黏性阻力，更符合實際的流體情況，達朗貝爾佯謬告訴我們，實際流體必須考慮黏性阻力。

結合生活經驗，如果你坐過快艇，可以觀察一下，船剛開始啟動、速度較低的情況下，在水裡激起的水波比較規律，但船的速度提升後，周圍就會有較大的浪花，這些浪花就是一種亂流行為。

雷諾數描述的就是這個現象，就是流體被噴出時的動能與流體受到的黏性阻力的比值。這個數字大到一定數值，就會出現亂流。這個過程從物理上可以這樣理解：因為黏性阻力和速度成正比，能量和速度的平方成正比。當速度很慢時，速度的平方沒有速度的一次方大，所以黏性阻力占主導地位，能限制流體的運動。隨著速度愈來愈快，速度的平方就愈大，整個流體會對擾動相當敏感，系統就會迅速進入混亂、不可預測狀態。進入混亂狀態後，具體的行為就變得無法描述。

雷諾數看似粗淺，對於流體系統來說卻是一個重要的進步。要知道亂流的產生對飛行器來說，是一個重大的阻力來源。如果有辦法改變飛行器的形狀和飛行模式，讓飛行器在盡量高的速度下才超越雷諾數的上限，對飛行器的提速將有重大幫助。

亂流的問題，只是一類複雜系統的問題。這樣的問題還很多，可以被歸為同一種類型的系統，叫做混沌系統。

[第三節] 混沌系統與蝴蝶效應

蝴蝶效應

相信你一定聽過**蝴蝶效應**，由名為愛德華・羅倫茲（Edward Lorenz）

的氣象學家提出。蝴蝶效應的原話是：「一隻南美洲亞馬遜河流域熱帶雨林中的蝴蝶，偶爾扇動幾下翅膀，兩週後可能在美國德州引起一場海嘯。」

圖 17-2　蝴蝶效應

蝴蝶效應不是說這隻蝴蝶扇了翅膀，直接導致德州的海嘯。天氣系統極其複雜，初始條件的不同會導致完全不同的結果，這才是蝴蝶效應的真實意思。

確定性系統的非確定性

這類問題引出的系統叫做混沌系統，這類系統對初始條件極其敏感，表現出一種巨大的隨機性。注意，此處的隨機性和〈極小篇〉提到的量子力學的不確定性原理所對應的真隨機性不是同一件事。量子力學裡的隨機性對應的系統本來就是不確定的系統，但混沌系統是完全確定的系統（deterministic system），例如天氣系統。我們可以認為天氣系統裡每個空氣分子的運動形態，都可以被確定。

但由於系統對於初始條件、誤差和擾動的敏感性，會導致這個系統在實際操作中變得完全無法預測。這裡應當被理解為在目前的數學體系框架下的無法預測，但系統的規律是確定的。每一個粒子的運動規律，都被牛頓運動定律牢牢固定（此處不考慮粒子的量子屬性）。任何單個粒子與其他粒子的交互作用，發生碰撞前後的規律都是確定的。但整個系統特別敏

感，導致從方法論上無法解出它的變化規律。

混沌系統是一個完全確定的系統，但初始條件的極小偏差，不意味著結果的偏差也是極小的。

從數學上描述混沌系統的方程式通常有一個特點，叫做非線性，也就是在方程式裡，會出現速度的平方項、位置的平方項這種數學表達。如果存在一個誤差，由於有平方項，這個誤差就會在計算的過程中呈指數規律增大，最終會被放大到極其遠離正確答案的路徑上。

系統方程式的非線性，是導致系統混沌性的一個根源。

混沌系統的研究方法

從數學上看，面對這種混沌系統時，我們似乎無能為力。這種情況在研究量子力學時也碰過，由於不確定性原理，我們發現已經無法用原子中電子的具體軌道描述電子的運動。於是人們發明機率幅來描述粒子的運動，拋棄追求電子軌跡的執念，尋找新的描述語言來解決問題。科學家們甚至總結出不確定性原理，它從原理上告訴我們，電子不存在軌跡，因為位置和速度無法同時被確定。同樣的，面對混沌系統，是不是應該拋棄計算系統隨時間變化的具體規律，轉而尋找一些混沌系統的其他規律呢？

答案是肯定的。對於混沌系統，可以尋找它們的特殊解和穩定解。

先來說說什麼是特殊解，我們在三體問題裡就提過一些特殊解。三個質量相同的天體，分別占據正三角形的三個點，以一定速度圍繞中心轉動，這種解必然存在，就是特殊解；三個天體連成一條直線圍繞中心天體旋轉，也是特殊解；如果兩個天體質量很小，一個天體質量很大，兩個天體一近一遠圍繞大天體運動，就像太陽系的行星繞太陽運動一樣，這種解肯定存在，這三個解都是三體問題的特殊解。

混沌系統中，系統隨時間的變化規律雜亂無章，特殊解對應的是在雜亂無章的運動中，有規律的那些解。它們通常是週期性、有特徵的。

但特殊解未必都是穩定解，還是拿三體問題的三種特殊解來看，三個

天體連成直線一起運轉這個解明顯不穩定。為什麼？因為只要有一個天體稍微偏離一點點，這個運動形態就破潰了，例如讓中間的天體往另一個天體偏一點，我們知道引力愈近愈強，一旦中心天體往另一個偏，就會愈發往那個天體偏，系統不會自發地回到初始狀態，這叫做對於擾動的回饋不穩定。

但兩個小天體圍繞一個大天體轉這種情況是穩定解，〈極大篇〉已經講過，天體的運動軌跡是做進動的橢圓，即便對於小的天體來說它的軌道有一些偏離，但依然可以保持圍繞大天體運動的整體趨勢。這種運動模式不會破潰，所以是一個穩定解。

有了對穩定解的認知，可以嘗試更換對混沌系統研究的目標，不再著眼於去找出它具體隨時間變化的運動規律，而是去尋找所有穩定解。混沌系統的運動規律就是在穩定解之間切換，穩定解不是百分百穩定，每一個穩定解都有一個穩定的限度，擾動在一個範圍內可以回到原本的狀態，但擾動若是過大就不行了。因此，穩定解的穩定性也必須討論。

就像龐大無比的天氣系統，顯然就是混沌系統。天氣系統雖然變幻莫測，但總是在幾種特定的天氣當中切換：晴天、陰天、雨天、雷暴、雪天、颱風天等。這些天氣情況就是天氣系統的局部穩定解，是天氣系統的運動模式。

如此一來，我們研究混沌系統的目標就發生變化：找出特殊解、穩定解，再去研究不同穩定解需要什麼程度的擾動才會被破壞，被破壞後會往什麼方向發展，再去找到新的穩定解。

混沌系統與量子力學系統的區別

這裡可以拿混沌系統和量子力學系統做類比。

量子力學系統沒有確定軌跡，但可以透過波函數解出那些量子化、能量確定的穩定態。一個廣義的量子態是若干個穩定態的疊加，這是哥本哈根詮釋。測量的過程是一個疊加態的波函數坍縮到其中一個穩定態。與之

類似，混沌系統也可以在不同穩定態之間切換。不相信哥本哈根詮釋的人也許會認為，量子力學系統從本質上來說，也是一種微觀的混沌系統。

這裡觸及一個頗具哲學感的問題：什麼是真隨機？我們知道混沌系統從測量的角度來說是隨機的。即便知道整個混沌系統的規律是決定性的，但只要觀察者所有的感知方式都無法預測這個系統，是否就可以被稱為是真隨機呢？如果真的如此，混沌系統的確定性加上高複雜度和高敏感度所達到的隨機，與量子力學的真隨機，本質上相同，因為做為觀察者，我們其實不能觸及本質，只能依據測量進行判斷。但量子糾纏的存在告訴我們，量子力學的隨機如哥本哈根詮釋所說，不光在測量上是隨機的，在原理上也是個真隨機系統，十分值得思考。

[第四節] 耗散系統

混沌系統（或者說複雜系統）的存在非常重要，它是世界多樣性的來源。根據熵增加原理，宇宙做為一個系統，應當愈發混亂。這就是熱寂說（heat death of the universe）的核心內容，認為宇宙最終會達到熵最大的狀態，沒有任何秩序。

熱寂說

根據熱力學第二定律，熱寂說認為宇宙最終一定會發展成一團混亂，變得毫無規律。所有物質都會混為一團，不會有星系、天體，更不會有地球這樣富含生命的星球，因為各種天體，例如恆星、行星、地球的形成，生命誕生的本質都是秩序性的體現。然而熵增加原理說的是，一個封閉系統最終一定會喪失秩序。這是因為秩序的熵是低的，熵要達到最高，必須盡可能消除秩序。

熱寂說認為宇宙最終會喪失一切秩序，變成「一鍋湯」。但我們世界的存在，是一種反熱寂說的現象，生命就是一種最高的秩序。

耗散系統

　　熵增加原理有一個前提，就是對一個封閉系統來說，熵永遠不會自發減小。什麼是封閉系統？就是一個與外界沒有能量交換的系統。

　　熵增加原理在封閉系統中才成立，〈極大篇〉已經說過，就目前人類對宇宙的認知來說，宇宙是在不斷膨脹的，為了加速膨脹還需要存在暗能量，也就是說宇宙還在不斷被輸入能量。這樣看來，宇宙未必是個封閉系統。

　　為什麼非封閉系統有可能逃脫熱寂呢？這裡就出現非平衡態熱力學中的一個概念——耗散系統（dissipative system）。由比利時的理論物理學家兼化學家伊利亞·普里高津（Ilya Prigogine）提出的概念。總體來說，就是在沒有達到穩態的情況下，向一個不與外界隔絕的系統輸入能量，它的熵有可能自發減小且呈現新的秩序。

新秩序形成的條件

　　你可以做一個實驗：拿一個平底鍋，鍋裡放薄薄的一層水，然後開始燒水，火最好要猛，上面再開個抽油煙機吸熱。你會發現沸騰時的水面，可能會出現一種新的形狀。一般情況下，沸騰的水面雖然會有很多水泡，但這些泡泡毫無規律。在水很薄、水的上下溫差很大的情況下，水沸騰時的水泡會組成六邊形的蜂窩狀結構。

　　也就是說，當給水面輸入足夠能量，且水處在沸騰的非穩定態時，水面形成新的秩序，這種秩序自然是熵更小，這就是耗散系統的一個體現。總結這個實驗，必須是水的上、下溫差達到一定的差值才會出現新的秩序，也就是輸入能量的效率要夠高，且系統要處在非平衡態。

　　為什麼會出現這種逆熵的情況？為什麼按理來說應當混亂的系統會出現新秩序呢？關鍵在於混沌系統、複雜系統的非線性行為。複雜系統的性質多變，難以預測，因此為新的秩序出現提供可能性。

　　正是因為這種複雜性，地球上才能誕生生命。要知道生命系統異常複

雜，生命延續的本質，都是要攝取能量，消耗能量以抵抗系統本身的熵增。恰好是因為世界上存在非線性、混沌系統、足夠高的複雜度，才能呈現出如此多變、多樣的秩序性。

至此，〈極熱篇〉的知識講完了。熱力學、統計力學、複雜科學，可以說是經歷幾百年依然非常蓬勃的學科。與其他學科的交叉性非常強，生物學、化學、生理學和醫學走到理論化的程度，都與熱力學、統計力學、複雜科學有著強烈的交疊。例如近年蓬勃發展的生物物理學，就是用物理（主要是統計力學）理論去解釋生物中的一些基本現象，例如基因選擇，DNA 的形成、轉錄，這裡面物理學的道理其實很深刻。

研究現實世界，複雜科學和統計力學是最重要的理論武器之一，因為現實世界是複雜的、大規模的。也正是因為在理論的底層有統計力學和複雜科學做為支撐，我們的世界才會形成今天的豐富多彩和千變萬化。

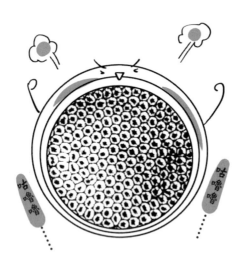

圖 17-3　沸騰的水面

極冷篇

The Coldest

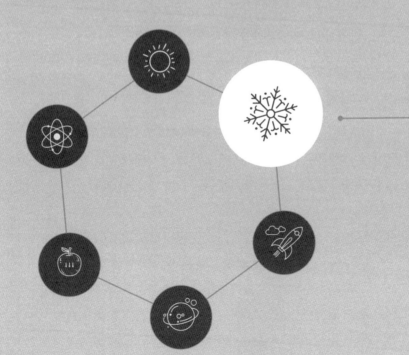

[導讀]

冷即秩序

〈極冷篇〉是與〈極熱篇〉相對的一篇，極冷是指溫度極低。〈極熱篇〉討論從室溫開始，溫度逐漸升高的情況下，物質的各種形態，主要是氣體、等離子體，甚至極端到宇宙大爆炸初期的「宇宙暴脹」。〈極冷篇〉討論的則是從室溫開始溫度逐漸降低，一直低到接近絕對零度，物質的形態會是什麼樣子。

內容安排

較低溫度下，我們感興趣的物質形態大多是固體。因此，第十八章將以比較粗放的視角來研究固體，透過對固體做各式各樣宏觀的實驗測試，從而得出各方面的性質。

例如可以透過施加外力來研究固體的力學性質，這樣就有強度、硬度等物質屬性。例如鑽石的硬度和強度極高，就是在力學測試下得出的結論。除此之外，可以透過為固體加電場，看看裡面是否會有電流，例如替固體接一個電池，就能部分得出它的電學屬性。還可以替固體進行加熱、放熱，觀察它的導熱性如何。我們都有這種生活經驗：瓷做的湯勺比金屬

做的湯勺更方便喝熱湯，因為金屬做的湯勺容易燙手、燙嘴，實際上就是因為金屬的導熱性要比瓷好。

第十八章討論的是固體做為材料的各種屬性，有力學性質、熱學性質、電學性質和磁學性質，這些其實可以被歸類為材料科學的研究範疇。材料物理的研究方式相對來說更宏觀，要深刻理解固體材料為什麼會表現出各種屬性，還需要從微觀層面上進行研究。

第十九章，我們把研究的視角從宏觀測試轉移到微觀研究，用量子力學的視角來看待不同固體的屬性。宏觀的固體是由微觀的原子組成，我們會發現微觀層面上原子的結合排列方式，以及不同種類原子的個體量子特性，最終都會體現在固體材料的宏觀屬性上。因此，第十九章講解的內容，在物理學範疇內被劃歸為固體物理。固體物理是從原子的量子性質出發，研究材料的微觀特性，從而解釋為什麼不同材料會有不同的宏觀性質。

第二十章會進入全新的物理學領域——凝聚體物理學（condensed matter physics），看看當溫度比較低，物質聚合的情況下會有什麼奇特物理性質。我們在〈極熱篇〉認識等離子體後，已經有了對物質四態的基本認知：固態、液態、氣態和等離子體。但在溫度極低（接近絕對零度）的情況下，不是所有物質都會以固體形態存在。氦氣在低溫下依然保持液態，但這種液態不是簡單的液態，而是有可能會形成超流體（內部摩擦力為零的流體），這種形態往往對應於物質的第五形態——玻色－愛因斯坦凝聚（Bose-Einstein condensation）。它完全是由溫度低的情況下，粒子的量子特性占據主導所導致的。

當然，這三章之間的學科界限不是涇渭分明，材料科學、固體物理學、凝聚體物理學之間的交集非常廣，甚至固體物理學可以被劃歸為凝聚體物理學的基礎，它們的研究對象類似，只是研究的尺度、關注的具體對象有差異而已。

極低溫度下，物質內分子、原子熱運動的劇烈程度急劇降低，量子力學的不確定性會變得極其明顯。這種情況下，物質形態會變得極其豐富，

除了超流體、超導體以外，我們還會介紹一種全新的物質形態 —— 量子霍爾效應（quantum Hall effect）。

量子霍爾效應是說：低溫環境下，替一塊金屬板加超強的外部磁場，這塊金屬板的電阻會變得與它的具體形狀毫無關係，而只與外部磁場的大小和金屬板內部的電流大小有關。量子霍爾效應的發現，可以說是開啟一個全新的物理學領域 —— 拓撲材料（topological material）。這個領域目前是物理學最前沿的研究領域，出現至今不過短短三十年。

凝聚體物理學、拓撲材料的研究不僅非常前沿，在實際應用領域也大有可為。量子計算（quantum computation）最近頗受關注，而拓撲材料就是最有希望用於製造量子電腦的材料之一。因此第二十章的末尾，將介紹量子計算大致是怎麼一回事。為什麼標誌著人類電腦技術，甚至整個人類科技文明的重大飛躍？

〈極冷篇〉研究的對象依然是如熱力學、統計力學研究的多粒子系統，區別是在低溫環境下，這些多粒子系統會呈現出極高的秩序性，產生豐富的物質形態。

第十八章

材料科學

[第一節] 材料的力學屬性

　　物質的常見形態有三種：固態、液態、氣態。其中，氣態在〈極熱篇〉已經透過理想氣體模型等物理學模型討論；對於液態，我們更加關心的是它的流體力學特性；物質的固態則是〈極冷篇〉要關注的對象，我們將從宏觀到微觀一層層地討論下去。

　　固體的性質各異，物質種類就有金屬、準金屬、非金屬等，微觀結構上也有晶體、非晶體之分。本章先討論固體較為宏觀的性質，分別是力學性質、熱學性質、電學性質和磁學性質。

應力和應變

　　之前在〈極快篇〉第二章簡單提過應力、應變，這裡先聚焦在材料眾多性質中最宏觀的力學性質上。現在有一塊固體，可以透過各種手段對它的屬性進行測試，其中最宏觀、最容易操作的就是它的力學屬性。

　　假設有一塊金屬，可以嘗試拉伸、壓縮、扭曲它，施加不同大小和方向的力與力矩，則金屬會在不同情況下發生不同方式的形變。這塊金屬在外力作用下的形變規律是什麼樣的？再極端一些，要用多大的力或力矩，才能把這塊金屬拉斷、壓壞、扭斷？

　　假設有一塊圓柱形金屬，可以在兩端施加兩個圓柱體軸向的力去拉伸它，也可以反過來壓縮它，這兩個力垂直於兩個圓柱的底面。拉伸的力會讓圓柱體變長，壓縮的力則讓它變短。如果施加垂直於軸向的力，則會讓

圖 18-1　對圓柱體施加應力

圓柱體變歪。如果上下施加兩個方向相反的力矩，圓柱體會被扭曲。

　　應力就是在固體某處單位面積上施加的力，它是一個向量，既有大小，也有方向。除了應力之外，還有應變。應變被定義為物體形變後的長度減去原長度的差值與原長度的比，其實就是物體形變的百分比。

張量

　　有了應變和應力的定義，我們最關心的是它們之間的關係，也就是施加一定大小和方向的力後，固體的形狀會發生什麼變化。例如彈簧，對其施加一定的拉力或壓力後，都會發生形變，拉伸會變長，壓縮會變短。我們關心的是彈簧的長度如何隨著施加壓力或拉力大小的變化而變化，這裡就有了著名的虎克定律（Hooke's law）。

　　虎克定律說的是，彈簧變化的長度正比於彈簧受到的力。用公式表示就是 $F = -kx$，F 是外力，x 是彈簧的形變，k 是彈性係數，這裡的負號表示彈簧的彈力方向永遠與位移方向相反，也就是彈簧彈力的趨勢永遠阻止位移變大。例如拉伸彈簧時，彈簧的拉力趨勢會阻止拉伸；如果壓縮彈簧，彈簧的彈力趨勢則會阻止壓縮。

　　但對於一塊固體，應力和應變的關係就沒有那麼簡單。微觀層面上，可以把固體想像成是由分子或原子相互聚集、連接組成的，分子和分子、原子和原子之間相當於用很多彈簧連在一起。固體裡的是三維的彈簧，因為各個方向都有作用力的產生。但滿足虎克定律的彈簧是一維的，形式很

簡單，因為只考慮它向一個方向壓縮或拉伸變形。對於一個固體，每個分子、原子都與多個相鄰的分子或原子相連，每一個連接都可以當成一個彈簧，這裡的情況極其複雜。

這裡就出現類似虎克定律中彈性係數 k 的量。虎克定律中的 k 只不過是一個數字，但固體的彈性係數是一個張量，數學形式不是一個數值，而是一個矩陣，有好多個數值。

什麼意思呢？我們來看幾種簡單的情況。

從兩端拉伸一個圓柱形的固體，除了變長以外，還會變細。可以建一個直角座標系描述這種行為，假設圓柱體中軸的方向與座標系 z 軸的方向平行，圓柱體的橫截面則在座標系的 x、y 方向上。也就是說，施加 z 方向的應力後，除了有 z 方向對應的應變以外，圓柱體還有 x 和 y 方向上的應變。同樣的，如果在 z 方向上壓縮，圓柱體除了在 z 方向上變短外，在 xy 平面方向上會變粗。其他的應力也一樣，例如扭動圓柱體，圓柱體會變長，腰部會變細。

也就是說，給固體施加一個方向的力，**相應的變化不光是一個方向的，而是三個方向都可能有**。這種情況下就不能用單一的彈性係數來描述應力和應變的關係，而是一個應力對應於所有方向的應變。這個彈性係數至少有九個分量，分別對應的是三個不同方向的力，每個方向的力都會引起三個方向上的形變，即 $3 \times 3 = 9$。

上面討論的是力的方向，但不要忘了，力有三要素：大小、方向和作用點。對固體來說，力作用在哪裡也很重要。把固體中的一個小方塊做為研究對象抽象出來看，這個力可以作用在小方塊的三個方向上，可以是上下面、左右面或前後面。三個不同方向的力可以作用在三個不同方向的面上，這樣應力就有九種可能性。

應變也是相同道理，可以是三個不同面，每個面都有三個不同方向的形變，這樣的話，形變最多也有九個量。所以一共有九個應力對應九個形變，就是任意一個應力有可能對九種形變方式都存在作用，這樣一來，固

體應該最多有 $9 \times 9 = 81$ 個彈性係數，它對應於九個應力中的每一個，都會對全部九個應變產生作用。

$$
\begin{bmatrix} \varepsilon_{11} \\ \varepsilon_{22} \\ \varepsilon_{33} \\ 2\varepsilon_{23} \\ 2\varepsilon_{13} \\ 2\varepsilon_{12} \end{bmatrix} = \begin{bmatrix} \varepsilon_{11} \\ \varepsilon_{22} \\ \varepsilon_{33} \\ \gamma_{23} \\ \gamma_{13} \\ \gamma_{12} \end{bmatrix} = \frac{1}{E} \begin{bmatrix} 1 & -\nu & -\nu & 0 & 0 & 0 \\ -\nu & 1 & -\nu & 0 & 0 & 0 \\ -\nu & -\nu & 1 & 0 & 0 & 0 \\ 0 & 0 & 0 & 2+2\nu & 0 & 0 \\ 0 & 0 & 0 & 0 & 2+2\nu & 0 \\ 0 & 0 & 0 & 0 & 0 & 2+2\nu \end{bmatrix} \begin{bmatrix} \sigma_{11} \\ \sigma_{22} \\ \sigma_{33} \\ \sigma_{23} \\ \sigma_{13} \\ \sigma_{12} \end{bmatrix}
$$

圖 18-2　應力與應變的關係（各項同性材料性質的彈性方程，由於材料的對稱性，通常只會用到 6×6 的彈性係數張量，ε 和 γ 都表示應變，σ 都表示應力，E 是材料的楊氏模量，ν 是材料的切向模量）

　　對於有規則內部結構的固體，這八十一個係數，不會是八十一個獨立數值，一個方向的應力不一定會導致所有方向的應變。例如上下拉伸一塊均質的橡皮圓柱體，它只會變長、變細，但不會發生扭動。因此，拉力對應於扭動形變的係數應該是零，這樣八十一個係數會大大減少，甚至大部分係數是零。

　　這個以 9×9 矩陣表現的彈性係數，就是一塊固體的彈性係數張量。但實際情況下，我們不會用到 9×9 的彈性係數張量，通常由於材料的對稱性，6×6 的彈性係數張量就足夠了。應力和應變也因為有一定對稱性，不需要九個相互獨立的應力和應變，而是六個相互獨立的應力和應變足矣。

　　這也是為什麼力學雖然古老，但機械工程、固體力學到今天依然蓬勃發展，一個重要原因就是裡面的計算太複雜，情況太多變。

振動模式

　　有了張量的定義，就可以充分研究固體的性質。其中，固體的振動模式（vibration mode）是我們非常感興趣的。一個彈簧上面連著一個小球，

把彈簧拉開再放手，小球就會開始振動且頻率固定，這個振動頻率就叫彈簧小球系統的振動模式。

固體也一樣，有了固體的彈性張量，就可以計算固體有哪些振動模式。這就對應了各式各樣的機械波在固體裡是如何傳播。這種研究方式非常有用，在各個領域都可以說是一種基本思想。例如研究地球的結構，儘管人類無法下到地函、地核，但可以把地球抽象成為一個彈性體，透過分析地震波的傳播情況，可以得出地球的地核是一個固體金屬球的結論。

強度與硬度

剛才討論的都是固體的彈性形變（elastic deformation），什麼叫彈性形變呢？是指這個應力的作用範圍不大，放開應力後，固體還能恢復到原來的形狀。但這種彈性形變有一個極限，如果應力過大，導致形變過大，超過極限後，固體就無法恢復到原來的形狀了，這種情況叫塑性變形（plastic deformation），這就完全屬於固體另一個範疇的力學性質了。例如固體有強度的定義，當施加超過固體能承受強度極限的應力，固體就會斷裂。硬度的定義和強度有些類似，只是強度是整體性質，硬度是局部性質，固體材料能夠承受的最大的局部壓力就表明它的硬度。

[第二節] 材料的熱學屬性

面對固體時，最容易想到的就是材料的力學屬性，從實驗測試操作的難易程度來說，力學屬性的測試是最直接的。比力學屬性稍微複雜一些的是固體的熱學屬性，就是固體和溫度的關係是什麼樣子。

總體來說，我們關心的固體熱學屬性有三個：比熱（heat capacity）、熱膨脹係數（coefficient of thermal expansion）和熱傳導性（heat conductivity）。

比熱

比熱（也叫比熱容）的概念中學時就學過，是指讓單位質量的物質上升單位溫度所需要的能量。水的比熱比較大，讓一公斤水上升一度，需要四千二百焦耳的能量，但讓一公斤鐵上升一度，大約只要水的十分之一能量就夠了。

到底是什麼導致不同物質的比熱不同呢？

首先要明確固體溫度升高的本質是什麼，溫度正比於微觀粒子動能的平均值。任何固體中的微觀粒子就是指組成它的分子、原子。溫度的上升無非就是這些分子、原子的運動速度的增加。除此之外，很多材料（尤其是金屬）中有大量自由電子，溫度上升，也包含電子的自由運動變得更劇烈的物理過程。

固體中原子和分子的位置相對固定，所以對於固體，溫度的升高代表它的分子和原子在固定位置周圍做振動的劇烈程度增加。

不同固體的比熱不一樣，輸入的能量在分子、原子的動能和位能中如何分配。一份能量輸入後，比熱大的物體分配給分子之間作用位能的部分較多，根據能量守恆，它分配給分子動能的部分就較少。

拿陶瓷和金屬做簡單比較，陶瓷的比熱比金屬更大，本質是陶瓷分子之間的作用比金屬更強。上一節說過，這些固體的分子之間就像有「彈簧」連接一樣。透過宏觀性質可以知道，陶瓷的「彈簧」顯然比金屬的「彈簧」更緊，陶瓷比金屬硬，且是脆的，而金屬相對較軟，容易變形。既然陶瓷材料的分子之間的綁定更緊，緊的「彈簧」對於同樣幅度的振動，儲備的彈性位能更大。所以對於硬度大的材料，一份能量輸入，肯定會更多地分配給分子間的位能，少量分給動能，而固體的溫度只表現為這種分子的動能。所以同一份能量輸入，較硬材料升溫的程度肯定較小。

除此之外，像金屬這樣的材料，由於內部有大量的自由電子（自由電子的位能接近於零，否則不會那麼自由，如果輸入一份能量給自由電子，幾乎都會用來轉化為電子的動能），它的升溫效果明顯，所以比熱較小。

比熱不會一成不變，不同溫度情況下，分子、原子之間連接的彈簧的彈性係數會發生變化，同樣的，比熱會隨溫度，甚至固體所處環境的外部壓強而變化。

熱膨脹係數

除了比熱，固體的熱膨脹係數是我們關心的物理量，用來定量描述熱脹冷縮現象，告訴我們不同的固體在加熱的情況下，具體會膨脹多少。

熱膨脹係數為什麼這麼重要呢？因為在實際的工程中，必須考慮材料的熱脹冷縮。例如傳統火車軌道的每一段鋼軌並非完全嚴絲合縫地拼接，而是要留出一段距離，就是考慮到不同季節鋼軌的熱脹冷縮；家裡地板的鋪設，每塊木板之間留有一定的縫隙，也是考慮到木頭的熱脹冷縮。

乍看之下，熱脹冷縮現象的發生是因為溫度的升高，分子和原子振動更加劇烈，振動幅度更大，導致物質的總體效果呈現為體積更大。但這種判斷是錯誤的，固體會熱脹冷縮的根本原因，不是分子之間的振動更加劇烈，而是分子位能的非對稱性。

分子之間存在凡得瓦力，這是一種非對稱的力，靠得近時表現為排斥，離得遠時表現為吸引，這種特性和彈簧一樣，總有把你拽回或推回它平衡位置的趨勢。但彈簧的拉伸和壓縮所提供的彈性力是對稱的，也就是說，壓縮和拉伸一公分，感受到力的方向雖然不同，但大小一樣。可以想像彈簧上連著一個分子，加熱分子讓它振動起來，由於彈力是對稱的，拉伸和壓縮的難度相同，所以分子在拉伸和壓縮下的振幅相同，平均下來分子振動的整體平均幅度沒有變化，平均的平衡位置不發生變化。

從圖 18-3 可以看出，凡得瓦力這根「彈簧」是非對稱的，**在壓縮和拉伸長度相同的情況下，獲得的壓縮推力比拉伸拉力大**。換句話說，就是比起壓縮，拉伸凡得瓦力這根「彈簧」更容易，也就是升溫時，同樣一份分子振動動能，拉伸的距離更多，壓縮的距離更少，平均下來分子振動的平均振幅不在原來的平衡位置，而是偏向於拉伸的那一側，這才是物體熱

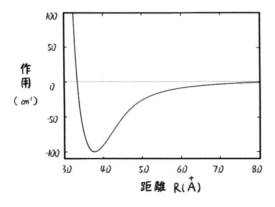

圖 18-3　凡得瓦力：在平衡位置附近的彈力和拉力並非對稱

脹冷縮的根本原因。換句話說，如果分子位能完全對稱，則不會存在熱脹冷縮的現象，不同溫度下體積不變。

我們可以用熱膨脹係數來描述熱脹冷縮的現象，提升單位溫度，體積增加的百分比就是熱膨脹係數。

熱傳導性

除此之外，還關注熱傳導屬性。根據生活經驗，金屬傳熱比陶瓷傳熱更快，所以燒水要用鐵壺，泡茶要用瓷壺，就是因為金屬的導熱性比陶瓷的導熱性好。

導熱性由什麼決定呢？其實和比熱高度相關。通常，比熱小的固體的導熱性比比熱大的固體好。因為比熱小的固體，大部分的能量攝入被轉化成分子、原子的動能，而導熱的本質就是分子間動能的傳遞。

固體中熱傳導的過程通常分為兩部分：一部分是固體的分子和原子振動的傳導，對於晶體，則是晶格的振動；另一部分是由自由電子攜帶動能的傳導，導熱性好說明熱量的傳遞效率高。

熱應力

了解固體的比熱、熱膨脹係數和導熱性後，實際應用中還會關心固

體的熱應力（thermal stress），是指當固體受熱後產生局部的熱脹冷縮效果，這種局部的熱脹冷縮未必均勻，從而導致局部的形變產生局部的應力。

工程結構中，不同固體以一定的方式進行連接，例如汽車引擎中氣缸、活塞等部件會在溫度變化極其劇烈的環境下工作，它們的空間位置有固定關係。但隨著溫度的變化，部件之間的作用力會相應發生變化，要保證工程結構繼續運轉，熱應力就是需要充分考慮的因素。

現實工程問題中，物體的受熱變化有可能非常不均勻，例如一個部件的不同位置受熱不一樣，這會在它內部形成熱應力。此外，部件還會有忽熱忽冷的情況，一個冷的玻璃杯如果突然倒入開水會碎裂，這就是熱應力的表現，材料熱應力研究在工程中極其重要。

[第三節] 材料的電學屬性

了解固體材料的力學性質和熱學性質後，還能直接測試材料的電學屬性。

導體和絕緣體

定義絕緣體（insulator）或導體（conductor），取決於這種材料是否導電。例如金屬一定導電，且不同金屬導電性強弱不同。銅的導電性最好，鋁次之，銀再次之。陶瓷不導電，塑膠也不導電。

導電性的本質是什麼呢？

先來討論什麼叫導電，就是固體材料中可以形成電流。電流就是帶電粒子的定向運動，想讓一個線圈裡產生電流，就要接電池使線圈的兩端產生電壓。電壓的本質是在導線裡建立一個電場讓帶電粒子感受到庫侖力，在庫侖力的推動下，帶電粒子就開始定向運動，這種定向運動就是電流。

導體和絕緣體最大的區別就是導體中存在大量的自由電子，這些電子幾乎不受原子核的束縛，可以在導體內部自由運動，溫度愈高，電子運動

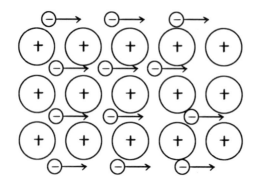

圖 18-4　導體中電子的
定向移動

的速度愈快。這些運動是無規律的，各個方向都有，所以宏觀上沒有形成
整體的定向運動，不體現為電流。

　　但加了一個電場後，這些電子就在保持原有無規律運動的情況下，又
加上一個整體運動的趨勢，這種整體的定向運動就形成電流。**材料的導電
性與導熱性的強弱幾乎是正相關**，導電性強的物質導熱性通常也很強，因
為它擁有大量自由電子，自由電子的定向運動體現為電流，無規則運動則
體現為熱量。

　　絕緣體中沒有太多自由電子，電子大多被束縛在原子核周圍，即便加
了電場，它們還是無法發生定向運動，因此體現為絕緣。〈極熱篇〉第十
六章曾說過擊穿現象，電場夠強大的情況下有可能把絕緣體擊穿為導體，
例如閃電就是將空氣擊穿。

　　為什麼金屬中會有很多自由電子，但絕緣體中就沒有什麼自由電子
呢？這和不同物質的原子結構有關。〈極小篇〉曾討論過，原子內部的電
子是依據薛丁格方程式、最小能量原理，以及包立不相容原理從內到外分
層排布。最外層的電子離原子核遠，對外層電子來說，內層電子的負電荷
等效地抵銷一部分原子核的正電荷，所以最外層電子感受到的電磁力比較
弱，容易成為自由電子。

　　原子最外層電子排布的不同，導致絕緣體和導體在導電性上的差異。
原子裡電子的排布是根據能量的高低分層，每一級能量對應於一層電子。

根據包立不相容原理，電子是費米子，每一層能放的電子數有限，具體能放多少取決於每一層的薛丁格方程式能解出來多少個能量相同的軌道。

導體和絕緣體的最大區別，就是導體的原子最外層的電子數是少於半數填滿的（less than half-filled）。例如鈉原子的最外層只有一個電子，但它的原子最外層最多可以放八個電子；同樣是最外層可以放八個電子的氧，其原子最外層有六個電子，是多於半數填滿的（more than half-filled）。金屬之所以呈現為金屬，恰好是因為它的原子最外層電子數少於半數填滿。氧這種絕緣物質，其原子最外層電子是多於半數填滿的。

原子最外層電子的排布，決定是否存在自由電子。為什麼半數填滿如此關鍵？不如考慮一下原子最外層電子是否自由的問題。對於少於半數填滿的電子，要自由運動非常方便，因為隔壁的其他原子的最外層軌道非常空，可以隨便去。就像一座公寓裡，每家每戶都是二百平方公尺，每戶只住一個人，想必這些住戶非常容易串門子，因為每個人家裡空間都很大，且家人少，比較寂寞，串串門子想必比較開心。

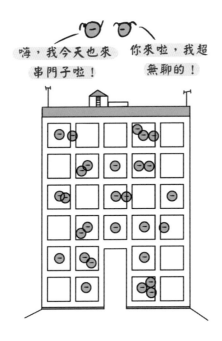

圖 18-5　原子最外層電子可以自由「串門子」

但對多於半數填滿的絕緣體來說就不是這樣了，例如氧原子的六個最外層電子出去運動的傾向相同，都要出去的話，隔壁的原子是裝不下的，因為空間本來就很擁擠了。就好像一座公寓，每戶都是三十平方公尺，且每戶住了六個人，這種情況下，串門子對大家來說都不方便，所以乾脆還是別動了。

　　這就是導體和絕緣體為什麼導電性差別很大，導體的原子最外層電子數少，且其他原子最外層的空間多，所以它的電子移動很方便，絕緣體則相反。

半導體

　　肯定有一種臨界情況，就是原子最外層電子剛好一半被填滿，因此得到半導體（semiconductor），它的導電性介於絕緣體和導體之間。例如矽（silicon）就是最理想的半導體材料，它的原子最外層電子數是四個，且最外層最多能裝八個電子，這四個電子是否能去周圍原子的最外層，是相對中立的，所以矽的導電性適中。這種適中的導電性適合用來做成電子電路的邏輯閘（logic gate），因此電子電路，尤其是光刻電路，目前都是在矽板上光刻製成。

電阻

　　衡量材料導電性強弱的物理量叫電導（conductance），反過來就是電阻。電阻愈大，導電性愈差。被擊穿前，絕緣體的電阻基本可以被認為是無限大。和金屬有電阻的原理不太一樣，絕緣體電阻大的本質是電子被原子束縛住，無法形成電子的定向流動。

　　但導體電阻的機制不同，電流在定向運動的過程中，會與原子發生碰撞，由於原子的位置相對固定，且質量是電子質量的幾千到幾萬倍不等，所以原子的存在對於電子來說就像一堵牆。即便原子之間的距離很大，電子與原子的碰撞仍然不可避免，這表現為對電子定向運動的一種阻礙效

果。因此導體的電阻大，本質上是因為這種阻礙效果強烈。因為這種碰撞耗散電子的運動動能，根據能量守恆，最後體現為電子和原子的無規則運動，導致材料溫度升高。早年的白熾燈的原理，就是利用電阻產生的熱能，提升燈絲的溫度，然後透過熱輻射的現象發光。

各向異性

不同導體的電阻大小各不相同，有很多因素影響電阻的大小，例如原子的大小、質量、間距等。晶體還具有各向異性（anisotropy）的電阻，因為晶體內部有微觀週期性幾何結構，電子往不同方向運動，碰撞規律不同，導致晶體電阻的各向異性。

目前只是從宏觀上來討論材料的導電性問題，下一章將從量子力學的角度重新審視這個問題。

[第四節] 材料的磁屬性

十九世紀英國偉大物理學家馬克士威總結出一切經典電磁現象都滿足的馬克士威方程組，方程組裡深刻揭示電與磁的關係，永遠相互伴隨，變化的電場會產生磁場，變化的磁場也會產生電場。既然討論了材料的電學性質，勢必要討論材料的磁屬性。

不同材料對磁場的反應不同，例如磁鐵只能吸引鐵（iron）、鈷（cobalt）、鎳（nickel），其他金屬，如金（gold）、銀（silver）、銅（copper）不會受到磁鐵的明顯吸引。再例如有一些材料容易磁化，就是在磁場裡放久了也具有磁性，有些材料則不容易被磁化。

材料的磁屬性，由材料原子中的電子排布規律決定。

什麼是材料的磁性？

首先來看看什麼性質會讓物質呈現和磁場相關的屬性，〈極大篇〉和〈極小篇〉都討論過基本粒子的自旋特性。自旋是基本粒子的固有屬性，可以把這些微觀粒子想像成一個個小磁鐵，原子中有電子，電子就像一個個小磁鐵。不難想像，如果固體材料的性質和磁有關，就應該與原子中電子的自旋有關。

每個電子都像一塊小磁鐵，但材料中電子的自旋指向是雜亂的，大多不是磁鐵的材料不會呈現磁性。但把不同的材料放在磁場中，它們會對磁場有不同反應，這些不同反應就是不同材料的磁屬性。為什麼不同材料會呈現不同的磁屬性呢？可以考慮這麼一個過程，給你一大把小磁鐵，對它們進行排布，排布方式決定不同的磁屬性。

按照原子中電子分層結構來排布電子，依據電子排布方式的不同，不同類型的原子就能獲得不同的磁屬性。

抗磁性

比較常見的磁屬性是抗磁性（diamagnetism），就是這種材料如果放在磁場裡，材料裡的磁場強度會被削弱，對應的是一種最普遍的電子排布方式。根據薛丁格方程式，原子裡的電子軌道是按照能量高低分層的，每層有若干個不同軌道。根據包立不相容原理，每個軌道可以放兩個自旋方向相反的電子，就好比兩個反向排列的小磁鐵。根據生活經驗，我們知道兩個磁鐵是傾向於反向排列，同向磁鐵的 N 極和 S 極之間會互相排斥。

抗磁性的產生就是因為一種原子裡的電子排布，剛好都是成對出現，每個軌道裡都有兩個電子，自旋方向相反。這時作用一個磁場在上面，就會削弱磁場。為什麼？首先，所有軌道都有兩個自旋方向相反的電子，所以它們的磁性對外來說是相互抵銷，因此不產生淨磁場。

但這些電子同時還在圍繞原子核運動，就好像一股環形電流，也會產生一個磁場。加上磁場後，運動的帶電粒子會在磁場中受到勞侖茲力的作

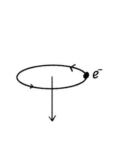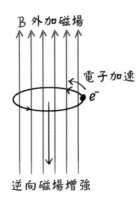

圖 18-6　磁場中電子運動受到的勞侖茲力

用，從而改變電子的運動速度。也就是說，原子中的電子運動所產生的環形電流會讓原子整體產生一個磁場，環形電流在外磁場的作用下，產生的磁場與外磁場剛好相反，由此抵銷一些外部磁場，體現為抗磁性。

順磁性

除了抗磁性，還有順磁性（paramagnetism）。顧名思義，就是外加一個磁場，順磁性材料中的磁場反而比外加的磁場更強。順磁性由原子內電子排布的特殊規律導致，例如一種原子的最外層有五個軌道，且它有五個最外層電子，這時五個電子傾向於每個都占據一個單獨的軌道，這種規律叫洪德定則（Hund's rule）。

為什麼會這樣呢？為什麼不是每兩個電子占據一個軌道，剩下的電子占據一個單獨的軌道，然後另外兩個軌道空著呢？因為兩個電子占據一個軌道，反平行的兩個電子，磁的交互作用能量更低。但五個電子單獨排列難道不會增加磁交互作用的能量嗎？

這裡其實是兩種能量的博弈，是磁交互作用能和電交互作用能的博弈。

一個穩定系統一定是能量盡量低，五個電子分開排列，雖然看似磁交互作用能量升高，但當五個電子分散在五個軌道當中時，對每個電子來說，原子核的正電荷由於電子的分散會被更少地遮罩，這樣每個電子能感

受到更多來自原子核的正電荷，與此同時它們離原子核的距離更近，從而降低電位能。

當五個小磁鐵都分占一個軌道時，再加上外磁場，它們都傾向於向一個方向排列，這樣五個小磁鐵的磁性一致，再加上外磁場，綜合起來使材料內部的磁場增強，就是順磁體，例如鋁（aluminium）和鈦（titanium）就是順磁體。

鐵磁性

像鐵這種物質，如果放在磁鐵附近一段時間，就會具備磁性。但其他材料似乎沒有這樣的性質，普通的順磁性材料，把磁場撤掉，材料的磁性也會消失。

因為任何材料都有溫度，有溫度就代表原子、分子做無規則運動，一旦撤掉磁場，原子的無規則運動就會占據主導地位。因此對於順磁性材料，如果撤掉磁場，磁性就會隨之消失。但鐵卻不是這樣，雖然鐵原子做無規則運動，但加上磁場後，即便撤掉，最外層電子同向排列會使得電子電位能降低的程度極高，這就導致鐵磁體非常喜歡電子同向排列的狀態，因為可以大大減小它的電位能，總能量因此降低。

居禮溫度

接下來不得不提到一個概念——居禮溫度（Curie temperature），是法國物理學家皮耶‧居禮（Pierre Curie）透過實驗發現的現象。根據前面的分析，材料是否表現出鐵磁性（ferromagnetism），其實是兩股力量博弈的結果——到底是熱運動想要變亂的趨勢更強烈，還是展現出鐵磁性時能夠獲得更低能量的趨勢更強烈。

很明顯，溫度愈高，熱運動想要變亂的趨勢愈強烈，這個溫度的臨界點就是居禮溫度，也叫居禮點。即便是鐵，加熱到一定溫度，達到居禮點後，鐵磁性會消失，變成順磁性。順磁性和鐵磁性的本質區別之一，就是

它們所處的溫度是在這種材料的居禮點以上還是以下。順磁性物質可以被認為是一種居禮溫度比較低的物質，室溫就已經超過它的居禮溫度，鐵磁性則相反。

反鐵磁性

抗磁、順磁、鐵磁是三種最為主要的材料磁屬性，往下還能根據電子分布規律，劃分不同的具體的磁屬性。不同種類原子軌道排布的規律都有差別，例如反鐵磁性（antiferromagnetism），儘管材料當中的電子傾向於規律排列，但它們排列的特點是反平行間隔排列。如果是一個方格結構，第一行是上下上下，第二行是下上下上，也就是說每個電子周圍的幾個電子和它都是反平行排列。

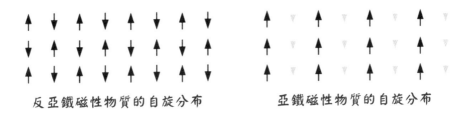

反亞鐵磁性物質的自旋分布　　　　亞鐵磁性物質的自旋分布

圖 18-7　反亞鐵磁性物質和亞鐵磁性物質的自旋分布

如果按照排列規律繼續細分，還有亞鐵磁性和反亞鐵磁性，都與材料的原子排布及內部結構息息相關。

超抗磁性

除此之外，超導體具有超抗磁性（superdiamagnetism），也就是說，磁場完全無法進入處在超導狀態的材料，材料內的磁場為零，這叫超抗磁性。這是材料的磁屬性，總體來說分三種，但最終都可以統一被自旋陣列模型描述。

至此，對於材料的各種性質做了比較全面的討論，但還是比較淺顯和宏觀，最多不過是分析電子在原子中的排布方式，但這樣的物理學圖景太過定性。

　　真實情況下，材料的微觀性質應當運用量子力學的視角進行分析。真實的固體，尤其是晶體中，電子不會只圍繞一個原子的原子核運動，而是呈週期性排列。這種情況下，我們應該研究的是，面對一個週期性排列的原子核系統，電子應該如何運動？它滿足的薛丁格方程式應該是什麼樣子？這已經進入固體物理學的領域進行探討，材料的光學性質用固體物理學的思想來討論更加清楚。

第十九章

固體物理學

[第一節] 能帶結構

> 既然材料的性質本質上是由原子的微觀屬性結合而成，用量子力學才能進行最貼近本質的分析。

固體內部的原子布局

要研究材料的量子性質，就需要對研究對象做量子場景的描述。〈極小篇〉已經對原子的量子場景做了比較清楚的分析，原子的中心是原子核，周圍是圍繞原子核運動的電子。由於原子核遠重於電子，是電子質量的幾千倍，甚至幾萬倍，所以我們將原子核當成不動的，它處在原子中心，只是貢獻一個來自中心的電位能給電子。想要描述電子的運動，用薛丁格方程式來描述電子的機率幅即可。這是單個原子的量子力學圖景，是相對簡單的。但對於固體，情況要複雜得多。

固體中眾多原子排列在一起，對於一個電子，它感受到的是眾多原子提供的電位能。可以用薛丁格方程式描述它的波函數，但這時電子受到的影響要複雜得多。

簡單算一下，固體中的原子核與電子之間有三組交互作用。首先，原子核之間有電磁交互作用，電子和電子之間也有交互作用，每個電子還會感受到所有原子核的電磁力。三組作用交疊在一起，是一個極其複雜的系統，必須做一定近似來簡化模型。

首先，可以忽略原子核之間的交互作用。原子核的位置相對固定，相

比之下，電子的運動則自由得多，例如金屬裡有很多自由運動的電子，相對於電子來說，原子核幾乎不動，雖然不同原子的原子核之間有交互作用，導致二者的位置發生變化，讓周圍的電子獲得不同的電位能，但這種變化相對於活躍的電子來說不顯著，只會少量影響電子的運動。

其次，可以忽略電子和電子之間的交互作用。原子之間的距離很大，電子在固體裡的運動實際上非常自由，這裡可以借用〈極熱篇〉中分析理想氣體的模型時說到的，電子之間即便有交互作用，影響也是微弱的，不會定性地影響電子的行為。當然，這個假設只在特定情況下成立，確實有不少材料〔例如莫特絕緣體（Mott insulator）〕中電子間的交互作用非常強烈，不能被忽略。但為了方便分析，就先不去研究莫特絕緣體這種材料，而是著眼於一般材料。如果考慮電子和電子之間的交互作用，其實對應於物理學中一個重要的研究課題——強關聯系統（strongly correlated system），指電子和電子之間的交互作用強到不能忽略。

如此一來，就只需要考慮單一電子與所有原子核之間的電磁交互作用。我們對晶體中的電子運動尤其感興趣，晶體內部的原子呈規律的幾何形狀排列。例如氯化鈉的內部結構就是六面體，基本是個正方體，每個鈉

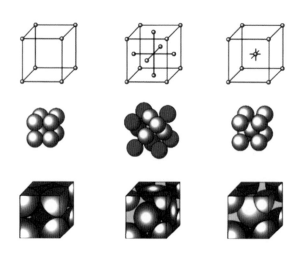

圖 19-1　三種不同類型的晶體結構

原子被六個氯原子包圍，每個氯原子又被六個鈉原子包圍。晶體結構滿足了我們的第一個近似假設，即原子的原子核可以被視為靜止，目前只需關心晶體內的電子如何運動。

這樣一來，我們對於晶體的初步量子物理圖景就比較清楚，就是一堆原子組成一個三維的陣列，這個陣列具有規則的幾何形狀，然後考慮一個帶負電的電子會在這個陣列當中如何運動，它的波函數滿足整個陣列的薛丁格方程式。

按理來說，只要去解這個陣列的薛丁格方程式，就能夠明白晶體中電子的波函數的規律，但在「硬解」方程式之前，可以先做一番物理直覺上的分析。

單個原子內部是量子化的電子，電子的能量是量子化的，這些能量等級是離散、不連續的，每個能量等級之間有一個間隔。

多原子的能階

單原子中電子受到一個原子核的影響，就出現能量量子化的特點。這時再多來一個原子核，例如讓電子圍繞兩個分開一定距離的原子核運動，能量的量子化會消失嗎？

直覺上應該是不會，對電子來說，無非是原子核的正電荷分布發生一些定量的變化，這種能量分級的量子特性理應不會消失。那麼，三個原子核怎麼樣？四個？N 個？形成陣列？這種能量量子化的特點會消失嗎？直覺上應該不會，但一定會對電子能階的具體形態產生影響。

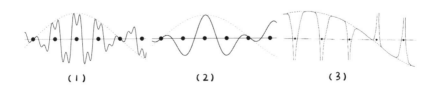

（1）　　　　　　　（2）　　　　　　　（3）

圖 19-2　電子在晶體中的波函數形態，總體呈正弦波形態，局部偏離正弦波

布洛赫定理

我們有了物理直覺，就是晶體中電子的能量應該是量子化的，能階之間有間隔，但間隔的大小和電子的波函數的形態，會受原子核陣列的定量影響。有了這個猜想，再看如果真的解一個陣列中電子的薛丁格方程式會怎麼樣。這就引出固體物理學當中一條極其重要的定理 —— 布洛赫定理（Bloch theorem）。

費利克斯・布洛赫（Felix Bloch）是瑞士物理學家，他就是在解陣列中電子的薛丁格方程式的過程中，得出布洛赫定理。這條定理是說在一個做週期性變化的位能場中，薛丁格方程式的解的形式是一個正弦波疊加一些局部的變化。也就是在陣列當中，**電子的波函數的形態大致上是一列正弦波**，但有一些局部變化。

能帶結構

有了布洛赫定理，透過薛丁格方程式解出來的波函數，叫布洛赫波。相應的，不同的布洛赫波對應不同的能量狀態，這些能量的解，驗證之前的物理直覺，就是電子在晶體中的能量依然是量子化的。週期性陣列對於電子能量的量子化規律有修正，但相對複雜。原來單個原子中電子的不同能量叫能階，到了晶體，能階就變成能量帶，簡稱能帶（energy band），單個原子中電子的能階是一個數值，而晶體中電子的能存在的能量是一個能量範圍，一個區域就是一條能帶。

電子可以處在不同的能帶，一條能帶裡電子的能量是連續的（當我們把材料大小想像成無限大，能帶裡的能量是連續的，但真實情況下，一塊材料總有大小，所以比較安全的說法是，能帶裡電子的能量是接近連續的），但不同的能帶之間有一個能量間隔，叫做能隙（energy gap）。

原來單個原子中的能階是量子化的，每個能階的數值是一個單一的值，陣列結構中，能量間隔還在，但能階被「拉寬」成能帶。這條能帶對應的不再是一個能量值，而是一個範圍內連續的能量值，但整體量子化的

能隙還是存在的。

　　如何理解電子在一個能帶裡能量是連續的呢？當一個電子在能帶裡取到不同的、連續的能量時，對應於什麼運動狀態？這就要回到布洛赫定理。

　　布洛赫定理是說，電子的波函數總體來說是正弦波，只是局部有修正。答案就很容易理解了，就是在一條能帶裡，不同的能量對應於電子做為一個整體正弦波的不同波長。可以想像電子的波函數在晶體裡大致還是像電磁波那樣的正弦波，但它的能量獲得修正。

　　不同波長的波，對應於不同的能量高低。

　　如圖 19-3 所示，橫座標是不同電子波函數的波數，波數就是單位長度內波的個數，用字母 k 表示（k = 2π/λ，λ 是波長），波數反比於波長，波長愈短，波數愈多。波數是向量，它的方向代表波的傳播方向。不同方向和不同波數的波，對應不同的能量，這個關係叫做色散關係（dispersion relation），也就是電子的機率幅的波長與能量的關係。

　　透過能帶結構（energy band structure）可以看到晶體的特點，就是只有特定能量和特定波長電子的波函數可以存在，晶體結構本質上是對電子的狀態進行選擇。

　　有了這個認知，對於固體量子效果的研究，就變成對固體能帶結構的研究，固體的量子性質的圖景就逐漸清晰了。

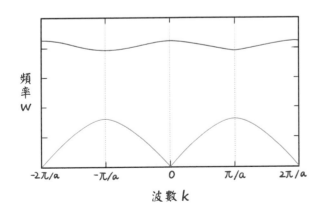

圖 19-3　能帶結構示意圖

[第二節] 導體、絕緣體、半導體

有了能帶理論，再回過頭來看看什麼是導體、絕緣體、半導體？什麼是自由電子？這些問題都可以用能帶理論統一解決，再也不用像上一章講的，用一種半宏觀、半微觀的定性方式去分析。

什麼是自由電子？

首先討論一下什麼是自由電子。

什麼叫自由？這裡對自由的理解應該是：只要想讓它動，它就能動。要讓電子動，肯定要施加外力，這個外力就是電磁力。所謂的動，就是電子在電場的作用下開始移動，這裡的動是定向運動，如果不是，就不能形成電流。例如一個電子被一個原子束縛住，加個電場確實可以動，但簡單動一下就會被原子拽回來，這種動最後變成一種振動，不是定向流動，形成不了電流。

所以，自由電子應該是只要加個電場，就能發生定向運動。這裡還有一個隱含假設，就是不論加的電場有多小，都能定向運動。可能加的電場小一點，動得會慢一些，但不改變它能動的事實。自由電子應該更準確地被描述為：**不論加多小的電場，只要有個電場，它就能開始定向運動。**

儘管有電阻存在，但只要一直加電場，就能維持定向流動。電場小，相當於電壓小，電壓小電流就小，電流小的意義就是單位時間內通過的電子數量少，對應的就是電子運動速度慢。

到這裡，再來看看用能帶理論如何解釋導體、絕緣體，甚至半導體。導體需要有自由電子，就是那些只要加了電場，不管這個電場多小，都能夠定向運動的電子。

什麼是導體？

現在來看能帶結構，首先要參考我們如何理解原子中電子排布，先把

原子裡的電子軌道解出來，然後能量從低到高，參照包立不相容原理，每個軌道放兩個電子，一層層地放上去。

　　對於晶體的能帶結構，這個過程完全一樣。從能量低的那些點開始，把一個個電子按照能量由低到高放進去。就是對著圖 19-3，從低到高放電子，每個放進去的電子都有自己的波函數，這個波函數是局部有變化的正弦波，波的傳播方向由能帶圖的波數（k）的方向決定。有 k 就有能量，有多少電子，就能填多高。

　　金屬的原子最外層電子數都是不到半數填滿的，填能帶圖時，金屬這類導體的電子，不能填滿整條低能的能帶，而是半滿的。這時可以論證，這種沒有被填滿的能帶代表導體的能帶。為什麼？我們加一個電場看看有什麼效果。

　　沒有電場時，電子的運動雜亂。雖然在導體裡，這些電子的狀態都用波函數來描述，但各個方向的波都有，所以總體不呈現為電子的定向流動。但加了電場就不一樣，所有電子的能量都會向一個特定方向整體升高。也就是說，能帶裡的這些電子都要往能量高的地方跑。

　　假如電場的方向和能帶圖 19-4 中右半邊的波函數的方向一樣，能帶裡這些電子的整體位置要向右移動，才能獲得能量的整體升高。

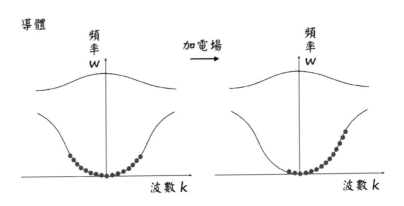

圖 19-4　導體能帶圖，電子在能帶中半滿

恰好因為現在的能帶還不滿，所以這些電子有整體向右移動的空間，加一個電場，就能讓所有電子的動能升高，原本能量低的電子可以在能帶上沒有被填滿的地方找到空隙放下。這時，能帶中的電子分布就不再左右對稱。換句話說，往能帶圖右邊運動的電子的數量，比往左邊運動的電子數量多。能帶圖的橫座標代表了電子波函數的運動方向，往某個方向運動的電子數量就比別的方向多，體現為電子的定向流動，這就導電了。

什麼是絕緣體？

用類似的分析方法，絕緣體也很好理解，它的原子外層軌道超過半數填滿，對應到能帶結構，是它的能帶是被電子填滿的。

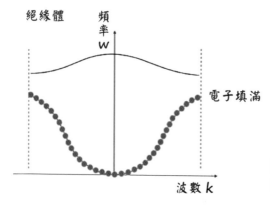

圖 19-5　絕緣體能帶圖，電子在能帶中填滿

根據包立不相容原理，能帶裡每個點只能有一個電子，由於能帶已經被填滿，所以無法在同一條能帶裡讓所有電子能量升高，除非跳出這條能帶，往上面的能帶去。但不要忘了，上下能帶之間有能隙，也就是有能量間隔。如果電場加得不夠大，達不到能隙的大小，電子無法跳到上一條能帶去。這種情況下，電子無法發生定向運動，這就是絕緣體。

什麼是半導體？

半導體很好理解，它是最外層電子半滿的原子，例如矽。用能帶理論

解釋起來更直觀，半導體就是能隙間隔很小的晶體。半導體的上下層能帶間的能量間隔非常小，電場稍微大一點，電子就可以跳上去發生定向移動。

至此，我們可以發現固體物理的能帶理論非常強大，再也不用定性地分析導體、半導體、絕緣體，而是用一套統一的理論體系就可以描述相關性質。

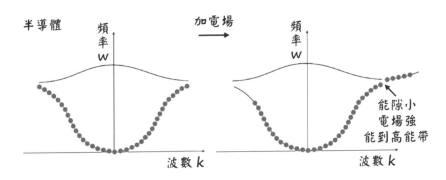

圖 19-6　半導體能帶圖，電子可以跳躍能隙

[第三節] 固體磁性的統合性研究方式

材料的磁性可以分為抗磁性、順磁性和鐵磁性。其中抗磁性比較簡單，順磁性和鐵磁性是非常有趣的物理學現象。順磁性和鐵磁性之間有居禮溫度做為連接，也就是說，當固體的溫度超過它的居禮溫度後，就會變成順磁性。所以，鐵磁性才是最有趣的一類磁學效應。

為了研究鐵磁性，以及在不同環境下（如加磁場、溫度變化）鐵磁性會如何變化，我們需要像研究固體的導電性那樣，建立一個簡單、抽象的模型，透過研究模型，對材料的磁學性質進行更深入的了解。

易辛模型

簡單來說,擁有鐵磁性和順磁性的材料,就是加了磁場後,固體內部電子自旋在磁場的作用下形成定向排列,使其內部的磁場進一步加強。磁場的作用下,固體內部的電子自旋所代表的小磁鐵都傾向於整齊排列變成一個大磁鐵,所以除了內部,固體周圍的磁場也會加強。

鐵磁體之所以會有加強磁場的特點,是因為它外層軌道中的電子,沒有以自旋相反的方式成對出現在軌道中,而是最外層的電子,一個電子占據一個軌道。它們就像自由散落在固體裡的小磁鐵,相互獨立。一旦受到磁場的作用,這些小磁鐵就聽從磁場的號召,往一個方向排列,從而加強磁場。

這樣解釋鐵磁體的原理雖然已經相對清楚,但我們不能只滿足於解釋,還要去研究它在不同物理環境下表現出來的物理規律。例如為什麼把磁場撤掉,鐵磁體的磁性還在,而順磁體就不行?為什麼鐵磁體加熱到超過居禮溫度就變成順磁體?

既然鐵磁體裡的電子像一個個小磁鐵,不如打造一個模型,把電子排列成陣列。這個陣列裡,我們關注電子的磁性質,就是它們自旋方向的排列。這個模型叫易辛模型(Ising model),由德國物理學家威廉‧冷次(Wilhelm Lenz)所發明。冷次把這個問題交給自己的學生恩斯特‧易辛(Ernst Ising),他也是德國物理學家兼數學家,最早的易辛模型就是他解出來的。

要了解這個自旋陣列模型,就要看陣列裡小磁鐵的指向是什麼形態:是指向同一個方向,還是完全隨機,雜亂無章,抑或隨著時間迅速變換方向?這些小磁鐵是不是可以形成一定的圖形,例如以一點為中心,所有的小磁鐵排列成一個渦旋?

這個陣列不是一個靜態的陣列,小磁鐵會產生磁場,磁場又會影響到周圍的小磁鐵,它們之間存在交互作用。假設系統有溫度,而溫度本質上就是這些小磁鐵做無規則運動,也就是說,這是一個既有自旋之間的交互

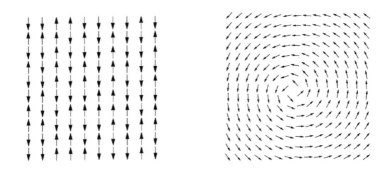

圖 19-7　二維易辛模型中的電子自旋方形陣列和渦旋陣列

作用能，又滿足統計力學規律的系統，要解釋它，就必須找到這個系統的行為所遵循的原則。

　　一個系統的穩態是其能量最低的狀態，可以把這個系統最低能量的狀態解出來，看看什麼狀態下能量最小。很顯然，當兩個磁鐵反平行放置，也就是 N 極對著另一個磁鐵的 S 極時，能量最低、最穩定。試著把兩個磁鐵放在一起，一定發現它們會自發形成這種連接方式。根據最小能量原理可以得出，這個二維的易辛方陣中，電子自旋的排布方式，應當是相鄰磁鐵的指向相反。

　　但這個系統同時有溫度，是一個滿足統計力學規律的系統。說明系統的狀態如果是穩態，一定是熵最大的形態。熵對應於系統的混亂程度，如果所有相鄰的自旋都反平行排列，這種狀態是一種極其有秩序的狀態，很明顯，應該有更加混亂的狀態可以增大它的熵。也就是說，最小能量原理和熵增加原理在這個問題上似乎存在矛盾。

自由能

　　我們忽視了一個問題：這個系統的總能量，不是只有自旋之間的磁交互作用。系統本身具有溫度，有溫度說明有無規則運動的熱能，溫度恆定的情況下，熱能也是恆定，也就是這個系統在恆溫情況下擁有熱能的「背

景雜訊」一般無法排除，否則這個系統就不可能具有恆定的溫度。因此要降低的不只是這部分自旋之間磁交互作用的能量，這就對應一個統計力學的概念──自由能（free energy），我們要做的是使自由能最低。

自由能可以簡單理解為能量減去它的溫度乘以熵，$F = E - TS$，F是自由能，要達到最小，能量E則要盡量小，熵S要盡量大（TS，就像整個系統的背景雜訊一樣，要做到的是排除熱能的「背景雜訊」後的系統的總能量，就是自由能是最低的）。最終目標是透過自旋的反平行趨勢與系統傾向於混亂的趨勢之間的博弈，達到一個互相都滿意的狀態。系統的熵固然必須盡可能大，但此處綜合自旋反平行趨勢的影響。

幾種力量的博弈

溫度不太高的情況下，自旋之間的反平行趨勢占優勢，最終會呈現為規則的排列。反之，如果溫度夠高，熵增的趨勢占據主導地位，則這種秩序性將被破壞。這是一個秩序與非秩序的博弈過程，實際上是看秩序性降低的能量使自由能降低得更多，還是非秩序性提升的熵使自由能降低得更多，誰使自由能降低得多，誰的效果就占據主導地位。

這時，如果加上一個讓全部自旋平行排列的趨勢的外磁場，就會變成三種力量間的博弈：如果外磁場特別強，它將戰勝另外兩股力量，最終形成自旋平行排列的陣列結構；如果溫度特別高，而磁場力量不夠，最終的狀態應該是混亂的；如果溫度不夠高，磁場也不夠強，陣列會形成反平行排列的結構。

除了平行、反平行、混亂三種比較明顯的狀態之外，隨著溫度、磁場、自旋交互作用強度幾個參數的不同變化，陣列還有可能形成多種不同的形態，這些不同的形態就是易辛模型不同的相。當這些排列的物理性質和解決難度發生改變，就說這個系統發生相變。

透過調節不同參數，能解出在不同參數條件下，系統會呈現出什麼樣的相。可調節的參數非常多，除了溫度、磁場、交互作用的強度以外，還

可以改變系統的維度，一維、二維、三維的陣列形態的物理性質和解決難度完全不同。

除此之外，還可以把陣列中的電子排布成不同的幾何形狀，例如排成三角形。這種形態的陣列解起來尤其複雜，對一個三角形單位來說，無法做到正方形陣列那樣的反平行排列，總會有一個非常尷尬、不知道應該上還是下的自旋。

一般研究易辛模型會假設只有相鄰的自旋之間有交互作用，可以拓展一下，讓交互作用不只在相鄰的電子間發生，還可以隔一個電子發生，這種行為更加有趣。也就是說，對應於現實中不同的材料，可以做各式各樣的參數調整，如此一來，解各種形態的易辛模型將會是我們研究固體相變的一種重要手段。

對鐵磁體性質的研究，只是易辛模型的一項功能。易辛模型雖說是個老問題，但在參數變化的情況下，卻沒那麼容易解決。近百年來，物理學家、數學家們嘗試各種辦法，至今仍未徹底解決，而愈來愈多新的神奇形態從這個模型當中湧現，對這個模型的研究，已經誕生好幾個諾貝爾獎。

[第四節] 固體的光學性質

材料的光學性質，從宏觀上大致分為透明與非透明，僅進行這種粗線條描述是不夠的，還要深入分析，光是如何與材料的微觀結構交互作用。

既然來到微觀，就要基於光是電磁波的觀點，透過研究電磁波與材料微觀結構的交互作用規律，來描述材料的光學性質。

光如何與固體交互作用？

從宏觀上看，光照射到固體上，總體來說有三種效果：反射、吸收和穿透。

反射很好理解，任何不是理想黑體的物體，都對光有反射作用，只有理想黑體會百分百地吸收光，用以升高內部原子中的電子的能量。由於高能量不穩定，還會釋放出電磁波，這部分電磁波就是熱輻射。

但理想黑體在現實世界中不存在，所有物體都會對光有一定反射作用。不同物體在光照射下呈現出不同色彩，本質上是因為不同物體對不同頻率的光的吸收程度不同，樹葉是綠色的是因為它對綠色的反射率最強，對其他頻率的太陽光吸收的比例高。

光被吸收的部分被用來提升原子內電子的能量，透射的部分則是穿透材料。當然，穿透的形式各式各樣，有不改變光的運動方向的，也有散射的。例如天空之所以是藍色，本質上是因為藍光的波長易於被大氣裡的分子散射，各個方向都有，所以我們看到的天空呈現為藍色，這種散射被稱為瑞利散射（Rayleigh scattering）。

金屬為什麼不透明？

被反射部分的物理學機制比較簡單，我們比較關注的是光進入材料後，如何與材料發生反應。

金屬是不透明的，為什麼？

把光當成電磁波來研究光進入材料後的行為，電磁波是變化的電磁場，既然是電磁場，就會和電荷發生交互作用。之前定義自由電子就是只要有電場作用在上面就能形成定向電流的電子，從能帶的角度來看，要讓電子的能量增加是沒有門檻的。

絕緣體中的電子在加了電場後，要提升能量必須跨越一個有限大小的能隙，導致加電場不一定能使其電子形成定向流動。

但金屬不同，只要有電場，就能提升能量。電磁波既然是電磁場，碰到金屬裡的自由電子，註定會被電子吸收，使電子的能量升高。也就是說，電磁波可以激發自由電子。如此一來，電磁波就被自由電子吸收，無法穿透金屬，所以金屬是不透明的。

但這也與電磁波的能量有關，可見光的能量都不高，所以會被金屬內部的自由電子盡數吸收，但能量高的 X 射線、γ 射線可以部分穿透金屬。

透明的機制（mechanism of transparency）

金屬之所以不透明，是因為自由電子易於吸收電磁波能量。依此可以推測：透明的材料大多是絕緣的。這是因為透明材料必然沒有大量的自由電子，否則電磁波進入後很容易被吸收，不會呈現透明的形態。

透明的材料主要是絕緣體，因為原子中的電子都被原子束縛住，不自由，或者說它們的能帶處於填滿狀態，能隙還很大，電磁波無法把電子激發到更高的能量狀態。

但電磁波不是暢通無阻地通過透明介質，還會與電子有交互作用。這種交互作用不會永遠把電子激發到高能形態，而是使電子在電磁波的作用下振動。由於高能不穩定，會原封不動地按照原來的電磁波頻率釋放出新的電磁波，新釋放的電磁波與入射的電磁波綜合在一起形成新的光。

電子與電磁波交互作用，放出頻率相同的電磁波的現象，與之前提到的雷射的受激發射的過程類似。

折射率的機制

透明物體與電磁波的作用過程，解釋了什麼是折射率（refractive index）。

光有折射現象，從一種介質射入另一種介質，如果這束光不是垂直於兩種介質交界處的平面射入，它的路線會轉過一個角度，就是光的折射現象，可以用光在兩種介質中的折射率不同來解釋。

光在真空中的速度除以光在介質中的速度就是折射率，這種光在介質中減速的效果與光和受原子束縛的電子之間的作用有關，也就是說，從電磁波被電子吸收再到電子放出一個頻率相同的光子，這個過程需要時間。從總體效果來看，就是電磁波傳播的速度減慢，等效體現為存在折射率。

實際上，折射率不只是一個數值。透射出來的光，是入射的電磁波與被電子吸收再放出的電磁波的疊加，也就是說，最後射出的光是一種總效果。電磁波滿足疊加原理，入射的波和電子受激發後再放出的電磁波有干涉現象，根據電子吸收再放出電磁波的情況不同，最後射出的電磁波也有不同性質。電子射出的電磁波，高機率與入射電磁波的相位不同。

如果入射波和射出波剛好差四分之一個波長，這種疊加總體上會使光減速，呈現為普通透明介質折射率的效果；如果差二分之一個波長，就會干涉相消，就沒有透明性了，這種絕緣材料就不透明了；如果是剛好差波長的整數倍，這種材料很少見，它的性質和雷射的形成過程很像。

隨著電子放出電磁波與入射電磁波的關係的不同，材料表現出不同的光學性質。

光子晶體

解電子在晶體中的能帶結構時，了解週期性的薛丁格方程式，也就是說，薛丁格方程式解出來的能帶和能隙的結構，其實只是用了布洛赫定理，週期性的波函數無非是一列做了局部修正的正弦波。

描述量子力學規律的方程式是薛丁格方程式，它只是波函數的一個波動方程式。電磁波是波，滿足馬克士威方程組，也是個波動方程式。既然都是波動方程式，就可以借鑑能帶結構的規律發明一種材料，它能像電子的能帶結構一樣讓電磁波在材料裡傳播時擁有能帶結構。

也就是說，這種材料對光的頻率有選擇性，有些頻率的光可以通過，有些頻率處在能隙範圍裡的光則無法通過。這種材料就是光子晶體（photonic crystal），原理是讓不同折射率的材料呈週期性排布，這樣一來，寫電磁波在晶體裡的波動方程式時，會發現它的形式和算布洛赫波時幾乎一致，可以類似地解出能帶結構。對於光子晶體的研究，是非常前沿的研究方向。

至此，我們完成固體物理學這一章的講解，但固體物理學博大精深，

此處只討論一些基本方法論。

固體物理學研究材料的性質千變萬化，而且研究深入後，應用價值非常高。從材料學過渡到固體物理學，可以說是研究的尺度愈來愈小，愈來愈細，從經典理論過渡到量子理論。

目前說到的固體性質，是在室溫環境下的固體的性質。雖然和〈極熱篇〉的溫度比起來也算「極冷」，但室溫的溫度離「極冷」還有很遠的距離。真正的極冷是當我們把溫度降到接近絕對零度，幾乎排除熱運動的影響，這樣多粒子系統的量子性質才會徹底顯現。就像在講鐵磁體時說的溫度夠低，鐵磁體這種神奇的物質形態就展現出來，恰好是一種多粒子系統的量子屬性。

第二十章

凝聚體物理學

[第一節] 玻色－愛因斯坦凝聚

　　凝聚體物理學，顧名思義就是研究處在凝聚物態的物理系統的性質。這裡的凝聚物態和〈極熱篇〉講的系綜一樣，都是研究粒子數極其龐大的物理系統。區別在於，低溫下物質的形態大多是液體和固體，液體、固體與氣體不同，液體和固體分子之間有顯著的交互作用，氣體的分子之間則沒有太強的交互作用，氣體粒子近乎自由。固體和液體的分子和原子之間透過比較強的交互作用聯繫在一起，構成一種凝聚的狀態，叫做凝聚態。

　　固體物理學可以被認為是凝聚體物理學的一部分，或者說是它的奠基性理論。只不過固體物理學研究的固體形態較為規則，例如微觀上呈幾何規則排列的晶體，凝聚體物理學的範圍則更加寬泛。

　　現代的凝聚體物理學，對那些溫度極低的物理系統非常感興趣。溫度極低、粒子數量極大的情況下，凝聚體物理學系統將變得很複雜，需要同時滿足量子力學、電磁學和統計力學的規律，它是綜合性的物理學領域，會出現非常多神奇的物質形態。

量子力學與統計力學的博弈

　　研究鐵磁體時，我們發現溫度是影響固體形態的重要因素，不同溫度會導致完全不同的固體形態，例如鐵磁體的溫度升高到超過居禮溫度，鐵磁性就會消失。更專業的說法是，不同溫度會導致物質處在不同的「相」。

　　能帶理論中，已經著眼於固體的量子性質。做一個簡單的推測，如果溫度降到接近絕對零度，要研究的更應該是物質的量子性質。從微觀定義出發，溫度就是微觀粒子原子、分子在做無規則運動。如果溫度降低至接近絕對零度，原子、分子的無規則運動會減弱，這種情況下，基本粒子的量子性質會顯得非常強烈。這其實是兩種不確定性的博弈，當溫度高時，原子、分子無規則運動的不確定性會占據主導，量子的不確定性與熱運動的不確定性相比之下沒那麼明顯。這時，我們關注微觀粒子熱運動的不確定性，可以用微觀粒子的經典運動來表達，用統計力學的理論進行研究即可。

　　但溫度較低時，量子不確定性原理的效果占據主導地位。量子層面的不確定性就不能用經典運動來表達，統計力學也不夠用了。根據量子力學的不確定性原理，微觀粒子的位置和速度無法同時確定，只能用機率幅來描述。

玻色－愛因斯坦凝聚

　　量子系統的一大特點，就是穩定態的能量通常是量子化的。原子裡電子能階之間有能隙，基態（ground state）、激發態（excited state）的能量之間有能隙。電子是費米子，原子中，電子按照能量由低到高一層層排布。但如果一個系統裡的粒子都是玻色子，當我們讓這個系統降溫，會出現什麼情況呢？隨著溫度不斷降低，這些玻色子會往能量低的狀態跑，可能會出現物質的第五形態 —— 玻色－愛因斯坦凝聚的狀態，這是愛因斯坦和玻色的共同研究成果。

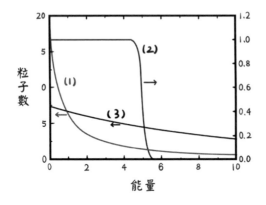

圖 20-1　低溫時不同種類粒子能量的分布形態：(1) 線，低溫時玻色子能量分布，明顯能量趨近於零時，處於基態的粒子密度趨近無限大；(2) 線，低溫時費米子的能量分布；(3) 線，低溫時常規的經典波茲曼分布

　　玻色－愛因斯坦凝聚的機制不太好解釋，但我們可以看一類特殊情況，就是當溫度低到一定程度，粒子的平均動能不比基態能量和激發態能量之間的能量差更大（大部分的玻色－愛因斯坦凝聚態沒有基態和激發態之間的能隙，只是討論這種特殊情況來幫助理解），也就是大部分粒子無法因為熱能被激發到能量較高的狀態，這時大部分粒子會主動掉到能量最低的狀態，就形成玻色－愛因斯坦凝聚狀態，它是一個典型的量子化狀態。只有玻色子能發生玻色－愛因斯坦凝聚，因為費米子要滿足包立不相容原理，不可能出現眾多費米子同時處在基態的狀態。

　　一個熱力學系統內部粒子的速度分布應該是一種正態分布，這種正態分布體現為一條兩頭小、中間大的曲線，就是大部分粒子的能量應該出現在平均溫度對應的能量附近。但對玻色－愛因斯坦凝聚的狀態，由於能量的量子化特點在低溫時變得非常明顯，大部分粒子其實無法被激發到高能量的狀態，所以大部分粒子就掉到能量最低的狀態。這種情況下，玻色－愛因斯坦凝聚系統中粒子的能量分布就不是正態分布了。

　　這就是溫度降低，量子力學占據主導，不再滿足經典統計力學的一個最好例證。

超流體

　　除了玻色－愛因斯坦凝聚這種神奇的物質形態外，還有一種特殊的物質形態，叫做超流體，通常都處在玻色－愛因斯坦凝聚的狀態。

　　超流體可以簡單理解為內部摩擦力為零的流體，在二十世紀上半葉就已經被發現。當氦氣降溫到四克耳文（相當於 -269℃）左右時，形成的液氦流體是一種超流體。與我們平常認知的普通流體完全不同，如果讓超流體開始流動，它永遠都不會停止。攪動一桶水，最終肯定因為內部摩擦力而停止，但輕微攪動一桶超流體，它永遠不會停下來。

　　超流的狀態和玻色－愛因斯坦凝聚有很大關係，超流態往往是玻色－愛因斯坦凝聚的狀態。超流的微觀機制，到今天都沒有完全弄清楚，但如果單從現象出發，可以透過分析玻色－愛因斯坦凝聚，給出一定的解釋。

　　上一章提過，一個滿足統計規律的系統的穩定態一定是對應自由能最低、熵最高的狀態，也就是說，它要自發降低自己的自由能。一桶水這種普通流體的摩擦，本質是可以透過摩擦降低自由能，摩擦生熱，熱提升熵，熵的提升會降低自由能。如果超流體沒有摩擦，從自由能的觀點看，就是超流體無法透過喪失動能來減小自由能。

　　普通液體的內部摩擦本質上是流動的液體要把運動的動能，提供給周圍其他動能沒那麼高的流體。超流體既然不會降低流速，換個角度看就是超流體的動能「給」不出去。

　　如果流體已經處在玻色－愛因斯坦凝聚的狀態，大部分的粒子處在能量最低的基態，這時由於量子力學的性質占據主導，基態和激發態的能量之間有一個能隙（此處為方便理解，我們討論存在能隙的情況，廣義的超流機制則更加複雜）。要把這些處於基態的粒子能量升高到激發態，至少要提供給多於基態和激發態能隙之間的能量。

　　超流體的流速都不高，只能較為緩慢地流動。因為有能隙存在，超流體中流動的粒子的動能不是很高，這個動能如果不超過基態和激發態之間的能隙，就無法把這些能量給出去。就像你把車停在某個停車場一整晚，

第二天準備出去時，停車費要一百元，但你身上只帶五十元，不夠付，顯然就出不去了，這裡的道理十分類似。

當運動粒子的能量給不出去，無法讓周圍基態粒子的能量升高時，就只能一直保持繼續流動的狀態，體現為一種超流的形態。

從超流的現象，我們可以初步看到，量子力學在低溫世界開始充分展現它的效果。雖然說量子力學規律是低溫物理系統裡最重要的物理學規律，但本質上我們討論的是多粒子系統的量子物理規律，這與研究單個粒子、原子性質時用到的量子力學技巧截然不同。

[第二節] 聲子

有了對超流體的認知，一個直接的聯想就是超導體，讓超流體帶電，不就是超導體了嗎？但討論超導體前，先了解重要的物理學概念——聲子（phonon），顧名思義，這是一種「聲音」形態的粒子，和材料的聲學性質息息相關。

為什麼要在看似用量子力學解決問題的章節討論聲學性質呢？聲學和量子力學似乎毫無關係，聲波無非是機械振動而已。當然，低頻的、人耳可聽到的聲波，甚至幾萬、幾十萬赫茲的超高頻超音波，都不會涉及量子力學。聲子可以被認為是聲波的量子化，就像光波的量子化叫光子一樣，聲波的量子化就是聲子。

晶格振動

聲音到底是什麼呢？從物理學的角度來看，聲音是一種機械振動。例如聲音在空氣傳播，空氣分子在聲波帶動下傳遞這種振動，形成聲波。聲波可以在固體中傳播，由於固體擁有更大的密度，分子之間的距離更近，交互作用更加迅速，所以固體中的聲速要高於空氣中的聲速。

討論晶體能帶結構時，我們做了一定的模型簡化，假設晶格（crystal

lattice，晶體結構中原子平衡位置所處的幾何位點）上的原子核不動，只提供正電荷，讓電子感受到多個正電荷的電位能。但實際情況並非如此，晶格振動（lattice vibration）是存在的。固體之所以能形成，是因為原子之間有交互作用力（不論是凡得瓦力，還是形成化學鍵），這個交互作用允許原子在平衡位置附近振動，否則就成為剛體，而剛體只是物理學的理想模型，現實中不存在。當然，固體裡的原子只能在平衡位置周圍振動，如果能自由移動就不是固體，而是液體或氣體。

晶格振動的量子化

原子的振動從根本上遵循量子力學的規律，可以用量子力學解原子按晶格排列的薛丁格方程式。它依然是一個按晶體的幾何結構進行週期性變化的薛丁格方程式，我們就可以解出原子振動的能帶結構。帶和帶之間存在能隙，能隙中間的這段頻率無法在晶體中傳播。

晶格的振動，亦即原子在其平衡位置周圍的振動，應該被視為一種量子化的行為。宏觀的機械波，能量由機械波的振幅和頻率共同決定。滿足薛丁格方程式的晶格振動能量則由它的頻率唯一確定，就是用薛丁格方程式解出來晶格振動的行為不像波，而像粒子。把晶格振動這種振動模式傳遞出去，在晶格之間傳遞，更像粒子的行為，而非波的行為，因此這種量子化的晶格振動行為被稱為聲子。

我們不能透過增大某一種頻率的聲子振幅來讓它的能量更高，因為振幅是固定的、量子化的，我們能做的是增加這種頻率的聲子個數。這就特別像〈極小篇〉第十一章討論量子力學的最初問題 —— 黑體輻射，普朗克解釋黑體輻射的基本假設就是光子的能量是一份一份的，聲子的能量也是一份一份的。

聲子到聲波的過渡

經典意義上的聲波（就是機械波），有振幅，有頻率，確實可以在固

體裡傳播，與聲子的定義似乎有衝突。我們應該如何理解量子化的聲子到經典意義上的聲波的過渡呢？

普通的聲波、人耳可以聽到的頻率其實非常低，鋼琴的音，頻率約幾百到幾千赫茲，但量子化的聲子頻率極高，約 10^{12} 赫茲，就是一萬億赫茲的數量級。頻率低，波長長（頻率高，波長短）。

經典的聲波波長都很長，普通聲波的波長在公分、公寸，甚至公尺這樣的數量級，當這種量級的聲波進入固體，固體中的原子會隨之做整體運動，任何兩個相鄰原子發生的位移幾乎沒有什麼差別。

普通聲波的傳播是一種宏觀行為，不涉及原子微觀的運動，但對於量子化的聲子這種高頻率、波長在奈米數量級的聲波，相鄰原子的運動方式會有巨大的區別。聲波波長的長短，直接決定應該考慮經典的宏觀性質還是量子的微觀性質。

[第三節] 超導

超導現象（superconductivity）就是物體的電阻為零，超導體就是電阻為零的導體。超導現象在二十世紀初就已經被發現了。當時一位荷蘭物理學家，把水銀的溫度降到十分接近絕對零度時，發現這時水銀居然超導。超導的形成機制各式各樣，到今天都無法完全解釋清楚。

BCS 理論

電阻的本質是電子運輸過程中的各種阻礙，例如與晶格的碰撞，其實體現為一種摩擦。既然超流體摩擦力為零，只要讓它帶上電，豈不就是超導了？但這裡有一個巨大鴻溝，超流體通常都處在玻色－愛因斯坦凝聚狀態，但玻色－愛因斯坦凝聚只能發生在玻色子，而電子是費米子，費米子無法發生玻色－愛因斯坦凝聚，因此單純為大量電子降溫無法達到超導的

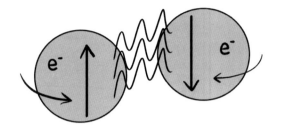

圖 20-2　庫珀對

狀態。

　　最早關於超導的微觀理論叫 BCS 理論，由三位美國物理學家約翰‧巴丁（John Bardeen）、利昂‧庫珀（Leon Cooper）和約翰‧羅伯特‧施里弗（John Robert Schrieffer）共同提出，BCS 就是三人名字首字母的連寫，該理論讓這三位物理學家獲得一九七二年的諾貝爾物理學獎。

　　BCS 理論的關鍵在於如何讓電子變成玻色子，這裡要說到上一節提到的聲子。〈極小篇〉討論過粒子物理中，力的本質就是有粒子的交換。BCS 理論的關鍵就是兩個電子透過交換聲子，產生一個等效的吸引作用。交換聲子的過程中，兩個電子以自旋相反的方式被束縛在一起形成一個電子對，叫做庫珀對（Cooper pair），它是一個玻色子。

　　既然變成玻色子，就可以發生玻色－愛因斯坦凝聚，成為超流體，且這是帶電的玻色子，因此就成為超導。

完全抗磁性

　　超導擁有完全抗磁性，也就是說，磁場無法進入超導體，內部的磁場一定為零。

　　如何理解完全抗磁性？磁場進入超導後，會激發出超導體裡的電流，當然，不是只有超導體會被磁場激發出電流，任何材質都可以。但由於超導體的電阻為零，電流一旦被激發起來後就不會消失，電流會產生新的磁場，它與入射磁場的方向相反，會抵銷入射磁場的強度，而且是完全抵銷。如果不完全抵銷，就會有新的電流被激發出來，新電流的磁場會抵銷

之前還沒被抵銷的部分，因此最終的狀態必然是所有磁場都被抵銷（否則能量就不守恆）。這樣，超導體的內部才會穩定，這就是超導完全抗磁性的來源。

超導體完全抗磁性的分析和另一種電學現象——靜電屏蔽（static shielding）現象一樣。為什麼飛機即便被閃電擊中，乘客也不會受傷？為什麼手機進入電梯經常沒有訊號？其實都是靜電屏蔽現象。

靜電屏蔽現象是說，電場無法在金屬中存在。如果金屬中存在電場，這個電場會傾向於把正電荷沿著電場方向推動，把負電荷沿著相反的方向推動，正電荷和負電荷分開產生一個新的電場，這個新電場的方向與外部電場方向剛好相反，與外部電場相抵銷，因此最終的效果是金屬裡的電場為零。之所以有這個現象，是因為金屬裡有大量自由電子，而絕緣體不行則是因為電場無法讓絕緣體裡的正負電荷充分分開。

所以金屬擁有完全抗電性（靜電屏蔽），超導擁有完全抗磁性。

高溫超導

BCS 理論對應的是最普通的一種超導體，這種超導的臨界溫度非常低，約是液氦對應的四克耳文。後來科學家們發現，超導的臨界溫度可以透過改變物質的種類進行提高，例如用結構十分複雜的化合物，能把這個溫度提升到一百克耳文以上。

科學家們競相提升超導的臨界溫度，這個研究變成一個全新領域，叫做高溫超導。此處的高溫不是我們認為的那種幾千、幾萬度的高溫，而是和絕對零度相比之下的高溫，一百克耳文（零下一百七十度）的臨界溫度，和四克耳文的液氦超導相比溫度要高許多。

科學家們對高溫超導原理的研究，目前只是在半摸索的狀態中前進，至今還沒有完全弄清楚。主流的高溫超導原理有若干種，但萬變不離其宗，大多需要形成庫珀對，想讓電子形成庫珀對，其機制在高溫超導中未必是透過聲子，而是透過其他方式。

有一種機制叫自旋密度波（spin density wave），可以這麼理解，上一章透過易辛模型討論過鐵磁體，就是加一個磁場後，電子的自旋都傾向平行排列。當然，也討論反鐵磁體，就是相鄰的自旋傾向反平行排列。

自旋密度波是說在低溫情況下，這些電子的自旋情況與反鐵磁體類似，它自身產生的磁場，傾向於讓周圍的電子都以反向平行的形態靠攏且形成反平行排列的電子對，如同波動在傳播一樣，因此叫自旋密度波。

超導的應用

超導的應用十分廣泛，在〈極小篇〉裡，粒子物理實驗用的對撞機需要產生巨大的磁場來束縛粒子的運動，就要靠巨大的電流，但一般的線圈在有電阻的情況下，無法支撐超大的電流（因為發熱量巨大），而超導在承受大電流方面就有天然優勢。除此之外，為了束縛住攝氏一億度高溫的反應物，可控核融合需要用強大的磁場，這種磁場也是依靠超導承載。

如果高溫超導（尤其是室溫超導）能實現，將為人類的用電方式帶來革命性改變。目前之所以用的是交流電，是因為交流電可以透過超高電壓，降低在傳輸過程中的線路損耗。如果超導輸電實現，超高壓的交流電也許將退出歷史舞臺。

超導和超流可以說是在低溫狀態下最早被發現的奇異物理現象，從二十世紀八○年代起，低溫狀態下的奇異物理學現象愈來愈多，開啟一個全新的物理學領域 —— 強關聯系統。

[第四節] 霍爾效應

什麼是霍爾效應？

超流和超導是凝聚態中比較奇特的物質形態，但凝聚態系統中的神奇物態遠不只於此，二十世紀七○年代被發現的量子霍爾效應翻開了凝聚態物理中研究的新篇章。

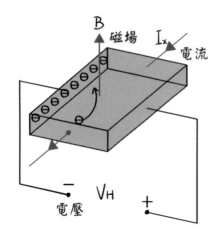

圖 20-3　霍爾效應的設置

什麼是量子霍爾效應？

首先要了解普通的霍爾效應（Hall effect），一八七九年由美國物理學家埃德溫·霍爾（Edwin Hall）發現。最初的霍爾效應其實很簡單，將一塊方形金屬板兩端接上導線通電，導線裡會有電流通過，這時垂直於金屬板加上一個磁場，穩定後就會在金屬板垂直於電流方向產生一個電壓。外加磁場且產生垂直於電流方向的電壓的效應，就是霍爾效應。

為什麼會產生垂直於電流方向的電壓呢？電流就是帶電粒子的定向流動。由於有垂直於速度方向的磁場，帶電粒子會在勞侖茲力的作用下拐彎，電荷打到金屬板的側面上且堆積起來。

堆積起來的電荷會產生一個電場，這個電場又會對電流裡的電子產生庫侖力，庫侖力的方向和勞侖茲力的方向相反。也就是說，當堆積的電子多到一定程度，庫侖力和勞侖茲力互相抵銷時，電荷堆積的現象就會停止。這時帶電粒子的受力恢復平衡，會繼續往原本的電流方向運動。堆積的電荷會在垂直於電流流動方向產生一個電壓，這就是霍爾效應。此處可以定義一個數值，叫霍爾電阻，它等於橫向的霍爾電壓的大小，除以縱向流動電流的大小。

霍爾效應的物理圖像

要解釋霍爾效應其實比較容易，但神奇的是在二十世紀七〇年代，科學家們發現一種奇特的霍爾效應——量子霍爾效應。

溫度極低的環境下，把霍爾效應中的外磁場加強到極強等級，就會出現量子霍爾效應，這時系統的霍爾電阻是一個量子化的數值。

普通的霍爾效應加一個磁場後會達到穩定態，這時由於電荷的堆積會產生一個垂直於電流方向的電壓，我們稱這個電壓為 V，原本的系統通電後會產生一個正常的電流 I。我們定義一個數值叫霍爾電阻 R，$R = V/I$。

霍爾電阻 R 應該和什麼參數有關？電阻等於橫向電壓除以電流，影響電流大小的有電荷密度，以及單個電荷的帶電量，這裡帶電粒子就是電子，所以單個電荷帶電量就是 e。

堆積的電荷建立的橫向電場產生的庫侖力要和勞侖茲力平衡，但勞侖茲力正比於外加磁場，由此可以簡單推斷，這個橫向的電場應該與磁場的大小有關。可以想像，調節外磁場的大小時，整個霍爾電阻會隨之變化，且變化圖像應該是一條斜向上的平滑直線。磁場愈強，堆積的電荷愈多，相應的橫向電壓愈大，霍爾電阻就應該愈大。

如果把磁場加到很強，強到十個特士拉（Tesla，磁感應強度單位，地球的磁場只有約百分之一特士拉，十特士拉基本是地球上能造出來的最強磁場等級），再將溫度降低到約一克耳文。這個實驗的效果非常神奇，我們會發現這個霍爾電阻隨磁場大小而變化的圖像，畫出來居然是階梯狀。

也就是說，隨著外加磁場的變化，磁場很強時，霍爾電阻在一定範圍內都是精確的恆定值，只有當磁場再上一個大臺階，電阻才會大跳躍，然後再到一個新的恆定值穩定住。這每一個臺階的霍爾電阻的大小，其實可以寫成 $(1/\nu)\, h/e^2$，ν 是任何正整數，可以是 1、2、3、4……也就是說，霍爾電阻的大小其實是以整數分之一個霍爾電阻單位來變化。ν 叫做填充因子（filling factor），具體物理意義稍後介紹。

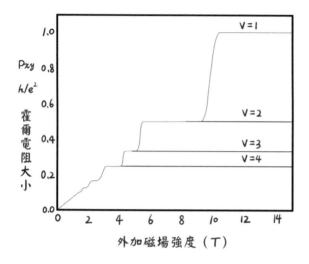

圖 20-4　不同磁場
強度下的霍爾電阻

　　這個電阻的階梯形特別穩定，哪怕金屬板形狀有變化、純度不高，一些細微的擾動和變化都不會影響霍爾電阻的階梯形，它的數值是達到 $1/10^{10}$ 的精確度的整數，也就是誤差不超過百億分之一的精確度。

　　明明外加磁場是連續變化的，為什麼霍爾電阻卻按整數規律、離散地變化呢？其實說到離散，就想到量子化，且這個電阻裡還有普朗克常數 h，說明與量子力學有關。極低溫下，正是多粒子系統量子力學效果占據優勢的時候。

　　接下來繼續討論，如何理解量子霍爾效應中階梯化的霍爾電阻。

[第五節] 量子霍爾效應

量子化的霍爾電阻

　　如何用量子力學來分析量子霍爾效應呢？首先想像一下當磁場比較弱時電子的運動軌跡。

　　磁場較弱時，勞侖茲力小，電子在勞侖茲力作用下做圓周運動的半徑比較大，因為力很小，無法讓它產生很大的偏轉。這種情況下，大部分電

子起初都會被打到金屬板的側面。但如果磁場極強，這些電子會受到極強的勞侖茲力，甚至可以讓這些電子原地轉圈，形成一個個圓圈狀的運動軌跡。

這種情況下，這個金屬板要想導電就沒那麼容易了。金屬板內部的電子都在原地轉圈，無法在電路裡形成電流。但金屬板邊緣的這些電子還是可以形成電流，金屬板邊緣的電子，假設和金屬板邊緣是彈性碰撞，正面碰上去後會原速反彈繼續形成一個新的半圓，轉下去，再正碰，再反彈，如此反覆。

所以，磁場極強的情況下，只有邊緣的電子可以參與導電。

有了這個認知，再來看看強磁場和低溫的情況下，金屬板裡電子的運動狀態滿足什麼規律。我們顯然不能再用經典的電磁學去描述這些電子的運動，應該用薛丁格方程式去描述量子行為。

之前解原子內部電子的運動的波函數時，用到薛丁格方程式，它描述了電子的能量。電子的能量有兩部分，一部分是電子的動能，一部分是電子受到原子核庫侖力的電位能。

對於量子霍爾效應也一樣，這個金屬板裡的電子有動能，且由於金屬裡的電子是自由電子，所以外加磁場後，電子的位能只考慮外磁場的位能，這樣就可以求解金屬板中自由電子的薛丁格方程式。很自然地可以猜想這和原子裡的電子軌道一樣，量子霍爾效應的薛丁格方程式也可以解出能量的量子化。量子霍爾效應裡解出來的量子化的能階叫做朗道能階，由蘇聯著名物理學家朗道率先發現。

每個朗道能階都可以放電子，在量子霍爾效應環境下的電子能量都是量子化的，至於具體處在哪個朗道能階，就和在原子裡把電子填到各個軌道的過程一樣，量子霍爾效應裡的電子，要先填能量最低的等級，然後一個個往高能量等級填。

朗道能階怎麼解釋量子霍爾效應呢？霍爾電阻的階梯狀是怎麼出來的？

這裡要深入理解霍爾電阻的定義，霍爾電阻就是橫向電壓比電流。根

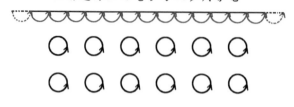

只有邊緣上的電子可以參與導電

圖 20-5　金屬板導電

據圖 20-5，我們發現電流其實只和邊緣的電子運動狀態有關。橫向電壓和什麼有關呢？橫向電壓與堆積在金屬板邊緣的電荷數量有關，就是和堆積在金屬板邊緣的電荷密度有關，兩個密度之比其實就決定了霍爾電阻的大小。

變化磁場的情況下，如果金屬板邊緣的電荷密度與邊緣電流的電子密度之比是一個恆定不變的值，就可以解釋為什麼霍爾電阻在提升磁場的情況下是一個恆定的值了。

透過解薛丁格方程式可以發現，電子的不同能量等級對應不同的朗道能階，也就是說電子在二維金屬板當中，它的排布狀態是從低能量開始，填滿低能量的朗道能階，才會再填高能量的朗道能階。

來看單個朗道能階的特點，每個朗道能階中電子所處的運動形態，實際上是電子轉圈或轉半圈的狀態。電子轉圈，本質是因為有磁場通過，電子圍繞著磁場轉圈，磁場強度愈大，轉圈的半徑愈小。因為磁場強度愈大，勞侖茲力充當的向心力就愈強，愈強的向心力就能轉愈小的圈。每個圈代表一個電子可以占據的狀態，每個圓圈都有面積，磁場愈強圓圈的面積愈小。定義一個物理量 n_ϕ，它是單位面積裡能夠存在的一個朗道能階所對應的電子轉圈的個數。可以知道外磁場愈強，朗道能階的圓圈的面積愈小，n_ϕ 的數值愈大。還有一個物理量是電荷密度，寫成 n_e。前文說到的填充因子 ν 就等於 n_e/n_ϕ。

現在來看一個朗道能階對應的圓圈所占據的面積當中有多少電子，單

個朗道能階所占面積中的電子數其實就是填充因子 ν。我們論證，外磁場愈大，ν 就愈大，則導電性愈差，霍爾電阻就愈大。當外部磁場增強時，單個朗道能階對應的圓圈面積就愈小，單位面積中的朗道能階數量就愈多，因此 n_ϕ 愈小，根據填充因子 ν 的定義，ν 愈大。朗道能階的圓圈面積愈小，這塊面積當中存在的電子數就愈少，因此在邊緣上，能夠參與導電的電子數就愈少，參與導電的電子數愈少就說明電流愈小，電流愈小則說明霍爾電阻愈大。因此我們就論證了，即便在量子霍爾效應的情況下，增大外磁場也會使霍爾電阻變大。

電阻的階梯狀應該怎麼解釋呢？這裡的關鍵是，正常情況下導體金屬板不可能沒有任何雜質，這種雜質體現為系統中的無序（disorder）效果，電子的運動狀態是局域化地集中在紊亂地區附近的，它們都不參與導電，外磁場強度變化比較小的過程中，這些局部的紊亂無法被破壞，因此在外磁場強度變化不大時，霍爾電阻呈現出穩定不變的特性。反而當系統極其純淨時，電阻的階梯狀不存在。

這就是為什麼霍爾電阻在強磁場的情況下，不是連續變化，而是跳躍變化。磁場的大小在一定範圍內，霍爾電阻的變化呈階梯狀。

分數量子霍爾效應

上述的量子霍爾效應是「整數量子霍爾效應」（integer quantum Hall effect），當中電子之間的交互作用不計入在內，如果考慮電子之間的交互作用，就可以得到「分數量子霍爾效應」（fractional quantum Hall effect）。美籍華裔物理學家崔琦，就是因為在實驗中做出分數量子霍爾效應獲得一九九八年諾貝爾物理學獎。

霍爾電阻不僅在強磁場下有整數變化的規律，還有分數變化的規律。分數量子霍爾效應可以說是打開了一個全新的領域，甚至可以說是把凝聚態物理的地位提升到一個新的高度。分數量子霍爾效應意味著，我們可以透過凝聚態的量子系統去人為創造出一些自然界本不存在的物理學規律。

例如之前講的基本粒子在量子統計規律上分為兩大類：玻色子、費米子。如果兩個玻色子相互交換位置，它們整體的波函數會獲得一個數值是1的相位，例如本來的波函數假設是 $\phi(x，y)$，x 和 y 分別是兩個玻色子的座標，然後把兩個玻色子交換，變成 $\phi(y，x)$，兩個玻色子的交換會告訴我們，$\phi(x，y)=\phi(y，x)$，但如果是費米子，它會獲得一個 -1 的相位，就是 $\phi(x，y)=-\phi(y，x)$。

　　但分數量子霍爾效應這個「分數」的意義在於，我們可以在量子系統中獲得一些準粒子（quarsi-particle），它們不是粒子物理當中那些真實存在的基本粒子，而是凝聚態物理系統中被激發出來的一些量子行為，這些行為像是量子粒子的行為。其實前文提到的「聲子」也可以被認為是一種準粒子，它不是粒子物理意義上的基本粒子，而是一個量子系統在某種情況下表現得像粒子（act like a particle），這些準粒子是從凝聚態物理系統中「湧現」（emergent）出來的，準粒子的概念最早也是由朗道提出。分數量子霍爾效應中的一些準粒子在量子統計規律上，既不是玻色子，也不是費米子。交換這兩個準粒子，它們的波函數獲得的相位不是1也不是 -1，而是一個模是1的複數。這種統計規律叫分數統計（fractional statistics）。當然，它們只能存在分數量子霍爾效應這種二維量子多體系統中，這些既不像玻色子，也不像費米子的準粒子又被稱為任意子（anyon）。

　　這樣的任意子，目前在自然界看來不存在，也就是說，粒子物理的實驗中完全沒有發現這樣擁有分數統計的粒子，粒子物理中沒有針對分數統計的理論，這完全是分數量子霍爾效應當中產生的奇特現象。這其實是給我們的基礎物理研究指出一個新方向，就是除了用高能對撞機不斷撞出更小的粒子外，還可以嘗試用人為構造的凝聚態系統，類比一些最基本的物理原理，分數量子霍爾效應就是很好的例子。透過這個凝聚態系統，甚至類比出自然界中本不存在的粒子物理規律。同時啟發了我們，準粒子是從凝聚態系統中湧現出來，粒子物理意義上的這些基本粒子，是不是也是某

些更加基本的「凝聚」當中「湧現」出來的呢？也就是，時空未必只有時間和空間，基本粒子不是獨立存在於時空當中，基本粒子也許只是一些更基本的「凝聚」系統中的「湧現」。由華人物理學家文小剛提出的「弦網凝聚」（string-net condensation）闡述的正是這種思想，弦網凝聚理論中，電子和光子都從弦網中湧現出來。

[第六節] 強關聯系統與量子計算

強關聯系統

量子霍爾效應的發現，尤其是分數量子霍爾效應的發現，催生一個全新的物理學領域——強關聯系統。什麼叫強關聯系統？可以先回顧上一章講能帶結構時，對晶體當中電子、原子核進行的分析。

晶體裡原子核帶正電，電子帶負電，其中有三組交互作用，分別是電子和原子核之間的電磁交互作用、原子核之間的電磁交互作用，以及電子和電子之間的電磁交互作用。透過分析，我們論證了一般晶體中原子核之間的交互作用是不顯著的，因為在晶體裡原子核的位置比較固定，即便有振動會產生聲子，其貢獻也無法達到質變的等級。晶體裡電子和電子之間的距離比較大，不會顯著影響電子的行為，只有電子和原子核之間的作用最顯著，我們在能帶理論裡只考慮電子和原子核之間的交互作用。因此，才得出能帶理論來研究固體物理。

但分數量子霍爾效應告訴我們：很多情況（尤其是溫度極低）下，電子的量子特性占據主導，存在很多電子和電子之間的交互作用不能忽略的情況，這其實就是強關聯系統在研究的問題，強關聯中的強是指系統中電子和電子之間的交互作用強到不能忽略。前文的超導，考慮的就是電子和電子之間的交互作用，兩個電子透過交換聲子形成電子對，從而發生超流且形成超導。再例如前文提過的莫特絕緣體，像氧化鎳（NiO）、氧化鈷（CoO）和氧化錳（MnO）等化合物，若是按照能帶理論進行分析，應該

是導電性良好的導體，但實際上卻是透明的絕緣體，其中的原因就是能帶理論不考慮電子間交互作用，然後在莫特絕緣體當中，電子之間的交互作用已經強到不能忽略，因此能帶理論不再適用。

上一節的分數量子霍爾效應，也是因為電子之間的交互作用非常明顯而導致的。因此，強關聯系統是一個非常值得研究的課題，它是凝聚態物理中最前沿的研究領域。

量子糾纏

此處可以回顧〈極小篇〉提過的概念 —— 量子糾纏。

量子糾纏是指幾個量子系統同時處在一定的疊加態，例如兩個電子同時處在同為自旋向上和同為自旋向下的狀態，這時探測其中一個電子的狀態，就能立刻知道另一個電子的狀態，不用進行額外的探測。

強關聯系統裡的電子可以處在量子糾纏態，我們講易辛模型時提過，一個二維的電子自旋陣列，可以形成一個大的渦旋陣列，這就是一種量子糾纏的狀態。也就是說，這些材料裡的電子之間雖然有交互作用，但其實是短程交互作用，每個電子主要還是受到離它近的電子的作用。

神奇的是，由於量子力學的效果，這些電子的形態有可能形成長程量子糾纏（long-range entanglement）的形態。

這些長程量子糾纏的形態涉及幾何學中一個重要的分支 —— 拓撲學。簡單來說就是不關心幾何圖形的具體形狀，只關心連接方式。例如一個有把手的咖啡杯，在拓撲學上和一個甜甜圈是一樣的，拓撲學看來它們是同一種東西，因為都只有一個洞。

如果用黏土捏出咖啡杯，可以在不補上洞的情況下，再把它捏成甜甜圈。但一個球就不行了，球體沒有洞，要把它捏成咖啡杯，必須在上面挖一個洞，或者把它拉長兩端黏在一起。

也就是說，我們無法順滑地把一個物體變化成一個拓撲結構和它不一樣的物體。拓撲結構意味著穩定性，一旦形成拓撲結構，連續、順滑的擾

圖 20-6 　咖啡杯的拓撲結構和甜甜圈一樣

動和干擾無法改變它的拓撲結構。

　　當這些量子粒子形成長程量子糾纏後，這種長程量子關聯會構成一個非常穩定的拓撲結構，我們無法順滑地把它變成其他拓撲結構。也就是說，一旦一個量子的長程量子糾纏形成後，只給這個系統做一些輕微擾動，其結構不會改變。

　　這就是為什麼一旦磁場夠強，溫度夠低，形成一個量子霍爾效應系統後，霍爾電阻不會隨著金屬板形狀、純度的變化而變化，這就是一個神奇的拓撲性質。根據中學學的，一塊材料的電阻和它的形狀、橫截面積、純度息息相關。一旦變成量子霍爾效應，這些形狀、橫截面積、純度等都只是對系統的輕微擾動，不會從根本上改變系統的性質。這種材料就構成一種拓撲材料，對量子電腦的研發有很大幫助。

量子計算與拓撲材料

　　量子電腦為什麼那麼強大呢？因為它與電子電腦的計算原理有本質上的不同。

　　電子電腦用 0 和 1 的二進位訊號來代表資訊，一個電子只能代表 0 或 1，非此即彼，非常明確。但量子系統不一樣，一個量子狀態的電子可以處在疊加態。例如可以用電子自旋向上的狀態代表訊號 1，電子自旋向下的狀態代表訊號 0，一個電子的狀態可以是 1 和 0 的疊加態。

　　假設有兩個相互糾纏在一起的電子，可以同時表達四個狀態，分別是

00、01、10 和 11。如果是三個電子糾纏在一起，就能表達八個狀態，就是 000、001、010、100、011、101、110 和 111。

依此類推，N 個糾纏在一起的電子，可以表示 2^N 個狀態，就對應了 2^N 個不同資訊的訊號。前段時間 Google 號稱實現的量子霸權（quantum supremacy），就是五十三個糾纏在一起的量子位元。用五十三個量子位元，就可以表示 2^{53} 個資訊，這是巨大的訊息量。

根據計算的原理，量子電腦的計算能力對電子電腦的碾壓是指數級的，這也是為什麼量子電腦可以在幾分鐘內完成傳統電腦要算一萬多年的計算任務。但量子電腦有一個實際操作上的巨大問題，它對誤差、微擾太過敏感。由於量子力學的不確定性，一旦發生微擾、誤差，這個錯誤完全是隨機的，導致即便想人為修正也不可能。

拓撲材料就有希望解決這個問題，它極其穩定，如果只有一些微擾和誤差，不會影響它的量子狀態。因此可以想像，我們用拓撲材料做成的量子計算單位將對微擾免疫，十分穩定。因此，拓撲材料的研究對量子計算來說，有著非凡的意義。

這也是為什麼在今天的物理學界，對拓撲材料的研究是最前沿、最熱門的領域。

至此，〈極冷篇〉講解完畢。總體來說，溫度比較低的形態，大多處在固體的形態，因此先從宏觀的角度分析固體的各種性質，有力學性質、熱學性質、電學性質和磁性質等。

固體的性質說到底還是由它們的微觀結構決定，因此不得不深入從量子力學的角度來研究固體的微觀性質，由此引出固體物理這門學科。能帶理論是固體物理中最重要的理論，但固體物理遠非我們對固體研究的終點，因此需要進入低溫物理領域進行研究。

任何固體都擁有溫度，但溫度導致的粒子無規則運動和粒子的量子特性處在相互博弈的狀態，當我們把系統溫度降低到接近絕對零度時，微觀粒子的量子特性會變得極其顯著。微觀粒子之間的交互作用，如電子之間

的交互作用，都會極大地影響物質形態和物質的特性，這也是為什麼凝聚態物理，尤其是其中的強關聯系統、拓撲材料會變得如此熱門，因為它的形態太豐富了。凝聚態系統啟發我們，除了用直接的方法追究宇宙終極，還可以用凝聚態系統類比的辦法去製造從未見過的物理學系統，去發現從未在自然界中發現過，甚至原本不存在的性質。

結語

　　首先，恭喜你完成長達二十三萬餘字的物理學知識的學習。相信對大部分讀者來說，這種比較深入地了解和學習物理學是頭一回，能堅持下來很了不起。

　　我幫你統計過，如果完整閱讀且思考書中二十章的全部內容，其實你已經接觸到整個物理學當中大部分領域的知識，我們可以先對這六篇二十章內容所涵蓋的領域做簡單梳理：

　　〈極快篇〉學習狹義相對論和少量空氣動力學的知識；〈極大篇〉集中了解天體物理領域的知識；〈極重篇〉學習廣義相對論；〈極小篇〉學習原子物理、量子物理、核子物理、粒子物理和一些量子場論；〈極熱篇〉了解熱力學、統計力學和複雜科學；〈極冷篇〉涉獵材料物理、固體物理和凝聚態物理。

　　如果再細一些，二十章的篇幅中，我們認識了七十三位偉大的科學家，了解四十七條物理學原理和定理，講解二十五個物理實驗和思想實驗，解釋四十四個物理學理論，以及五百四十一個物理學、數學概念。

　　但此處一定要再強調《六極物理》的目標和定位：我希望《六極物理》可以是你對物理學好奇心的一個起點，而不是到此為止了。

　　《六極物理》的目標是繞過繁瑣的數學計算，只把物理學當中最精妙的物理學思想交付給你，因為我始終認為，物理學的大道不會是複雜的。物理學的核心思想不應該是純數學的，數學是表達物理學的工具。我曾聽過一個故事：六祖慧能不識字，有人質疑他不認字怎麼能學習佛法、傳道解惑呢？於是他說，佛法與文字無關，它像天上的明月，而文字只是指月的手指，可以指出明月的所在，但不是明月，看月也不一定必須透過手指。所以我認為，物理學的思維，物理學的道，就好像這一輪明月一樣，

很多人對物理望而卻步，實際上是對數學的畏懼，所以我的初衷便是希望能夠不借助這根指向月亮的手指，也能讓你欣賞到物理學這美妙的月色。愛因斯坦說過類似的話，大意是一個理論如果無法用簡單的語言描述清楚，要嘛自己不是真懂，要嘛這個理論是錯的。現在回想起來，我們的內容除了〈極小篇〉第十四章講規範場論時，用了一點數學知識外，其他章節中，基本做到不透過數學計算闡述物理學的核心思想。

但這絕不代表數學不重要，我相信對大部分讀者來說，只是希望透過本書，相對深入地了解物理學，而不是只停留在一般的科普故事層面，除了想知其然，也想了解一些所以然。《六極物理》的定位顯然是對非專業人士想要比較深入地了解物理學的一個比較合適的途徑。

如果你今後有可能會進入物理學專業科系，或從事相關工作，我希望《六極物理》可以成為你真正進入這個領域前的一道開胃小菜，能夠點燃你對科學的好奇心之火。不得不承認，專業地去學習物理學、數學，甚至工程學，如果老師講得不夠精彩，很容易覺得枯燥無味，解不完的微分方程，求不盡的固有函數……如果你今後碰到這樣枯燥乏味、想要放棄的時刻，希望這時《六極物理》曾帶給你對科學的好奇心、對科學的激情，可以幫助你度過這些困難、孤獨、焦躁。

總之，對不把物理學、數學這些理工類學科做為今後專業的讀者來說，希望本書傳達給你的是現有知識的總結，以及幫助你培養一些物理學思維。對今後考慮以此為專業的讀者，希望本書可以幫你建立一些最初對物理學的美好印象。《六極物理》只是對物理學的一個「旁通」式講述，而不是對物理學的「正通」。想要「正通」物理學，徹徹底底地了解，對高等數學的學習可說是必須一絲不苟才行，少不得任何一門必要的數學課，因為物理學是一門定量學科，不是單純靠邏輯上的推演和因果關係的架構就能完全弄明白的。

對現代正在發展的物理學，有很多還沒有獲得實驗驗證，例如宇宙學當中的很多知識，關於暗物質、暗能量、暴脹理論，再例如在極小這個方

向上，試圖統一強力、弱力、電磁力的大一統理論，試圖統一廣義相對論和量子力學的弦理論，追問時空本質的迴圈量子重力等，我們都未做系統講解，因為這些理論都未被實驗證實，未來有被證偽的可能性，且我還是始終堅信，物理學說到底它要解釋世界，必須是一門建立在實驗基礎上的實證科學，因此我們只講已經被證明為是物理學的物理學知識，弦理論等理論現在甚至不能說是科學，因此就不在此贅述。

既然說到科學，最後還是想在這篇結語中，與你探討究竟什麼是科學，什麼是科學精神，以及什麼是科學的對與錯。

關於什麼是科學，我在開篇序言中提過，波普爾的總結非常到位，具有可證偽性的才能算是科學，也就是一個科學理論的提出，必須有被證偽的可能性，即我們能夠設計一個實驗去驗證它，才能夠稱之為科學。能夠論對錯的，且能夠明確指出如何論對錯，且這個「如何」必須是可在現實世界進行操作的，才能夠稱之為科學。

什麼是科學精神呢？首先必須要反對一種我認為是思維誤區的思維，就是凡事以「是否科學」為判斷事物的唯一標準，看似是一種崇尚科學的思維方式，但恰好相反，這種思維方式非常不科學。因為科學思維的核心之一就是質疑精神，科學在發展過程中，其實不斷地經歷自我推翻，如果不由分說，只要說是「科學的」就相信，終將是對科學的「迷信」。因為科學遠非真理，且人類是否有可能有一天獲得真理，這還是未知數，至少在數學領域當中，庫爾特・哥德爾（Kurt Gödel）已經從邏輯上證明，數學中的公理是無窮的，以有窮窺無窮，則無窮盡之日。因此，如果我們真的具備科學精神，恰好應該時時抱著質疑的精神來看待科學。

但談到質疑精神，我們也要談談怎樣才是科學的質疑精神。這就要說到科學的「對」與「錯」，當我們說一個科學理論是對或錯，這句話其實毫無意義，因為我們沒有去討論某個科學理論的適用範圍。科學理論的對與錯是相對的，當我們討論科學理論的對錯時，一定要明確，其實我們說的是這個科學理論在它的適用範圍內是否正確。例如我們先在〈極大篇〉

討論牛頓的萬有引力定律，但隨後在〈極重篇〉又用廣義相對論改進萬有引力的理論。但這不代表萬有引力定律是錯的，只能說廣義相對論的描述範圍比萬有引力定律的描述範圍大，在萬有引力定律適用的範圍內，它是準確、好用的，只是超出這個範圍，就不好用、不夠精確了，廣義相對論在更大的範圍內是準確、更貼近本質的，僅此而已。因此相較於科學理論的對錯，首先應該關注的是每個理論的適用邊界。只有明確邊界，才能討論科學理論的對錯，甚至「對錯」的形容都不準確，應該用一個理論在其適用邊界內是否準確來形容。因為我們有個基本假設，無法真正獲得真理，更先進、適用範圍更大的科學理論，它無非是一個更加貼近真理的、由人類創造的、能在人類邏輯當中運行的思維模型，我們透過思維模型嘗試去揣摩真理而已。

明確了這一點，就可以來談談什麼是科學的質疑精神，很多業餘的科學愛好者熱衷於推翻一些成名的科學理論，例如相對論與量子力學，但他們不明白質疑和推翻應該怎麼做。質疑成熟理論，應該在理論的適用邊界之外去質疑，因為邊界之外還沒有獲得驗證。例如〈極小篇〉提到楊振寧與李政道的宇稱不守恆原理，當時楊、李二人質疑宇稱在弱交互作用中是否守恆，恰好是因為從來沒有人驗證過，只是想當然地認為一定守恆，這恰好是當時物理學理論的邊界之外，這樣的質疑才有意義。不由分說、不經系統學習地去質疑成熟理論，最後大多會成為妄想。對於大多數人來說，這樣高深的理論，想要知道它的邊界在哪裡，都需要透過多年、專業、扎實的學習才有可能實現。因此，什麼是科學的質疑精神？第一，要堅持不懈、積極努力地學習，這樣才能知道科學理論的邊界在什麼地方；第二，往邊界以外去質疑，其實對邊界外的質疑，本身就已經是一種探索了，成功的科學探索，本質上都是在擴大科學的邊界，其實已經是真真正正的科學研究。否則，盲目地為了質疑而質疑，還覺得這是自己擁有科學精神的體現，這種情況可以用楊絳先生的一句話概括：「你的問題在於想得太多，書卻讀得太少。」

其實，講了那麼多，千言萬語彙成一句話，追求科學，就是不斷學習，不斷思考，不斷懷疑。懷疑和思考的先決條件是先不斷地學習。

希望《六極物理》絕非你對科學好奇心和求知欲的終點，而是讓你把從中學到的物理學思維做為求知的起點，從此奔向更加廣闊的、神祕的海洋。

我要感謝青年物理學者周思益博士，周博士為本書擔任審稿人，她的真知灼見為本書的嚴謹性和易讀性提供非常重要的支持。

最後，謹以此書獻給我的外公、外婆、父親、母親。

LEARN 系列 060

六極物理：極快、極大、極重、極小、極熱、極冷，探索極限世界

作　　者 ── 嚴伯鈞
主　　編 ── 邱憶伶
責任編輯 ── 陳映儒
行銷企畫 ── 林欣梅
封面設計 ── 兒日
內頁設計 ── 張靜怡

編輯總監 ── 蘇清霖
董 事 長 ── 趙政岷
出 版 者 ── 時報文化出版企業股份有限公司
　　　　　 108019 臺北市和平西路三段 240 號 3 樓
　　　　　 發行專線 ── (02) 2306-6842
　　　　　 讀者服務專線 ── 0800-231-705・(02) 2304-7103
　　　　　 讀者服務傳真 ── (02) 2304-6858
　　　　　 郵撥 ── 19344724 時報文化出版公司
　　　　　 信箱 ── 10899 臺北華江橋郵局第 99 信箱
時報悅讀網 ── http://www.readingtimes.com.tw
電子郵件信箱 ── newstudy@readingtimes.com.tw
時報出版愛讀者粉絲團 ── https://www.facebook.com/readingtimes.2
法律顧問 ── 理律法律事務所　陳長文律師、李念祖律師
印　　刷 ── 絃億印刷有限公司
初版一刷 ── 2021 年 10 月 15 日
初版二刷 ── 2023 年 6 月 9 日
定　　價 ── 新臺幣 500 元
（缺頁或破損的書，請寄回更換）

時報文化出版公司成立於 1975 年，
1999 年股票上櫃公開發行，2008 年脫離中時集團非屬旺中，
以「尊重智慧與創意的文化事業」為信念。

六極物理：極快、極大、極重、極小、極熱、
極冷，探索極限世界／嚴伯鈞著. -- 初版. --
臺北市：時報文化出版企業股份有限公司，
2021.10
416 面；17×23 公分. --（LEARN；60）
ISBN 978-957-13-9484-8（平裝）

1. 物理學 2. 通俗作品

330　　　　　　　　　　　110015608

ISBN 978-957-13-9484-8
Printed in Taiwan